卫生陶瓷
原料与泥釉料配方

徐熙武　主编　　　高建立　沈金梅　副主编
岳邦仁　主审

Raw Material and Formula for
Sanitary Ware Production

化学工业出版社
·北京·

《卫生陶瓷原料与泥釉料配方》分为5章。第1章为绪论，介绍了卫生陶瓷及其生产的基本概念。第2章介绍了与卫生陶瓷原料相关的地质、矿物、采矿、选矿方面的一些基础知识。第3章讲述了卫生陶瓷原料的分类、各种坯釉用原料及辅助材料。第4章介绍了卫生陶瓷生产中所涉及的化学成分分析方法、矿物组成测定方法、陶瓷材料性能的测试方法、坯釉原料性能测定方法及原料入厂质量测定方法。第5章讲述了坯釉配方中相关的基础计算、坯釉的性能要求、坯釉配方确定方法及其生产中的维护。

　　《卫生陶瓷原料与泥釉料配方》可供从事卫生陶瓷生产的操作者、技术人员、管理者参考，也可供陶瓷专业的各类学校的教师和学生参考。

图书在版编目（CIP）数据

卫生陶瓷原料与泥釉料配方/徐熙武主编. —北京：
化学工业出版社，2018.2（2022.7重印）
ISBN 978-7-122-31338-6

Ⅰ.①卫…　Ⅱ.①徐…　Ⅲ.①卫生陶瓷制品－原料
②卫生陶瓷制品－配方　Ⅳ.①TQ174.76

中国版本图书馆CIP数据核字（2018）第009963号

责任编辑：吕佳丽　　　　　　　　　　装帧设计：王晓宇
责任校对：宋　夏

出版发行：化学工业出版社(北京市东城区青年湖南街13号　邮政编码100011)
印　　装：北京虎彩文化传播有限公司
787mm×1092mm　1/16　印张16¼　字数398千字　2022年7月北京第1版第2次印刷

购书咨询：010-64518888　　　　　　售后服务：010-64518899
网　　址：http://www.cip.com.cn
凡购买本书，如有缺损质量问题，本社销售中心负责调换。

定　价：88.00元

前言

改革开放以来，我国卫生陶瓷生产技术水平、设备装备水平、产品质量有了长足的进步，我国早已是世界上生产卫生陶瓷数量最多的国家。

本书整理了与卫生陶瓷原料相关的地质、矿物、采矿、选矿方面的一些基础知识，叙述了卫生陶瓷原料的分类、各种坯釉用原料及辅助材料，介绍了卫生陶瓷生产中所涉及的化学成分分析方法、矿物组成及物理性能测定方法，叙述了坯釉配方中相关的基础计算、坯釉的性能要求、坯釉配方确定方法及其生产中的维护。本书总结了编写人员长期从事卫生陶瓷生产工作的心得、体会，力图反映目前我国卫生陶瓷生产行业的技术现状和认识水平，期望对促进本行业生产水平的进一步发展起到一些作用。

本书的编写得到了中国硅酸盐学会陶瓷分会建筑卫生陶瓷专业委员会的指导，由中国建筑卫生陶瓷协会徐熙武任主编，九牧集团有限公司高建立、唐山森兰瓷科技有限公司沈金梅任副主编，北京金隅集团有限责任公司岳邦仁（已退休）任主审。岳邦仁编写第1章，徐熙武、恒洁卫浴集团有限公司谢伟藩编写第2章和第3章，沈金梅编写第4章，高建立、九牧厨卫股份有限公司刘中起编写第5章。

在本书的编写和出版中得到了惠达卫浴股份有限公司、九牧厨卫股份有限公司、恒洁卫浴集团有限公司、福建科福材料有限公司的大力支持。许多同事、朋友在提供资料、整理文稿等方面做了许多工作。在此一并表示衷心的感谢！

由于编者水平有限，书中难免存在不妥与不足之处，敬请读者指正。

编　者

2018 年 2 月

目录

4 试验测定

5 坯釉料配方的确定与维护

附录

1

绪　　论

自 2000 年前后开始，我国已成为世界上生产、消费卫生陶瓷数量最多的国家。

相关标准给出了卫生陶瓷的定义。

瓷质卫生陶瓷：由黏土或其他无机物质经混练、成形、高温烧制而成的用作卫生设施的、吸水率≤0.5%的有釉陶瓷制品。产品分类为：坐便器、洗面器（含洗手盆）、小便器、蹲便器、净身器、洗涤槽、水箱、小件卫生陶瓷。

各类产品照片如图 1-1～图 1-8 所示。

图 1-1　坐便器

图 1-2　洗面器

图 1-3　小便器

图 1-4　洗涤器

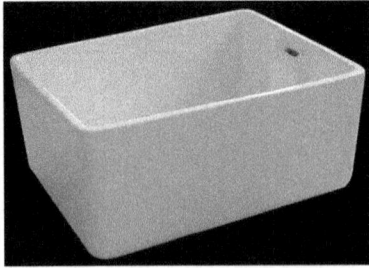

图 1-5 水槽

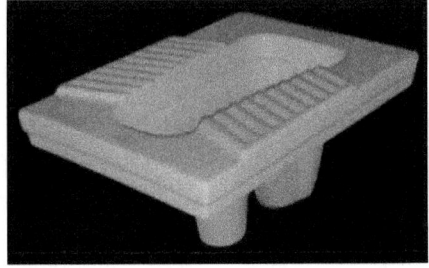

图 1-6 蹲便器

图 1-7 水箱

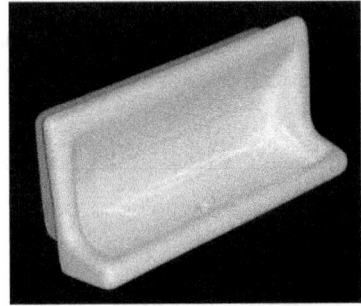

图 1-8 皂盒

炻陶质卫生陶瓷（炻质卫生陶瓷和陶质卫生陶瓷的统称）：由黏土或其他无机物质经混练、成形、高温烧制而成的用作卫生设施的、0.5%＜吸水率≤15.0%的有釉炻陶瓷制品。产品分类为：洗面器（含洗手盆）、不带存水弯小便器、水箱、净身器、洗涤槽、淋浴盆、小件卫生陶瓷。

卫生陶瓷是人们生活中的必需品。它的出现和不断发展变化主要来源于以下几个需求：人的生理需求、健康的需求、文明的需求、社会的需求、个性化的需求。其中最基础的是满足人的生理需求。不同国家的卫生陶瓷的用途相同，外观式样差别不大。不同的文明程度、不同的社会需求、不同的个性化的需求造成了卫生陶瓷的差别。

卫生陶瓷的使用场所可分为家庭、旅馆（饭店）、公共设施三大类，各类场所使用的卫生陶瓷略有不同。

卫生陶瓷与其他陶瓷产品相比，一个特点是重、大。平均重量为 12～15kg，最小的洗面器也要在 5kg 以上，连体坐便器一般重量在 30～40kg，有的可达 50kg 左右。最小洗面器长度、宽度、高度的和要接近 1m，连体便器的长度、宽度、高度的和要超过 2m。

卫生陶瓷的另一个特点是表面通常施乳浊釉，乳浊釉可以完全遮盖住坯体颜色。釉色上，20 世纪 90 年代曾经大量销售过红、蓝、黄、粉、骨色等产品。经过一段时间的市场检验，最终回到了白色，现在的釉色几乎全部为白色。

卫生陶瓷需和配件配套后使用，如洗面器需装配水龙头，坐便器需装有水箱内的冲水配件等。配套后的卫生陶瓷可称为卫生洁具（如图 1-9、图 1-10 所示）。

图 1-9　配套后的洗面器

图 1-10　配套后的坐便器

卫生陶瓷因为体积大、造型复杂、内部设有通水管路，因此，只能采用注浆成形工艺才能做出这类产品。许多年来，有人试图以其他材料，如玻璃钢、人造大理石等材料替代陶瓷制作卫生陶瓷中的一些器具，最终都没有成功。陶瓷材料的缺点是重量大、抗冲击性能差。在个别场所，如飞机上，不得不使用其他材料。

卫生陶瓷的生产工艺的突出特点是注浆成形，即先将坯用配方的原辅料放在球磨机中加水后研磨制成泥浆，然后将泥浆注入石膏或其他材质的模型中注成坯体。注浆成形工艺在陶瓷生产的几种成形方法中，人工效率最低，干燥能耗最高。多年来，人们一直试图采用别的更好的方法，一直没有得到突破。

卫生陶瓷生产工序见图 1-11。

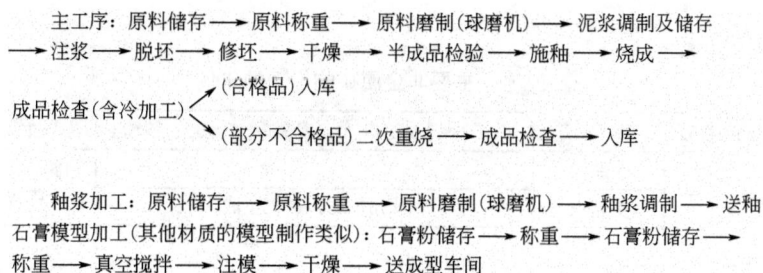

主工序：原料储存 → 原料称重 → 原料磨制(球磨机) → 泥浆调制及储存
→ 注浆 → 脱坯 → 修坯 → 干燥 → 半成品检验 → 施釉 → 烧成 →
成品检查(含冷加工) ⟨ (合格品)入库
　　　　　　　　　 (部分不合格品)二次重烧 → 成品检查 → 入库

釉浆加工：原料储存 → 原料称重 → 原料磨制(球磨机) → 釉浆调制 → 送釉
石膏模型加工(其他材质的模型制作类似)：石膏粉储存 → 称重 → 石膏粉储存 →
称重 → 真空搅拌 → 注模 → 干燥 → 送成型车间

图 1-11　卫生陶瓷生产工序

原料与坯釉料配方的确定和日常维护是卫生陶瓷生产的重要工作。

2

矿 物 基 础

掌握地质、采矿、选矿方面的一些知识对做好卫生陶瓷原料的工作十分有益。

2.1 地质、矿物、岩石、矿床

2.1.1 地质区分

地质科学研究者在长期实践中进行了地层的划分和对比工作，按时代早晚顺序将地质年代进行编年，列制成表，后期借助同位素年龄测定地质年龄等技术，更确切地确立了地质时代无机界和生物界的演化速度，大大推动了古老地层的划分工作。主要非金属矿物出现的年代见表 2-1。

表 2-1　主要非金属矿物出现的年代

年代单位/百万年			主要现象	主要非金属矿物
新生代 （62）	第四纪	全新世		陶石、高岭土、球土、长石、石英、膨润土
		更新世	冰川广布，黄土生成	
	晚第三纪	上新世	西部造山运动，东部低平，湖泊广布	镁质黏土、陶石、高岭土、长石、石英、硅藻土
		中新世		
	早第三纪	渐新世	哺乳类分化	滑石、耐火黏土、陶石、高岭土、长石、石英
		始新世	蔬果繁盛，哺乳类急速发展	
		古新世	（我国尚无古新世地层发现）	
中生代 （180）	白垩纪		造山作用强烈，火成岩活动矿产生成	石英、长石、陶石、石灰岩、叶蜡石、木节土、地开石、滑石、石膏
	侏罗纪		恐龙极盛，中国南山俱成，大陆煤田生成	
	三叠纪		中国南部最后一次海侵，恐龙哺乳类发育	
上古生代 （250）	二叠纪		世界冰川广布，新南最大海侵，造山作用强烈	泥灰岩、石灰岩、石膏、砂岩、海泡石、叶蜡石、陶石、滑石
	石炭纪		气候温热，煤田生成，爬行类昆虫出现，地形低平，珊瑚礁发育	石灰岩、铝土矿、页岩、耐火黏土、滑石、煤层顶板、煤层底板、煤层中间
中古生代 （350）	泥盆纪		森林发育，腕足类鱼类极盛，两栖类发育	
	志留纪		珊瑚礁发育，气候局部干燥，造山运动强烈	
下古生代 （510）	奥陶纪		地热低平，海水广布，无脊椎动物极繁，末期华北升起	砂岩、石灰页岩、白云岩、白云质灰岩、板岩、滑石
	寒武纪		浅海广布，生物开始大量发展	

年代单位/百万年			主要现象	主要非金属矿物
隐生代	上元古代	震旦纪	地形不平，冰川广布，晚期海侵加广	砂岩、石灰页岩、白云岩、白云质灰岩、板岩、滑石
	下元古代	前震旦纪 滹沱	沉积深厚造山变质强烈，火成岩活动矿产生成	麻粒岩、片麻岩、角闪片岩、大理岩、石英岩
		五台	早期基性喷发，继以造山作用，变质强烈，花岗岩侵入	
	太古代	泰山		
地壳局部变动大陆开始形成				

2.1.2　矿物分类

矿物名称的来源：在众多矿物名称中，有一部分是以人名和地名来命名的，如高岭石是因江西省高岭村出产而命名，全世界都叫这个名字；有一部分是根据化学成分、形态、物理性质命名的，如方解石是因沿解理极易碎成菱形方块而命名；赤铁矿、黄铁矿是根据其颜色和主要成分而命名；重晶石是根据其密度较大而命名等。在中文矿物名称中，有一部分是源于我国传统名称的，如石英、石膏、辰砂等，但大部分是由外文翻译成中国名称的。具有金属光泽或可提炼金属的矿物多称为某矿，如方铅矿、黄铜矿、磁铁矿等；具非金属光泽的矿物多称为某石，如方解石、长石、萤石等。

矿物中有很多造岩矿物共溶形成固溶体的现象，当两种组分的端员矿物可以任意比例形成连续的固溶体系列时，以端员矿物组成比率命名是可以接受的，但当固溶体为自然界中的普遍现象时，以一种可以统括全体的综合矿物来命名更为方便。比如，以斜长石统一命名钙长石与钠长石的连续的固溶体，为此，通常就将长石分两大类——正长石（钾长石）和斜长石。

矿物的分类：目前已发现的矿物大约有 3000 种。矿物分类的方法很多，当前常用的分类方法是根据矿物的化学成分类型分为 5 大类：

① 自然元素矿物；

② 硫化物及其类似化合物矿物；

③ 卤化物；

④ 氧化物及氢氧化物矿物，它可分成简单氧化物、复杂氧化物、氢氧化物、SiO_2 族矿物；

⑤ 含氧盐矿物，本大类是金属元素与各种含氧酸根（如 SiO_4^{2-}、CO_3^{2-}、SO_4^{2-}、NO_3^-等）的化合物，种类繁多，数量很大，它可分为硅酸盐矿物、碳酸盐矿物、硫酸盐矿物、钨酸盐矿物、磷酸盐矿物、钼酸盐矿物、砷酸盐矿物、硼酸盐矿物、硝酸盐矿物等类。

下面介绍与卫生陶瓷的生产有关的矿物种类。

2.1.2.1　石英

与陶瓷紧密相关的矿物中，石英就是代表矿物，石英属氧化物及氢氧化物类矿物中的 SiO_2 族矿物。石英有多种同质多象变体。最常见的石英晶体为六方柱及菱面体的聚形，柱面上有明显的横纹。在岩石中石英常为无晶形的粒状，在晶洞中常形成晶簇，在石英脉中常为致密块状。无色透明的晶体称为水晶，具典型的玻璃光泽，透明至半透明，硬度7，无解理，贝壳状断口，相对密度2.5～2.8。

另外还有由二氧化硅胶体沉积而成的隐晶质矿物，白色、灰白色者称玉髓（或称石髓、髓玉），白、灰、红等不同颜色组成的同心层状或平行条带状者称玛瑙，不纯净、红绿各色称碧玉，黑、灰各色者称燧石。此类矿物具脂肪或蜡状光泽，半透明，贝壳状断口。

此外还有一种硬度稍低、具珍珠、蜡状光泽、含有水分的矿物，称蛋白石（$SiO_2 \cdot nH_2O$）。石英类矿物化学性质稳定，不溶于酸（氢氟酸除外）。

鉴定特征：六方柱及晶面横纹，典型的玻璃光泽，硬度很大（小刀不能刻划），无解理。隐晶质各类具明显的脂肪光泽。

石英是自然界几乎随处可见的矿物，在地壳中含量仅次于长石，占地壳质量的12.6%。它是许多岩石的重要造岩矿物。含石英的岩石风化后形成石英砂粒，遍布各地。石英用途很广，在陶瓷工业中是坯体与釉料的主要组成部分。

2.1.2.2 硅酸盐类矿物

硅酸盐类矿物属含氧盐矿物，本类矿物有800多种，约占已知矿物的1/3，按质量计算，约占地壳总质量的3/4。硅酸盐矿物是构成地壳的最主要的造岩矿物，某些非金属矿物原料（如滑石、石棉、云母等）以及某些稀有金属也来源于硅酸盐类。

（1）典型矿物

① 正长石：$K[AlSi_3O_8]$或$K_2O \cdot Al_2O_3 \cdot 6SiO_2$，又名钾长石，晶体为板状或短柱状，在岩石中常为晶形不完全的短柱状颗粒，肉红、浅黄、浅黄白色，具玻璃或珍珠光泽，半透明，硬度6，有两组解理直交（正长石因此得名），相对密度2.56～2.58。

鉴定特征：肉红、黄白等色，短柱状晶体，完全解理，硬度较大（小刀刻不动）。

正长石是花岗岩类岩石及某些变质岩的重要造岩矿物，容易风化成为高岭土等。正长石是陶瓷及玻璃工业的重要原料。

② 斜长石：是由钠长石和钙长石所组成的类质同象混合物。斜长石根据两种组分的比例斜长石又可粗略地分为：酸性斜长石，钙长石组分含量占0～30%；中性斜长石，钙长石组分含量占30%～70%；基性斜长石，钙长石组分含量占70%～100%。为细柱状或板状晶体，在晶面或解理面上可见到细而平行的双晶纹；在岩石中多为板状、细柱状颗粒。白至灰白色，或浅蓝、浅绿，玻璃光泽，半透明。硬度6～6.5，两组解理斜交（86°左右，斜长石因此得名），相对密度2.60～2.76。

鉴定特征：细柱状或板状，白到灰白色，解理面上具双晶纹，硬度较大（小刀刻不动）。

斜长石类矿物于岩浆岩、变质岩和沉积岩中分布最广。斜长石比正长石更易风化分解成高岭土、铝土等。斜长石中钠长石是陶瓷和玻璃工业的原料。

上述正长石、斜长石及其各种变种，统称长石类矿物。按重量计算，约占地壳总重量的50%，因此长石类矿物是分布最广和第一重要的造岩矿物。斜长石与正长石的物理性质相似，肉眼鉴定对比时，其主要区别见表2-2。

表 2-2 斜长石与正长石的主要区别

矿物	正长石	斜长石
晶体形状	常呈粗短柱状、粒状	常呈板片状、板条状或长柱状
双晶纹	面上无双晶纹,有时在同一断面上可见有反光程度不同的两部分(卡氏双晶)	解理面有平行细小的聚片双晶纹
颜色	肉红到白色	白到灰色,偶见红色
光泽	解理面常带珍珠光泽	玻璃光泽至珍珠光泽
硬度	6	6～6.5
产状	常产于酸性火成岩中,与石英、黑云母等共生	常产于基性、中性岩火成中,与辉石、角闪石等共生
染色试验	将小块正长石置于 HF 酸中浸蚀 1～3min,再在 60%的亚硝酸钴钠浸液中浸蚀 5～10min,用水冲洗显柠檬黄色	按左法,不染色或呈浅灰

③ 云母:假六方柱状或板状晶体,通常呈片状或鳞片状。玻璃及珍珠光泽,透明或半透明。硬度 2～3,单向完全解理,薄片有弹性,相对密度 2.7～3.1。具高度不导电性。常见种类如下。

a. 白云母 $KAl_2[AlSi_3O_{10}][OH]_2$,无色及白、浅灰绿等色。呈细小鳞片状,具丝绢光泽的异种称为绢云母。

b. 金云母 $KMg_3[AlSi_3O_{10}][OH]_2$,金黄褐色,常具半金属光泽。多见于火成岩与石灰岩的接触带。

c. 黑云母 $K(Mg,Fe)_3[AlSi_3O_{10}][OH]_2$,黑褐色至黑色,较白云母易风化分解。

鉴定特征:单向最完全解理,硬度低,有弹性。

云母是重要的造岩矿物,分布广泛,占地壳重量的 3.8%。白云母和金云母为电器、电子等工业部门的重要绝缘材料。

④ 滑石:$Mg_3[Si_4O_{10}][OH]_2$,一般为致密块状或叶片状集合体,有白色、浅绿色、粉红色等色,条痕白色,脂肪或珍珠光泽,半透明,硬度 1～1.5,单向最完全解理,薄片有挠性,相对密度 2.7～2.8,有滑腻感,化学性稳定。

鉴定特征:浅色,硬度低(指甲可刻划),具滑腻感。

自然界还有一种与滑石极相似的矿物叫叶蜡石 $Al_2[Si_4O_{10}][OH]_2$,福建寿山、浙江青田等为著名产地。

滑石为典型的热液变质矿物。橄榄石、白云石等在热水溶液作用下可以产生滑石,常与菱镁矿等共生。我国滑石储量丰富。

⑤ 高岭石:$Al_4[Si_4O_{10}][OH]_8$ 或 $Al_2O_3 \cdot 2SiO_2 \cdot 2H_2O$,一般呈隐晶质、粉末状、土状。白色或浅灰色、浅绿色、浅红色等色,条痕白色,土状光泽,硬度 1～2.5,相对密度 2.6～2.63。有吸水性(可黏舌),和水后有可塑性。

鉴定特征:性软,黏舌,具可塑性。

高岭石主要是富铝硅酸盐矿物,特别是长石的风化产物,风化过程见式。

$$4K[AlSi_3O_8]+4H_2O+2CO_2 \longrightarrow Al_4[Si_4O_{10}][OH]_8+8SiO_2+2K_2CO_3$$

高岭石为主要黏土矿物之一。高岭石及其近似矿物和其他杂质的混合物，通称高岭土。高岭土是陶瓷的主要原料。我国为产高岭土有名的国家，高岭土的得名就来自江西景德镇的高岭村。

（2）从结晶构造上分类　硅酸盐类矿物从结晶构造上分类可分为以下几种。

① 岛状结构矿物（典型矿物：橄榄石、锆石）。

② 环状结构矿物（典型矿物：绿柱石）。

③ 链状结构矿物（典型矿物：辉石、角闪石、硅灰石）。

④ 层状结构矿物（典型矿物：高岭石、云母、滑石、叶蜡石、蒙脱石）。

⑤ 架状结构矿物（典型矿物：正长石、斜长石）。

上述结构变化的基本单元是$[SiO_4]$四面体，四面体的连接方式决定硅氧骨干的结构形式，在硅酸盐中铝具有特殊作用。由于Al^{3+}的大小和Si^{4+}相近，Al^{3+}可以无序地或有序地置换Si^{4+}，置换数量有多有少，这时Al处在四面体配位中和Si一起组成硅铝氧骨干，形成硅铝酸盐，在硅酸盐中，硅铝氧骨干外的金属离子容易被其他金属离子置换。置换不同的离子，对骨干的结构影响较小，但对它的性能影响很大。各结构的特点如下。

岛状结构矿物：岛状结构矿物是具有孤立$[SiO_4]$四面体或由有限的若干个$[SiO_4]$四面体连接而成（但不构成封闭环状）硅氧骨干的硅酸盐矿物，其所有四个角顶上的氧均为活性氧（有一部分电价未饱和的O^{2-}），由它们再与其他金属阳离子（主要是电价中等和偏高而半径中等和偏小的阳离子，如Mg^{2+}、Fe^{2+}、Al^{3+}、Ti^{4+}、Zr^{4+}等）相结合而组成整个晶格。

环状结构矿物：环状结构矿物是由有限的若干个$[SiO_4]$（一部分Si^{4+}会被Al^{3+}置换）四面体以角顶相连而构成封闭环状硅氧骨干的硅酸盐矿物则形成环状结构矿物。环与环之间通过活性氧与其他金属阳离子（主要有Mg^{2+}、Fe^{2+}、Al^{3+}、Mn^{2+}、Ca^{2+}、Na^+、K^+等）的成键而相互维系。环的中心为较大的空隙，常为OH、水分子或大半径阳离子所占据。

链状结构矿物：链状结构矿物是具有由一系列$[SiO_4]$（一部分Si^{4+}会被Al^{3+}置换）四面体以角顶相连成一维无限延伸的链状硅氧骨干的硅酸盐矿物。链与链间由金属阳离子（主要有Ca^{2+}、Na^+、Fe^{2+}、Mg^{2+}、Al^{3+}、Mn^{2+}等）相连。由于硅氧骨干呈一向延伸的链，而且平行分布，所以其晶体结构的异向性比岛状和环状的要突出得多。矿物在形态上表现为一向伸长，经常呈柱状、针状以及纤维状的外形。

层状结构矿物：层状结构矿物是具有由一系列$[SiO_4]$（一部分Si^{4+}会被Al^{3+}置换）四面体以角顶相连成二维无限延伸的链状硅氧骨干的硅酸盐矿物。有活性氧同侧与异侧之分，四面体相连成片，四面体片通过活性氧再与其他金属阳离子（主要是Mg^{2+}、Fe^{2+}、Al^{3+}等）相结合。这些阳离子都具有八面体配位，各配位八面体均共棱相连而构成二维无限延展的八面体片。四面体片与八面体片相结合，便构成了结构单元层。分别形成1∶1型结构单元层（如高岭石、蛇纹石中的层）及2∶1型结构单元层（如云母、滑石、蒙脱石中的层）。如果结构单元层本身的电价未达平衡，则层间可以有低价的大半径阳离子（如K^+、Na^+、Ca^{2+}等）存在，如云母、蒙脱石等，层间同时还有水分子存在。在层状结构硅酸盐矿物中，矿物晶体的形态一般都呈二向延展的板状、片状的外形，并具有一组平行于硅氧骨干层方向的完全解理。

架状结构矿物：架状结构矿物是具有由一系列$[SiO_4]$（一部分Si^{4+}会被Al^{3+}置换）四面体以角顶相连成三维无限延伸的链状硅氧骨干的硅酸盐矿物。当四面体的组成全部为Si时，硅氧骨干本身电荷已达平衡，不能再与其他阳离子相键合，形成石英族矿物。故，从结构角度，有时也把石英族矿物归属于架状结构硅酸盐矿物。为了能有剩余的负电荷再与其他金属阳离子相结合，一般的架状硅氧骨干中均有部分 Si^{4+} 被 Al^{3+} 或其他类质同象替代，故绝大多数架状结构硅酸盐矿物都是铝硅酸盐。与骨架相结合的金属阳离子主要是 K^+、Na^+、Ca^{2+} 等，由此形成三维的骨架，在不同方向上没有明显的异向性，因而架状结构硅酸盐矿物常表现出呈近于等轴状的外形，具多方向的解理并且架状硅氧骨干所围成的空隙都较大，与之结合的又主要是大半径的碱和碱土金属离子，因而架状结构硅酸盐矿物还表现出相对密度小、折射率低、多数呈无色或浅色的特点。

2.1.2.3 碳酸盐类矿物

硅酸盐类矿物属含氧盐矿物，本类矿物已知约 80 种，占地壳质量的 1.7%。其中分布最广的是钙和镁的碳酸盐类，为沉积岩的重要造岩矿物；其次还有铁、锰、铜等碳酸盐，可以构成金属矿床。

典型矿物如下。

① 方解石：$CaCO_3$，晶体常为菱面体，集合体常呈块状、粒状、鲕状、钟乳状及晶簇等。无色透明者称冰洲石，具显著的重折射现象。方解石一般为乳白色，或灰、黑等色，具玻璃光泽，硬度 3，三组解理完全，相对密度 2.71。遇稀盐酸产生气泡，以下为化学反应式。

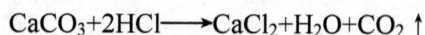

$$CaCO_3 + 2HCl \longrightarrow CaCl_2 + H_2O + CO_2 \uparrow$$

鉴定特征：锤击成菱形碎块（方解石因此得名），小刀易刻动，遇盐酸起泡。

方解石主要是由 $CaCO_3$ 溶液沉淀或生物遗体沉积而成，为石灰岩的重要造岩矿物，在陶瓷中用作熔剂原料。在泉水出口可以析出 $CaCO_3$ 沉淀物，疏松多孔，称石灰华，在低温条件下，可以形成另一种同质多象体，常呈纤维状、柱状、晶簇状、钟乳状等，称为文石。

② 白云石：$CaMg[CO_3]_2$，晶体常为菱面体，但晶面稍弯曲成弧形。普通多呈块状、粒状集合体。白云石一般为乳白、粉红、灰绿等色，具玻璃光泽，三组解理完全，硬度 3.5～4，相对密度 2.8～2.9。在稀盐酸中分解缓慢。

白云石主要是在咸化海（含盐量大于正常海）中沉淀而成的，或是普通石灰岩与含镁溶液置换而成的。白云石是白云岩的主要造岩矿物，在陶瓷中用作熔剂原料。

2.1.2.4 硫酸盐类矿物

硫酸盐类矿物种类虽多，约 260 种，但占地壳的质量很小，只占 0.1%。大部矿物是在地表条件下形成的。

典型矿物如下。

石膏：$CaSO_4 \cdot 2H_2O$，晶体常为近菱形板状，有时呈燕尾双晶。一般呈纤维状、粒状等集合体。无色透明，或呈白、浅灰等色，晶面具玻璃光泽，纤维状者具丝绢光泽。一组最完全解理，薄片有挠性，硬度 2，相对密度 2.3。加热失水变为半水石膏或过烧石膏。透明晶体集合体称透石膏；纤维状集合体称纤维石膏；粒状集合体称雪花石膏。

鉴定特征：一组最完全解理，可撕成薄片，或纤维状、粒状。硬度低，指甲可以刻动。

石膏主要是干燥气候条件下湖海中的化学沉积物，属于蒸发盐类。炒制后的半水石膏可用作陶瓷注浆的模型材料。

2.1.3 岩石分类及特性

2.1.3.1 概述

岩石是在各种地质作用下，按一定方式结合而成的矿物集合体，它是构成地壳及地幔的主要物质。有些岩石主要是由一种矿物组成的，但更多的岩石是由几种矿物组成的，如大理岩主要是由方解石组成，而花岗岩是由石英、长石、黑云母等矿物组成的。岩石是地球发展的产物，岩石是地质作用的产物，又是地质作用的对象，所以岩石是研究各种地质构造和地貌的物质基础。岩石中含有各种矿产资源，有些岩石本身就是重要矿产，矿产都与一定的岩石相联系。

（1）地壳中主要化学元素的含量　地壳中主要化学元素的含量见表 2-3。

表 2-3　地壳中主要化学元素的含量　　　　单位：%

元素	据克拉克 （1924 年）	据费尔斯曼 （1933—1939 年）	据维诺格拉多夫 （1962 年）	据泰勒 （1964 年）
O	49.52	49.13	47.00	46.40
Si	25.75	26.00	29.00	28.15
Al	7.51	7.45	8.05	8.23
Fe	4.70	4.20	4.65	4.63
Ca	3.29	3.25	2.96	4.15
Na	2.64	2.40	2.50	2.36
K	2.40	2.35	2.50	2.09
Mg	1.94	2.25	1.87	2.33
H	0.88	1.00	—	—
Ti	0.58	0.61	0.45	0.57
P	0.12	0.12	0.093	0.105
C	0.087	0.35	0.023	0.02
Mn	0.08	0.10	0.10	0.095

地壳中已发现 90 多种化学元素，以 O、Si、Al、Fe、Ca、Na、K、Mg、H、Ti、P、C、Mn 为主，其总量占地壳总重量的 99% 以上。由表 2-3 中可以看出，地壳中含量最多的元素是氧，几乎占地壳总质量的 1/2，其次是硅，约占 1/4，再次是铝，约占 1/13，仅这三者总和就占地壳质量的 80% 以上。

（2）地壳中矿物的含量　地壳中发现的矿物大约有 3000 种，但是常见矿物只有几十种，主要矿物不过十几种，地壳中矿物的含量见表 2-4。

表 2-4　地壳中矿物的含量

矿物	体积分数/%	矿物	体积分数/%
石英	12.0	橄榄石	3.0
钾长石	12.0	黏土矿物等	4.6
斜长石	39.0	方解石	1.5
云母	5.0	白云石	0.5
角闪石	5.0	磁铁矿	1.5
辉石	11.0	其他	4.9

（3）岩石的分类

① 根据集合状态的不同，岩石可分为单性岩及复性岩，见表2-5。

表2-5　岩石的分类

分类	构成	代表岩石
单性岩	单一矿物	石灰岩、石英岩
复性岩	数种矿物	花岗岩、闪长岩

② 根据成因的不同，岩石可分为三大类：火成岩、沉积岩和变质岩。它们在地壳中的分布情况各不相同：火成岩分布在地表与地下深处；沉积岩分布在地壳的表层，呈厚薄不均的不连续分布；变质岩则分布在地壳强烈变动区域或火成岩周围。就地表分布面积而言，沉积岩占陆地面积的 75%，火成岩和变质岩共占 25%。就质量而言，沉积岩仅占地壳质量的 5%，变质岩占 6%，火成岩占 89%。

2.1.3.2　火成岩

火成岩也叫岩浆岩，是由地壳下面的岩浆沿地壳薄弱地带上升侵入地壳或喷出地表后冷凝而成的。岩浆是存在于地壳下面高温、高压的熔融状态的硅酸盐物质。岩浆内部的压力很大，不断向压力低的地方移动，以至冲破地壳深部的岩层，沿着裂缝上升，喷出地表，冷凝成岩石；或当岩浆内部压力小于上部岩层压力时迫使岩浆停留下，冷凝成岩石。

（1）火成岩的分类　依冷凝成岩石时的地质环境的不同，火成岩分为以下三类。

① 喷出岩（火山岩）：岩浆喷出地表后冷凝形成的岩浆岩称为喷出岩。在地表的条件下，温度下降迅速，矿物来不及结晶或者结晶差，肉眼不易看清楚，如流纹岩、安山岩、玄武岩等。

② 浅成岩：岩浆沿地壳裂缝上升至距地表较浅处冷凝形成的岩浆岩称为浅成岩。由于岩浆压力小，温度下降较快，矿物结晶较细小，如花岗斑岩、正长斑岩、辉绿岩等。

③ 深成岩：岩浆侵入地壳深处（约距地表 3km）冷凝形成的岩浆岩称为深成岩。由于岩浆压力大，温度下降缓慢，矿物结晶良好，如花岗岩、正长岩、辉长岩等。

深成岩和浅成岩又统称侵入岩。

（2）火成岩的构造　火成岩的构造如下。

所谓构造是指组成岩石的矿物集合体的形状、大小、排列和空间分布等所反映出来的岩石构成的特征，火成岩有以下多种构造。

① 块状构造：块状构造指岩石中矿物排列无一定方向，不具任何特殊形象的均匀块体，是火成岩（如花岗岩）中最常见的一种构造。

② 流纹构造：流纹构造是因熔浆流动，由不同颜色不同成分的隐晶质、玻璃质或拉长气孔等定向排列所形成的流状构造，常见于中酸性喷出岩（如流纹岩）中。流纹表示熔岩当时的流动方向。

③ 流动构造：流动构造是岩浆在流动过程中所形成的构造，包括流线构造和流面构造。岩石中长条状、柱状矿物（如角闪石）呈长轴定向排列，叫流线构造，它一般平行于岩浆流动方向；岩石中片状矿物、板状矿物（如云母、长石）呈层状及带状排列，叫流面构造，它一般平行于岩体的接触面。因此利用流线和流面可以测定岩浆的流动方向和岩体接触面

的产状。

④ 气孔构造：熔浆喷出地表，压力骤减，大量气体从中迅速逸出而形成的圆形、椭圆形或管状孔洞，称为气孔构造。这种构造往往为喷出岩所具有。

⑤ 杏仁构造：岩石中的气孔被以后的矿物质（方解石、石英、玛瑙、玉髓等）所填充，形似杏仁，称为杏仁构造。

气孔构造和杏仁构造多分布于熔岩表层。在大规模熔岩流（如玄武岩）中常可见到多层气孔或杏仁构造，据此可以统计熔岩喷发次数。

上述岩石的结构和构造，不仅可以用来判断岩石形成的环境和条件，也是火成岩分类和命名的一种重要依据。

（3）火成岩的矿物组成及分类　火成岩是一种硅酸盐岩石。依硅酸饱和程度，可将岩浆岩分为超基性岩、基性岩、中性岩和酸性岩四大类型，SiO_2 含量分别为<45%、45%～52%、52%～65%、>65%，见表2-6。

表 2-6　火成岩的矿物组成

岩类	超基性岩	基性岩	中性岩		酸性岩
SiO_2 含量/%	<45	45～52	52～65		>65
主要矿物成	橄榄石	辉石　富钙斜长石		石英　钾长石　富钠斜长石　黑云母　角闪石	

注：黑线表示主要矿物，断线表示次要矿物。

火成岩的分类见表2-7。

表 2-7　火成岩的分类

产状	结构	构造	超基性岩	基性岩	中性岩		酸性岩
喷出岩	玻璃质	气孔杏仁流纹块状	火山玻璃岩（黑曜岩，浮岩等）				
	隐晶，斑状细粒		金伯利岩	玄武岩	安山岩	粗面岩	流纹岩
浅成岩	伟晶，细晶	块状	各种脉岩类（伟晶岩、细晶岩、煌斑岩等）				
	隐晶，斑状细粒	块状	苦橄玢岩	辉长岩	闪长玢岩	正长斑岩	花岗斑岩
深成岩	中、粗粒状似斑状	块状	橄榄岩	辉长岩	闪长岩	正长岩	花岗岩

对于表2-7，有以下几点说明。

① 表中玢岩和斑岩都是斑状结构岩石，习惯上玢岩的斑晶为富钙或含钙中等的斜长石；而斑岩中的斑晶为钾长石、富钠斜长石或石英。

② 从超基性岩到酸性岩，暗色矿物含量逐渐减少，浅色矿物逐渐增多，故岩石颜色逐渐由深变浅，而岩石比重逐渐由大变小。

③ 表的纵坐标按岩石产状排列，依次是喷出岩、浅成岩、深成岩，同时分别列出各类岩石的主要结构和构造。因为它们能指示岩石的生成条件，从而使分类具有成因的意义。

④ 同一纵行的岩石，成分相同，故属于一个岩类；只是由于产状、结构、构造不同，因而有不同的名称。同一横行的岩石，其产状、结构和构造基本相同，而岩类各异。

（4）火成岩的化学组成　主要火成岩的平均化学组成见表2-8。

表 2-8　主要火成岩的平均化学组成（R.A.Daly，1923 年）　　　　单位：%

成分	花岗岩	闪长岩	辉长岩	粗面岩	安山岩	玄武岩	纯橄榄岩
SiO_2	70.18	56.77	48.24	72.80	59.59	49.06	40.49
Al_2O_3	14.47	16.67	17.88	13.40	17.31	15.70	0.86
Fe_2O_3	1.57	3.16	3.36	1.45	3.33	5.38	2.84
FeO	1.78	4.40	5.95	0.88	3.13	6.37	5.54
MgO	0.88	4.17	7.51	0.38	2.75	6.17	46.32
CaO	1.99	6.74	10.99	1.20	5.80	8.95	0.70
Na_2O	3.48	3.39	2.55	3.38	3.58	3.11	0.10
K_2O	4.11	2.12	0.89	4.46	2.04	1.52	0.04
H_2O	0.84	1.36	1.45	1.47	1.26	1.62	2.88
TiO_2	0.39	0.84	0.97	0.33	0.77	1.35	0.02
P_2O_5	0.19	0.25	0.28	0.08	0.26	0.45	0.05
MnO	0.12	0.13	0.13	0.08	0.18	0.31	0.16

2.1.3.3　沉积岩

暴露在地壳表部的岩石，在地球发展过程中，不可避免地要遭受到各种外力作用的剥蚀破坏，然后再把破坏产物在原地或经搬运沉积下来，再经过复杂的成岩作用而形成岩石，这些由外力作用所形成的岩石就是沉积岩。

沉积岩的物质主要来源于先成岩石（无论是火成岩、变质岩和先成的沉积岩）风化作用和剥蚀作用的破坏产物，包括碎屑物质、溶解物质和新生物质；此外还包括生物遗体、生物碎屑以及火山作用的产物。这些物质在低洼的地方沉积下来，总称为沉积物。

各种沉积物最初都是松散的，经过漫长的时代，上覆沉积物越来越厚，下边沉积物越埋越深，经过压固、脱水、胶结等成岩作用，逐渐变成坚固的成层的岩石。一些时代年轻的疏松的沉积，如广泛分布于地表的第四纪沉积，虽成岩作用较弱，亦被包括在广义的沉积岩范畴。沉积岩在产状上，一般说来是成层的，在成因上是外生的，故富含有机质及生物化石，这是沉积岩区别于岩浆岩和变质岩的最主要的特点。

按质量计算，沉积岩只占地壳的 5%，但因沉积岩覆盖于地壳表层，分布十分广泛。在大陆部分有 75% 的面积出露沉积岩，而在大洋底则几乎全部为新老沉积层所覆盖。

沉积岩的形成过程包括破坏作用、搬运作用、沉积作用、成岩作用。

（1）破坏作用　风化作用和剥蚀作用组成了先成岩石的破坏作用。

① 风化作用。暴露于地表或接近地表的各种岩石，在温度变化、水及水溶液的作用、

大气及生物作用下在原地发生的破坏作用，称为风化作用。风化作用使地壳表层岩石逐渐崩裂、破碎、分解，同时也形成新环境条件下的新稳定矿物，是沉积物质的重要来源之一。

风化作用的一般可以分为物理风化作用、化学风化作用和生物风化作用三种类型。

a．物理风化作用。指地表和靠近地表岩石因温度变化等在原地发生机械破坏而不改变化学成分、不形成新矿物的作用。这种作用又称机械风化作用。物理风化作用的方式主要有温差风化、冰冻风化、层裂等。

b．化学风化作用。指地表和接近地表的岩石因与水溶液、气体等发生化学反应而在原地发生的，不仅改变其物理状态，而且也可改变其化学成分、发生化学分解并可形成新矿物的作用。水是引起化学风化作用的重要因素，特别是在水中溶有 CO_2、O_2 等气体成分，其作用便更加显著。化学风化作用主要有以下几种方式。

（a）溶解作用：以常见造岩矿物论，其溶解度大小顺序如下。

方解石＞白云石＞橄榄石＞辉石＞角闪石＞斜长石＞钾长石＞黑云母＞白云母＞石英

岩石受到溶解作用，其中易溶矿物随水流失，而难溶矿物则残留原地，同时岩石中孔隙增加，变得松散软弱，为进行物理风化作用提供了有利条件。

（b）水化作用：又称水合作用，即物质与水相结合的作用。如矿物与水作用，水可以直接参加到某些矿物中去，形成结晶水，产生新的含水矿物，例如硬石膏（$CaSO_4$）变成石膏（$CaSO_4 \cdot 2H_2O$）。

（c）水解作用：即矿物与水相遇，引起矿物分解并形成新矿物的作用。一部分水分子会离解成 H^+ 及 OH^-，使水成为具有活泼离子化学活动性很强的溶液。各种弱酸强碱或强酸弱碱的盐类矿物溶于水后也出现离解现象，其中离解物可与水中的 H^+ 或 OH^- 发生化学反应。如矿物中的 K^+、Na^+、Ca^{2+}、Mg^{2+} 等阳离子很容易被水中的 OH^- 夺取结合，矿物经过分解破坏，同时又形成一些新的矿物。如钾长石在水解作用下，一方面形成 KOH 溶液（K^+ 与 OH^- 结合）随水流失，一方面析出 SiO_2 胶体或随水流失，或胶凝形成蛋白石（$SiO_2 \cdot nH_2O$），其余部分则可形成难溶的高岭石残留于原地（见下式）。

$$4K[AlSi_3O_8]+6H_2O \longrightarrow 4KOH+Al_4[Si_4O_{10}][OH]_8+8SiO_2$$

（d）碳酸化作用：自然界中的水常含有各种酸类（碳酸、硫酸、硝酸等），可加速对各种岩石的破坏作用。特别是含有碳酸的水对岩石的破坏作用更为普遍。例如，CO_2 溶于水中形成碳酸，分离出 CO_3^{2-}，极易与矿物中的 K^+、Na^+、Ca^{2+}、Mg^{2+} 等阳离子化合成碳酸盐类，从而使矿物的离解能力增加，加速化学反应过程。仍以钾长石为例，其中 K^+ 与 CO_3^{2-} 化合成 K_2CO_3 随水流失，或胶凝成蛋白石，同时形成的难溶的高岭石则残留于原地。这一过程比起前述单纯水解过程要快得多（见下式）。

$$4K[AlSi_3O_8]+4H_2O+2CO_2 \longrightarrow 2K_2CO_3+Al_4[Si_4O_{10}][OH]_8+8SiO_2$$

正长石　　　　　　　碳酸钾　　高岭石　　硅胶
　　　　　　　　　　↓　　　　↓　　　↓
　　　　　　　呈离子溶液流失　残留原地　呈胶体状态流失

在湿热气候条件下，高岭石还可继续分解，析出其中的 SiO_2，形成铝土矿（$Al_2O_3 \cdot nH_2O$）而残留于原地。

（e）氧化作用：在大气和水中含有大量游离氧，大气中占 21%，溶于水的气体中氧占 33%～35%。岩石中矿物在氧的作用下，使其中一些元素、化合物失去电子、化合价升高，这种作用称氧化作用。

c．生物风化作用。由于生物作用使岩石在原地发生破坏，叫生物风化作用。因为在地壳表层、大气圈和水圈中都有生物存在，在其成长、新陈代谢和死亡过程中，都可引起岩石的破碎和分解，所以生物风化作用是很普遍的，也是在已知各星体中只有地球才有的一种独特的地质作用。

岩石的风化产物可以归纳为三大类。

a．碎屑物质：包括岩石碎屑和矿物碎屑，在矿物碎屑中最常见的是化学性稳定的石英碎屑，在干旱气候条件下也常见到长石碎屑。此外，碎屑成分中也可见到白云母、石榴子石等。碎屑物质主要是岩石物理风化的产物，有时也可能是化学风化未完全分解的产物。碎屑物质是构成沉积岩中碎屑岩类的主要成分。

b．溶解物质：主要是化学风化和生物化学风化的产物。岩石中的 K^+、Na^+、Ca^{2+}、Mg^{2+} 常与水溶液中的 CO_3^{2-}、Cl^-、OH^-、SO_4^{2-} 等阴离子结合，形成碳酸盐、氯化物、氢氧化物、硫酸盐等易溶盐类，随水迁移流失。

从岩石分解出来的 SiO_2、Al_2O_3、Fe_2O_3 等，在一定条件下也可以呈胶体溶液流失。如 SiO_2 在碱性溶液（pH>7）、Al_2O_3 在强碱性或强酸性溶液（pH>11 或 pH<4）、Fe_2O_3 在强酸性溶液（pH<2~3）中可以作远距离迁移。这些物质在一定条件下沉积下来，便构成沉积岩中化学岩的主要成分。

c．难溶物质：上述 SiO_2、Al_2O_3、Fe_2O_3 等，除在特定条件下一部分迁移流失外，大部分相对富集起来，形成高岭土、铝土、赤铁矿、褐铁矿等不溶的次生矿物，它们是构成沉积岩中黏土岩及其他岩类的主要成分。

地表岩石经长期风化作用后，由物理风化形成的碎屑物质、由化学风化形成的难溶物质以及由生物风化形成的土壤等这些风化作用的综合产物，在一定条件下残留于原地，形成松散的堆积物，称为残积物。残积物的成分决定于母岩的成分，厚度常决定于地形条件。地形平缓的山麓、山坡及平坦的山顶等，多形成较厚的残积物，残积物的风化程度，一般是自上而下由深变浅的。

② 剥蚀作用。风化作用是外力作用的开端，岩石遭受风化之后，对岩石的破坏提供了物质条件，各种外力在运动状态下对地面岩石及风化产物的破坏作用，总称为剥蚀作用。剥蚀作用一方面在破坏地壳组成物质，一方面也改变着地球表面的形态。

剥蚀作用包括风的吹蚀作用、流水的侵蚀作用、地下水的潜蚀作用、海水的海蚀作用和冰川的冰蚀作用等，而从剥蚀作用的性质来看，可以分为机械剥蚀作用和化学剥蚀作用两种。

a．机械剥蚀作用：指风、流水、冰川、海洋等对地表物质的机械破坏作用。如风的吹蚀作用是很强大的破坏作用，它一方面吹起地表风化碎屑和松散岩屑，一方面还挟带着岩屑磨蚀岩石。流水的侵蚀作用和冰川的冰蚀作用更为强大。

b．化学剥蚀作用：除去风、冰川等外，流水、地下水、湖泊、海洋等对岩石还以溶解等方式进行破坏作用，也称为溶蚀作用。特别是在石灰岩、白云岩地区，这种作用更为显著，通称喀斯特作用。

剥蚀作用和风化作用都是破坏地表岩石的强大力量。二者不同之处主要在于前者是流动着的物质对地表岩石起着破坏作用，而后者是相对静止地对岩石起着破坏作用。但二者互相依赖、互相促进，岩石风化有利于剥蚀，而风化产物被剥蚀后又便于继续风化，从而加剧了地表岩石的破坏作用，并源源不断地为沉积岩的形成提供着充足的物质来源。

（2）搬运作用 风化作用和剥蚀作用的产物被流水、冰川、海洋、风、重力等转移，离开原来位置的作用叫做搬运作用。搬运方式有机械搬运和化学搬运两种。一般说来，风化和剥蚀产生的碎屑物质的搬运多以机械搬运为主，而胶体和溶解物质则多以胶体溶液及真溶液形式进行化学搬运。

① 机械搬运作用：风、流水、冰川、海水等都可进行机械搬运。而碎屑物质在重力作用下，沿斜坡由高向低移动，形成重力机械搬运。这种作用在有山崩、滑坡、泥石流处表现得尤为明显。

碎屑物质在搬运过程中进行着显著的分异作用和磨圆作用。分异作用主要表现在碎屑粒径顺着搬运方向逐渐变小。磨圆作用是指碎屑在搬运过程中互相摩擦失去棱角变圆的作用。一般地讲，颗粒大、相对密度大、硬度大、搬运远的，磨圆度较好；反之，则磨圆度较差。同时，搬运介质与分异作用及磨圆作用有很密切的关系。流水、风、海水等可以产生良好的分异作用和磨圆作用，特别是海水搬运可以反复进行，风向可经常变化，往往比单一方向的流水有更好的分异作用和磨圆作用（如海砂比河砂纯净，磨圆度高）；而冰川及重力搬运，则一般没有分异作用和磨圆作用，碎屑大小混杂，棱角居多。

② 化学搬运作用：这种搬运作用基本上有两种方式，一种是以真溶液形式搬运，搬运物质主要来源于岩石风化和剥蚀产物中的 Ca、Na、K、Mg 等可溶盐类（其中 K 盐易被植物吸收或被黏土吸附，搬运距离较小），如 $CaCO_3$、$CaSO_4$、$NaCl$、$MgCl_2$ 等。另一种是以胶体溶液形式搬运，搬运物质主要来源于岩石风化和剥蚀产物中的 Fe、Mn、Al、Si 等所形成的胶体物质和不溶物质。

（3）沉积作用　母岩风化和剥蚀产物在外力的搬运途中，由于水体流速或风速变慢、冰川融化以及其他物理化学条件的改变，搬运能力减弱，从而导致被搬运物质的逐渐沉积，这种作用称为沉积作用。

沉积作用可以发生在海洋地区，也可以发生在大陆地区，沉积的方式有机械沉积、化学沉积和生物沉积三种。

① 机械沉积：被搬运的岩石碎屑在重力大于水流、风的搬运能力时，便先后沉积下来，这种作用称为机械沉积作用。在沉积过程中发生分异作用，使沉积物按照砾石→砂→粉砂→黏土的顺序，沿搬运的方向形成有规律的带状分布。它们固结后便形成砾岩、砂岩、粉砂岩、黏土岩等。但冰川的机械沉积没有分异作用，所以冰碛物颗粒大小混杂，层理不清楚。

② 化学沉积：化学沉积包括胶体沉积和真溶液沉积。

a. 胶体沉积：胶体颗粒极小，一般不受重力作用影响，搬运很远，沉积很慢。当胶体溶液中加入一定量不同性质的电解质时，即发生中和作用，并在重力影响下引起胶体沉淀。如在海岸地带，携带胶体的大陆淡水与富含电解质的海水混合时，常发生胶体沉淀。此外，在干燥气候条件下，胶体溶液因蒸发脱水也可发生沉淀。

b. 真溶液沉积：溶解于水中的物质是多种多样的，由于溶解质的溶解度不同，加之溶液的性质、温度、pH 值等因素的影响，便会起到化学沉积分异作用，使一部分物质迁移，一部分物质富集，并可形成有用的矿产。

③ 生物沉积：生物沉积作用包括生物遗体的沉积和生物化学沉积。前者指生物死亡后，其骨骼、硬壳堆积形成磷质岩、硅质岩和碳酸盐岩等；后者指生物在新陈代谢中引起周围介质物理化学条件的变化，从而引起某些物质的沉淀。如煤、石油、硅藻土等都是这种沉积作用的产物。

（4）成岩作用　岩石的风化剥蚀产物经过搬运、沉积而形成松散的沉积物，这些松散沉积物必须经过一定的物理、化学以及其他的变化和改造，才能形成固结的岩石。这种由松散沉积物变为坚固岩石的作用叫做成岩作用。广义的成岩作用还包括沉积过程中以及固结成岩后所发生的一切变化和改造。成岩作用主要包括以下几种方式。

① 压固作用。在沉积物不断增厚的情况下，下伏沉积物受到上覆沉积物的巨大压力，使沉积物孔隙度减少，水分排出，从而加强颗粒之间的联系力，使沉积物固结变硬。这种作用对黏土岩的固结有更显著的作用。同时，上覆岩石的压力使细小的黏土矿物形成定向排列，从而常使黏土岩具有清晰的薄层层理。

② 脱水作用。在沉积物经受上覆岩石强大压力的同时，温度也逐渐增高，在压力和温度的共同作用下，不仅可以排出沉积物颗粒间的附着水，而且还使胶体矿物和某些含水矿物产生失水作用而变为新矿物，如石膏变为硬石膏等。

③ 胶结作用。沉积物中有大量孔隙，在沉积过程中或在固结成岩后，空隙即被矿物质所填充，从而将分散的颗粒黏结在一起，称为胶结作用。最常见的胶结物有硅质（SiO_2）、钙质（$CaCO_3$）、铁质（Fe_2O_3）、黏土质、火山灰等。

④ 重结晶作用。沉积物在压力和温度逐渐增大的情况下，可以发生溶解或局部溶解，导致物质质点重新排列，使非晶质变成结晶物质，这种作用称为重结晶作用。重结晶后的岩石，孔隙减少，密度增大，岩石的坚固性增强。

（5）沉积岩的特征　沉积岩是在外力作用下形成的一种次生岩石，无论从化学成分、矿物成分，还是从岩石结构和构造来看，它都具有区别于其他类岩石的特征。

沉积岩和火成岩平均化学成分见表2-9。

表 2-9　沉积岩和火成岩平均化学成分　　　　　　　　单位：%

氧化物成分	沉积岩（克拉克值 1924 年）	火成岩（克拉克值 1924 年）
SiO_2	57.95	59.14
Al_2O_3	13.39	15.34
Fe_2O_3	3.47	3.08
FeO	2.08	3.80
MgO	2.65	3.49
CaO	5.89	5.08
Na_2O	1.13	3.84
K_2O	2.86	3.13
TiO_2	0.57	1.05
MnO	—	0.124
P_2O_5	0.13	0.299
CO_2	5.38	0.101
H_2O	3.23	1.15
总和	98.73	99.624

沉积岩的矿物成分有160多种，但最常见的不过一二十种，其中包括以下几种矿物。

① 碎屑矿物：石英、钾长石、钠长石、白云母等（母岩风化后继承下来的较稳定的矿物，属于继承矿物）。

② 黏土矿物：高岭石、球土、瓷土、膨润土等（母岩化学风化后形成的矿物，属新生矿物）。

③ 化学和生物成因矿物：方解石、白云石、硅藻土、石膏、磷酸盐矿物、有机质等（从溶液或胶体溶液中沉淀出来的或经生物作用形成的矿物）。

沉积岩与火成岩矿物成分比较见表 2-10。

表 2-10　沉积岩与火成岩矿物成分

矿物成分	火成岩各矿物成分含量/% （花岗岩 65%+玄武岩 35%）	沉积岩各矿物成分含量/% （泥质岩 82%+砂岩 12%+石灰岩 6%）
橄榄石	2.65	—
黑云母	3.86	—
角闪石	1.60	—
辉石	2.90	—
钙长石	19.80	—
钠长石	25.60	4.55
正长石	14.85	11.02
磁铁矿	3.15	0.07
钛铁矿及含钛矿物	1.45	0.02
石英	20.45	34.80
白云母	3.85	15.11
黏土矿物（高岭土等）	—	14.51
铁质沉积矿物	—	4.00
白云石（一部分菱铁矿）	—	9.07
方解石	—	4.25
石膏与硬石膏	—	0.97
磷酸盐矿物	—	0.35
有机物质	—	0.73

2.1.3.4　变质岩

地壳中的原岩（包括岩浆岩、沉积岩和已经生成的变质岩），因地壳运动、岩浆活动等所造成的物理和化学条件的变化，即在高温、高压和化学性质活泼的物质（水气、各种挥发性气体和热水溶液）渗入的作用下，在固体状态下改变了原来岩石的结构、构造甚至矿物成分，形成的新的岩石称为变质岩。

变质岩的特点：一方面受原岩的控制，而具有一定的继承性；另一方面由于变质作用的类型和程度不同，而在矿物成分、结构和构造上具有一定的特征性。

（1）变质作用的因素　主要是岩石所处环境物理条件和化学条件的改变，物理条件主要指温度和压力，而化学条件主要指从岩浆中析出的气体和溶液。

① 温度。地热、岩浆热能、摩擦热的温度变化，可对于岩石有以下影响。

一是发生重结晶作用。在温度及其他因素影响下，必然会使岩石中矿物晶体内质点的活力增强，导致质点重新排列，使晶粒变粗，这种作用称重结晶作用。例如，石灰岩可以重结晶成为大理岩，重结晶前后岩石的化学成分和矿物成分基本不变。

二是可以产生新的矿物。由于岩石受热，可以促进矿物成分发生化学反应，重新组合结晶，形成新的矿物。实际上这也是一种重结晶作用。例如，硅质石灰岩在高温下，其中 SiO_2 和 $CaCO_3$ 可重结晶成硅灰石。

② 压力。地壳中岩石可以受到两种压力的作用。一是静压力，又叫围压，具有均向性，例如当岩石处于地下，就要受到上覆和周围岩石的压力，岩石所处部位越深，其所受静压力也越大。例如基性岩中的钙长石（相对密度2.76）和橄榄石（相对密度3.3）在高压下形成石榴子石（相对密度3.5～4.3）。

另外一种是侧向压力，或称应力，例如当岩石受到挤压、断裂活动或岩浆侵入时，一方面岩石会发生变形或破碎；另一方面也可使它重结晶，并使岩石中片状或柱状矿物在垂直于应力方向生长、拉长或压扁，形成明显的定向排列，从而使岩石具有各种片理构造。

③ 化学因素。岩石所处的化学环境发生变化，同样也可引起岩石的变质。例如，岩石处于地下深部或被岩浆侵入，常常受到从岩浆析出的水汽、各种挥发性组分以及热水溶液的作用，产生一系列化学反应，形成新的变质矿物。如白云岩或菱镁矿等在热水作用下形成滑石（见下式）。

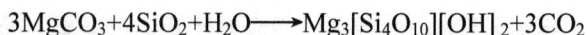

$$3MgCO_3+4SiO_2+H_2O \longrightarrow Mg_3[Si_4O_{10}][OH]_2+3CO_2$$

上述各种变质因素，常常是共同起作用的，并且会有其中某一种因素起主导作用。有些岩石变质主要是由热力条件变化引起的，有些主要是由压力条件变化引起的，有些主要是由化学性活泼气体或溶液的作用引起的，还有些是由复杂的变质因素引起的，比如低压高温或高压低温、高压高温等，会引起不同的变质结果。

（2）变质作用的种类　见表2-11。

表 2-11　变质作用的种类

作用	作用概念	形成的岩石
动力变质作用	构造运动所产生的强烈应力的作用，可以使岩石及其组成矿物发生变形、破碎，并常伴随一定程度的重结晶作用	断层角砾岩、碎裂岩、糜棱岩
接触变质作用	由于岩浆活动，在侵入体和围岩的接触带，产生接触变质现象，可分为热接触变质作用及接触交代变质作用两种类型	石英岩、角页岩、大理岩、夕卡岩
区域变质作用	泛指在广大面积内所发生的变质作用，区域变质作用的物理条件具有很宽的范围，可以是高温高压、中温中压，也可以是高温低压、低温高压等各种情况，具有不同的地温梯度	石英岩、大理岩、板岩、千枚岩、片岩、片麻岩、角闪岩、变粒岩、麻粒岩、榴辉岩

（3）常见变质岩的分类　见表2-12。

表 2-12　常见变质岩的分类

岩类	构造	岩石名称	主要亚类及其矿物成分	原　岩
块状岩类	块状构造	大理岩	方解石为主，其次有白云石等	石灰岩、白云岩
		石英岩	石英为主，有时含有绢云母、白云母等	砂岩、硅质岩
		蛇纹岩	蛇纹石、滑石为主，其次有绿泥石、方解石等	超基性岩

岩类	构造	岩石名称	主要亚类及其矿物成分		原 岩
片理状岩类	片麻状构造	片麻岩	花岗片麻岩	长石、石英、云母为主，其次为角闪石，有时含石榴子石	中酸性岩浆岩、黏土岩、粉砂岩、砂岩
			角闪石片麻岩	长石、石英、角闪石为主，其次为云母，有时含石榴子石	
	片状构造	片岩	云母片岩	云母、石英为主，其次有角闪石等	黏土岩、砂岩、中酸性火山岩、基性岩、白云质泥灰岩
			滑石片岩	滑石、绢云母为主，其次有绿泥石、方解石等	
			绿泥石片岩	绿泥石、石英为主，其次有滑石、方解石等	
	千枚状构造	千枚岩	以绢云母为主，其次有石英、绿泥石等		黏土岩、黏土质粉砂岩、凝灰岩
	板状构造	板岩	黏土矿物、绢云母、石英、绿泥石、黑云母、白云母等		黏土岩、黏土质粉砂岩、凝灰岩

（4）岩石的循环　岩石圈内，温度从地表温度向下增高到足以使固态岩石熔化为液态，然而岩石圈深部静岩压力是地表的一万多倍，牢牢地把岩石内各质点束缚住，不能任意移动。一旦局部地段因破碎或断裂等原因压力减小，或放射性元素过于集中导致温度升高，岩石就会变成活动性极强的岩浆。所以炽热的岩浆其实就是熔融状态的岩石，主要成分为硅酸盐。岩浆向上流动，侵入地壳上部的岩石或者出露地表，冷凝形成火成岩。岁月沧桑，风雨侵蚀，各类地表岩石经长期风化侵蚀，又产生松散的沉积物，最后在一定条件下固化为沉积岩。埋到地下深处的岩浆岩和沉积岩，受到温度、压力、流体的作用，变质为另一类岩石变质岩。地壳隆起经剥蚀，地壳深处的岩石便有机会出现在地表。而三大类岩石一旦在地下深处再次被熔化为岩浆时，岩石开始新一轮的循环演化。

（5）三大岩石中分布的常见陶瓷矿物　见表2-13。

表2-13　三大岩石中分布的常见陶瓷矿物

主要在火成岩中出现的矿物	主要在沉积岩中出现的矿物	主要在变质岩中出现的矿物	三大类岩石中均有的矿物
鳞石英、歪长石、白榴石、蓝方石、角闪石	蛋白石、玉髓、水铝石、黏土矿物、海绿石、盐类矿物、卤化物矿物	刚玉、石墨、红柱石、矽线石、叶蜡石、堇青石、绢云母、绿泥石、滑石、蛇纹石、透闪石、硅灰石	石英、长石、白云母、黑云母、角闪石，辉石、橄榄石、磷灰石、锆石、碳酸盐矿物

2.1.4　矿床

2.1.4.1　矿床、矿体

矿床是地质作用的产物，是自然界中分散存在的矿质富集到一定程度的产物。与一般岩石所不同的是，它具有经济价值，是在一定地质作用下形成的在质量和数量上都能满足当前开采利用要求的有用矿物的富集地段。矿床的概念随经济技术的发展而变化。确定为矿床的基本条件如下。

① 有用元素或矿物的含量要达到最低可采品位。

② 矿石中的有用组分可提取，即具备矿石的工艺技术条件。

③ 矿体可采。采矿难易对成本影响很大，对确定矿床的最低可采品位有重要影响。

④ 矿石的储藏量大。矿床规模大，虽然矿山建设投资大，但经济效益很高。

⑤ 经济上合理。在开采中，支付获得矿产品的全部费用，包括采矿、选矿、交通运输、设备、水电能源和劳动力成本等，可以产生经济效益。

上述条件的综合分析和评价决定着一个矿床的经济价值。

矿体是矿床的基本组成单位，是达到工业要求的含矿地质体，又是开采的直接对象。它具有一定的大小、形状和产状。一个矿床可以由一个或数个矿体组成。

2.1.4.2 矿床的分类

岩石和矿床都是地质作用的产物，它们在成因上有着密切的联系。矿床实际上是地壳各类岩石中由于化学元素的迁移和聚集（即成矿作用），形成某些元素克拉克值高于平均值的某些特定地段。

（1）按矿床成因分类 按矿床成因可以分为内生矿床、外生矿床、变质矿床及多成因矿床，如图 2-1 所示。

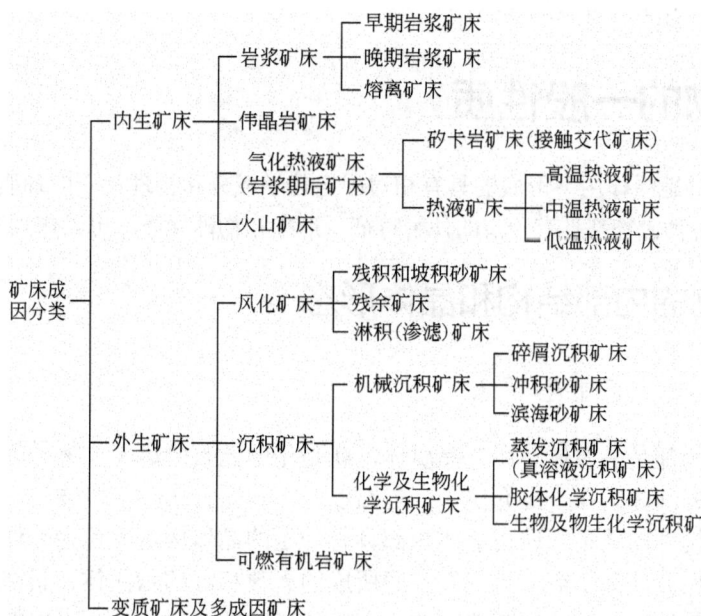

图 2-1 成因分类

（2）按矿床形态分类 按矿床形态可分为层状、脉状、块状矿床，如图 2-2 所示。

层状矿床：由于沉积原因形成。

脉状矿床：由于热液作用，充填于缝隙中形成。

块状矿床：由于充填、交代及气化形成。

（3）按矿床厚度分类 按矿床厚度可分为以下几种。

极薄矿体：厚度在 0.6～0.8m 的矿体。

薄矿体：厚度在 0.8～2m 的矿体。

中厚矿体：厚度在 2～5m 的矿体。

厚矿体：厚度在 5～20m 的矿体。

极厚矿体：厚度大于 20m 的矿体。

(a) 层状矿床   (b) 脉状矿床   (c) 块状矿床

图 2-2　矿床形状示意图

（4）按矿体倾角分类　按矿体倾角可分为以下几种。

水平矿床：倾角为 0°～3° 之间。

缓倾斜矿床：倾角为 3°～30° 之间。

倾斜矿床：倾角为 30°～50° 之间。

急倾斜矿床：倾角大于 50° 的矿床。

2.2　矿物的一般性质

矿物是在各种地质作用下形成的具有相对固定化学成分和物理性质的均质物体，是组成岩石的基本单位。各种矿物都具有一定的外表特征、形态和物理性质，可以作为鉴别矿物的依据。

2.2.1　矿物的内部结构和晶体形态

2.2.1.1　晶质体和非晶质体

绝大部分矿物都是晶质体。所谓晶质体，就是化学元素的离子、离子团或原子按一定规则重复排列而成的固体。在一定介质、一定温度、一定压力条件下，物质质点进行有规律的排列。质点规则排列的结果，就使晶体内部具有一定的晶体构造，称为晶体格架。这种晶体格架相当于一定质点（离子等）在三度空间所成的无数相等的六面体、紧密相邻和互相平行排列的空间格子构造。如食盐就是典型的正六面体排列的晶体格架。不同的矿物，组成其空间格子的六面体的三个边长之比及其交角常不相同，由此形成多种多样的晶体构造。在适当的环境里，例如有使晶质体生长的足够空间，则晶质体往往表现为一定的几何外形，但是，大多数晶质体矿物由于缺少生长空间。许多个晶体在同时生长，结果互相干扰，不能形成良好的几何外形，而实际上内部结构并无任何区别。但有少数矿物呈非晶质体结构，凡内部质点呈不规则排列的物质都是非晶质体，如天然沥青、火山玻璃等。这样矿物在任何条件下都不能表现为规则的几何外形。

2.2.1.2　晶形

在一定条件下，矿物可以形成良好的晶体。晶体形态多种多样，但基本可分成两类：一类是由同形等大的晶面组成的晶体，称为单形，单形的数目较少；一类是由两种以上的单形组成的晶体，称为聚形。聚形的特点是在一个晶体上具有大小不等、形状不同的晶面。聚形千变万化，种类可以千万计。

在自然晶体中，常发现两个或两个以上的晶体有规律地连生在一起的情况，称为双晶。最常见的有三种类型。

接触双晶：由两个相同的晶体，以一个简单平面相接触而成。

穿插双晶：由两个相同的晶体，按一定角度互相穿插而成。

聚片双晶：由两个以上的晶体，按同一规律，彼此平行重复连生一起而成。

对某些矿物来说，双晶是重要的鉴定特征之一。

2.2.1.3 结晶习性

虽然每种矿物都有它自己的结晶形态，但由于晶体内部构造不同，结晶环境和形成条件不同，以致晶体在空间三个相互垂直方向上发育的程度也不相同。在相同条件下形成的同种晶体经常所具有的形态，称为结晶习性。大体可以分为三种类型。

一向延伸型：有的矿物晶体，如石棉、石膏等常形成柱状、针状、纤维状，即晶体沿一个方向特别发育，称为一向延伸型。

二向延伸型：有的矿物晶体，如云母、石墨等常形成板状、片状、鳞片状，即晶体沿两个方向特别发育，称为二向延伸型。

三向延伸型：有的矿物晶体，如黄铁矿、石榴子石等常形成粒状、近似球状，即晶体沿三个方向特别发育，称为三向延伸型。

熟悉这些特性，对于鉴定矿物有一定用处。此外，还有些矿物晶体的晶面上具有一定形式的条纹，称晶面条纹。如在水晶晶体的六方柱晶面上具有横条纹，在电气石晶体的柱面上具有纵条纹，在黄铁矿的立方体晶面上，具有互相垂直的条纹，在斜长石晶面上常有细微密集的条纹（双晶纹）。这些特征对于鉴定矿物也有一定意义。

2.2.2 矿物的集合体形态和物理性质

2.2.2.1 矿物的集合体形态

自然界矿物可呈单独晶体出现，但大多数是以矿物晶体、晶粒的集合体或胶体形式出现的。集合体形态往往具有鉴定特征的意义，有时候还反映矿物的形成环境。主要的集合体形态如下。

① 粒状集合体。粒状集合体指由粒状矿物所组成的集合体。如雪花石膏是由许多石膏晶粒组成的集合体，花岗岩是由石英、长石、云母等晶粒组成的集合体。粒状集合体多半是从溶液或岩浆中结晶而成的，当溶液达到过饱和或岩浆逐渐冷却时，其中即发生许多"结晶中心"，晶体围绕结晶中心自由发展，及至进一步发展受到周围阻碍，便开始争夺剩余空间，结果形成外形不规则的粒状集合体。

② 片状、鳞片状、针状、纤维状、放射状集合体。如石墨、云母等常形成片状、鳞片状集合体，石棉、石膏等常形成纤维状集合体，还有些矿物常形成针状、柱状、放射状集合体。

③ 致密块状体。致密块状体指由极细粒矿物或隐晶矿物所成的集合体，表面致密均匀，肉眼不能分辨晶粒彼此的界限。

④ 晶簇。生长在岩石裂隙或空洞中的许多单晶体所组成的簇状集合体叫晶簇。它们一端固着于共同的基底上，另一端自由发育而形成良好的晶形。常见的有石英晶簇、方解石晶簇等。

⑤ 杏仁体和晶腺。矿物溶液或胶体溶液通过岩石气孔或空洞时，常常从洞壁向中心层层沉淀，最后把孔洞填充起来，其小于 2cm 者通称为杏仁体，大于 2cm 者可称为晶腺。如玛瑙往往以此形态产出。

⑥ 结核和鲕状体。矿物溶液或胶体溶液常常围绕着细小岩屑、生物碎屑、气泡等由中心向外层层沉淀而形成球状、透镜状、珊瑚状等状态的集合体，称为结核。常见的有黄铁矿、赤铁矿、磷灰石等结核。

如果结核小于 2mm，形同鱼子状，具同心层状构造，叫鲕状体，鲕状体常彼此胶结在一起，如鲕状赤铁矿、鲕状铝土矿等。

⑦ 钟乳状、葡萄状集合体。这些形态大多数是某些胶体矿物所具有的特点。胶体溶液因蒸发失水逐渐凝聚，因而在矿物表面围绕凝聚中心形成许多圆形的、葡萄状的小突起，如石灰洞中由 $CaCO_3$ 形成的钟乳石、石笋以及褐铁矿、孔雀石等表面常具此形态。

⑧ 土状体。土状体为疏松粉末状矿物集合体，一般无光泽。许多由风化作用产生的矿物如高岭土等常呈此形态。

⑨ 被膜。不稳定矿物因受风化作用，其表面往往形成一层次生矿物的皮壳，称为被膜。如各种铜矿表面常有一层因氧化作用而产生的翠绿色孔雀石及天蓝色蓝铜矿的被膜。

2.2.2.2　矿物的物理性质

由于矿物的化学成分不同，晶体构造不同，从而表现出不同的物理性质。有些必须借助仪器测定（如折射率、膨胀系数等），有些则可凭借感官即可识别，后者是肉眼鉴定矿物的重要依据。主要物理性质如下。

（1）颜色　矿物具有各种颜色，如赤铁矿、黄铁矿、孔雀石、蓝铜矿、黑云母等都是根据颜色命名的。但同一矿物颜色的变化有时很大，不能简单依赖这一特性。

矿物本身固有的化学组成中含有某些色素离子而呈现的颜色，称为自色。具有自色的矿物，颜色大体固定不变，因此是鉴定矿物的重要标志之一。如矿物中含有 Mn^{4+}，呈黑色；含有 Mn^{2+}，呈紫色；含有 Fe^{3+}，呈樱红色或褐色；含有 Cu^{2+}，呈蓝色或绿色等。

有些矿物的颜色，与本身的化学成分无关，而是矿物中所含的杂质成分引起的，称为他色。如纯净水晶（SiO_2）是无色透明的，若其中混入微量不同的杂质，即可具有紫色、粉红色、褐色、黑色等。无色、浅色矿物常具他色，他色随杂质不同而改变，鉴定时要予以区分。

（2）条痕　条痕是矿物粉末的呈色。通常是利用条痕板（不光滑的瓷板），观察矿物在其上划出的痕迹的颜色。由于矿物的粉末可以消除一些杂质和物理方面的影响，所以比其颜色更为固定，在鉴定矿物上更具意义。有些矿物如赤铁矿，其颜色可能有赤红、黑灰等色，但其条痕则为樱红色，是一致的；有些矿物如黄金、黄铁矿，其颜色大体相同，但其条痕则相差很远，前者为金黄色，后者则为黑色或黑绿色。

（3）光泽　大多数的矿物都有一定的光泽，光泽有强有弱，它由矿物表面的总光量或者矿物表面对于光线的反射程度决定。光泽可分为以下几种。

① 金属光泽。表面反光极强，如同平滑的金属表面所呈现的光泽。某些不透明矿物，如黄铁矿、方铅矿等，均具有金属光泽。

② 半金属光泽。较金属光泽稍弱，暗淡而不刺目。如黑钨矿具有这种光泽。

③ 非金属光泽。非金属光泽是一种不具金属感的光泽，又可分为以下几种。

金刚光泽：光泽闪亮耀眼。如金刚石、闪锌矿等的光泽。

玻璃光泽：像普通玻璃一样的光泽。大约占矿物总数 70%的矿物具有玻璃光泽，如水晶、萤石、方解石等具此光泽。

脂肪光泽：有些矿物表面似有一层脂肪，呈脂肪光泽，如硫磺、玛瑙等的光泽。

珍珠光泽：具片状集合体的矿物，常具有珍珠光泽，这种光泽是由矿物内部的解理面发射出来的，如白云母、滑石等的光泽。

丝绢光泽：具纤维状集合体的矿物，则呈丝绢光泽，这种光泽是由纤维状结构引起的，如石棉及透石膏等的光泽。

土状光泽：具粉末状的矿物集合体，则表现出暗淡无光的特性，也称土状光泽，如高岭石等的光泽。

此外，还可以划分出几种中间光泽，如半脂肪光泽、半金属光泽等。

（4）透明度　指光线透过矿物多少的程度。矿物的透明度可分为以下三级。

透明矿物：矿物碎片边缘能清晰地透见他物，如水晶、方解石等。

半透明矿物：矿物碎片边缘可以模糊地透见他物或有透光现象，如透石膏、云母等。

不透明矿物：矿物碎片边缘不能透见他物，陶瓷原料矿物大多属于这种。

一般所说矿物的透明度与矿物的大小厚薄有关。大多数矿物标本或样品，表面看是不透明的，但碎成小块或切成薄片，却是透明的。而透明度又常受颜色、包裹体、气泡、裂隙、解理以及单体和集合体形态的影响。例如无色透明矿物，其中含有众多细小气泡就会变成乳白色；又如方解石颗粒是透明的，但其集合体就会变成不完全透明的。

（5）硬度　指矿物抵抗外力刻划、压入、研磨的程度。根据硬度高的矿物可以刻划硬度低的矿物的道理，德国莫氏（F.Mohs）在 19 世纪初期选择了 10 种矿物作为标准，将硬度分为 10 级，通常称为莫氏硬度，如表 2-14 所示。

表 2-14　莫氏硬度表

矿物名称	硬度	矿物名称	硬度
滑石	1	正长石	6
石膏	2	石英	7
方解石	3	黄玉	8
萤石	4	刚玉	9
磷灰石	5	金刚石	10

如果根据力学数据，滑石硬度为石英的 1/3500，而金刚石硬度为石英的 1150 倍，所以，莫氏硬度的考量方法是相对的，也是不够精确的，但在实际使用时是很方便的。例如将欲测定的矿物与硬度计中某矿物（假定是方解石）相刻划，若彼此无损伤，则硬度相等，即可定为 3；若此矿物能刻划方解石，但不能刻划萤石，相反却为萤石所刻划，则其硬度当在 3～4 之间，因此可定为 3.5。以此类推。

在野外工作，还可利用指甲（2～2.5）、小钢刀（5～5.5）等来代替硬度计。据此，可以把矿物硬度粗略分成软（硬度小于指甲）、中（硬度大于指甲，小于小刀）、硬（硬度大于小刀）三等。有少数矿物用石英也刻划不动，可称为极硬。

测定硬度时必须选择新鲜矿物的光滑面试验，才能获得可靠的结果。同时要注意刻痕和粉痕（以硬刻软，留下刻痕；以软刻硬，留下粉痕），不要混淆。对于粒状、纤维状矿物，不宜直接刻划，而应将矿物捣碎，在已知硬度的矿物面上摩擦，视其有否擦痕来比较硬度的大小。

（6）解理　在力的作用下，晶体或同类的结晶物质沿一定方向分裂并产生光滑平面的性质叫做解理。沿着一定方向分裂的面叫做解理面。解理是由晶体内部格架构造所决定的，这一性质为晶体物质所特有。例如石墨，在不同方向碳原子的排列密度和间距互不相同，竖直方向质点间距等于水平方向质点间距的 2.5 倍。质点间距越远，彼此作用力越小，所以石墨会有一个方向的解理，即一向解理。

有的矿物具有二向、三向、四向或六向解理，如食盐具有三个方向的解理，萤石具有四个方向的解理。

不同的矿物，解理程度也常不一样。在同一种矿物上，不同方向的解理也常表现不同的程度。根据劈开的难易和肉眼所能观察的程度，解理可分为下列等级。

① 极完全解理：矿物晶体极易裂成薄片，解理面较大、均匀且平整光滑，如云母、石膏等。

② 完全解理：矿物极易裂成平滑小块或薄板，解理面相当光滑，当用铁锤敲击矿物时，矿物会依解理面分裂，并且产生的不规则断面极少，如方解石、石盐等。

③ 中等解理：解理面往往不能一劈到底，不很光滑，且不连续，常呈现小阶梯状，当敲击矿物破碎时，碎面与不规则的断口相对较少，如普通角闪石、长石类矿物等。

④ 不完全解理：解理程度很差，在大块矿物上很难看到解理，只在细小碎块上才可看到不清晰的解理面，当敲击矿物破碎时，大多碎面多呈不规则的断口，如绿柱石、磷灰石等。

⑤ 极不完全解理（无解理）：完全缺乏解理特征，如石英、刚玉等。

对具有解理的矿物来说，同种矿物的解理方向和解理程度总是相同的，性质很固定，因此，解理是鉴定矿物的重要特征之一。

（7）断口　矿物受力破裂后所出现的没有一定方向的不规则的断开面叫做断口。解理程度越高的矿物不易出现断口，解理程度越低的矿物越容易形成断口，无解理或不完全解理的矿物，其断口性质非常典型，鉴定矿物时，断口形状可分为以下几种。

① 贝壳状断口：与贝壳内表面相近，如石英、火山玻璃上出现的具同心圆纹的贝壳状断口。

② 锯齿状断口：断口表面出现锯齿状突棱，如一些自然金属矿物等。

③ 多片状断口：断口表面有一些支离的碎片，如石棉、燧石等。

④ 土状断口：断口无光泽，表面好像蒙上一层灰尘的样子，如高岭土等。

（8）脆性和延展性　当矿物受力后，极易破碎且不能弯曲的性质称为脆性。这类矿物用刀尖刻划即可产生粉末，如方解石。

当矿物受力后，发生塑性变形，如锤成薄片、拉成细丝，这种性质称为延展性。这类矿物用小刀刻划不产生粉末，而是留下光亮的刻痕，如金、自然铜等。

（9）弹性和挠性　矿物受力变形、作用力失去后又恢复原状的性质，称为弹性，如云母是弹性最强的矿物。

矿物受力变形、作用力失去后不能恢复原状的性质，称为挠性，如绿泥石，屈而不伸，是挠性明显的矿物。

（10）相对密度　矿物的质量与4℃时同体积水的质量比，称为矿物的相对密度。矿物的化学成分中若含有原子量大的元素或者矿物的内部构造中原子或离子堆积比较紧密，则相对密度较大；反之则相对密度较小。相对密度通常在0.9（冰）～23.0（锇钌族矿物）之间，而大多数矿物相对密度则介于2.5～4之间。

野外依据相对密度鉴定矿物时，做好用左手比较各矿物的差别，定性上可粗分为"轻级"、"中级"和"重级"，一般来说，石膏、石墨等相对密度小于2.5的可定为轻级，石英、长石等相对密度在2.5～4可定为中级，其他相对密度大于4的定为重级。

矿物的相对密度特性在选矿上有很大的实用价值，淘洗分选的原理就在于此。

（11）磁性　少数矿物具有被磁铁吸引或本身能吸引铁屑的性质。一般用马蹄形磁铁或带磁性的小刀来测验矿物的磁性。

矿物的磁性在选矿上有很大的实用价值，磁选工艺依此建立。

磁选机可以分选的矿物很多，如磁铁矿、褐铁矿、赤铁矿、锰菱铁矿等都可以用磁选机来选别。磁选机磁选过程是在磁选机的磁场中，借助磁力与机械力对矿粒的作用而实现分选的。不同的磁性的矿粒沿着不同的轨迹运动，从而分选为两种或几种单独的选矿产品。而陶瓷选矿中利用磁选设备将有磁性的有害杂质分选去除是提高原料品质的常用办法。

除了以上主要性能以外，有些矿物会具有热电性、压电性、发光性、易燃性等特殊性能，有些易溶于水的矿物具有咸、苦、涩等味道，有些矿物具有滑腻感，有些矿物如受热或燃烧后会产生特殊的气味。

2.3　硅酸盐陶瓷矿物

硅酸盐陶瓷矿物的性能见表2-15。

表 2-15　硅酸盐陶瓷矿物一览表

矿物名称	英文名称	化学成分	结晶、形态	颜色	硬度	相对密度	物化性能	用途
白云母	Muscovite	$KAl_2(Si_3Al)O_{10}(OH)_2$	单斜，板状	无色，白色	2.5～3	2.8～3	700～800℃脱水，1150℃以上生成α-Al_2O_3和白榴石	绝缘材料及耐热材料
白云石	Dolomite	$CaMg(CO_3)_2$	六方，菱面体	白色，浅褐色	3.5～4	2.8	800℃开始分解，950℃时完全分解成CaO、MgO、CO_2	重要的陶瓷熔剂材料
冰长石	Adularia	$KAlSi_3O_8$	单斜，短柱状	无色，灰色	6～6.5	2.57	与正长石相同，仅有形状差异	
冰晶石	Cryolite	Na_3AlF_6	单斜，柱状，粒状，块状	无色，白色，浅褐色	2.5	2.95～3.0	550℃以下α型稳定，550℃以上β型稳定，950℃熔融	冶炼
长石族	Feldspar	WZ_4O_8（W=Na，K，Ca，Ba；Z=Si，Al）	单斜，三斜，聚合状	白色，灰色，粉红色	6～6.5	2.5～2.8	1000～1550℃熔融	陶瓷熔剂材料

矿物名称	英文名称	化学成分	结晶、形态	颜色	硬度	相对密度	物化性能	用途
蛋白石	Opal	$SiO_2 \cdot nH_2O$	非晶质，块状，钟乳状	乳白色，黄色	5.5~6.5	1.9~2.3		
地开石	Dickite	$Al_2Si_2O_5(OH)_4$	单斜，六角板状	白色，浅黄色	2.5~3	2.62	与高岭石、珍珠陶土同质异象，热学性能与高岭石类似	陶瓷、耐火材料、玻纤行业
多水高岭石、埃洛石	Halloysite	$Al_2Si_2O_5$ $(OH)_4 \cdot 2H_2O$	单斜，棒状，管状	白色，桃红色	1~2	2.1	150℃附近脱水，其他性能与高岭石类似	耐火材料、陶瓷骨架材料
方镁石	Periclase	MgO	等轴，粒状	无色，灰色，黄色	5.5~6	3.65	2800℃熔融	耐火材料，玻璃
方解石	Calcite	$CaCO_3$	六方，菱面体	白色	3	2.7	970℃时分解成 CaO、CO_2	重要的陶瓷熔剂材料
方石英	Cristobalite	SiO_2	四方	无色	6.5	2.45	分α低温型及β高温型，两者的转变温度为198~240℃，α→β转变会有一定膨胀	化工填料、电子材料、工业陶瓷、玻璃
钙长石	Anorthite	$CaAl_2Si_2O_8$	三斜，聚合状	白色，灰色	6	2.75	1553℃熔融	
橄榄石	Olivine	$(Mg，Fe)_2(SiO_4)$	斜方，粒状	暗绿色，浅褐色	6~7	3.2~4.3	熔融点1205~1890℃，形成铁镁硅酸盐共熔物	耐火材料
刚玉	Corundum	Al_2O_3	六方，短柱状	青色，褐色	9	3.9~4	2050℃熔融	釉用原料、工业陶瓷
高岭石	Kaolinite	$Al_4Si_4O_{10}(OH)_8$	三斜，六角板状	白色	2~2.5	2.61	与珍珠陶土、地开石同质异象，600℃附近分解结晶水，产生非晶化偏高岭石，930℃附近出现无定形的 Al_2O_3 及 SiO_2，1000℃以后开始莫来石化	重要的黏土矿物，用于陶瓷、耐火材料、造纸、橡胶行业
锆石	Zircon	$ZrSiO_4$	正方，短柱状	黄色，褐色及各色	7.5	4.7	1530℃时分解成 ZrO_2 及 SiO_2	釉用乳浊原料、耐火材料
硅灰石	Wollastonite	$Ca_3Si_3O_9$	三斜，板状	白色，灰色	4.5~5	2.9	1200℃时，β-$CaSiO_3$ 向α-$CaSiO_3$ 转变	陶瓷、绝缘材料、橡胶行业
硅线石	Sillimanite	$Al_2(SiO_4)O$	斜方，针状	无色，白色，褐色	6.5~7	3.35	与红柱石同质异象，1400~1550℃生成莫来石及玻璃相	耐火材料，工业陶瓷
海泡石	Sepiolite	$Mg_8H_6(Si_{12}O_{30})$ $(OH)_{10} \cdot 6H_2O$	斜方，块、土状	白色，浅灰色，黄色	2~3	2~2.5	600℃后生成无水海泡石，840℃后产生斜顽辉石	钻井泥浆辅料、过滤材料

矿物名称	英文名称	化学成分	结晶、形态	颜色	硬度	相对密度	物化性能	用途
黑云母	Biotite	$K(Mg,Fe)_3(AlSi_3O_{10})(OH,F)_2$	单斜，六角板状	黑色，褐色，红色	2.5~3	2.8~3.4	加热过百度即释出水分，2价铁向三价铁转化	涂料、保温材料
红柱石	Andalusite	$Al_2(SiO_4)O$	斜方，柱状	红色，黑色，褐色	7.5	3.1~3.2	与硅线石同质异象，1350℃后生成莫来石及玻璃相	耐火材料，工业陶瓷
滑石	Talc	$Mg_3(Si_4O_{10})(OH)_2$	单斜，叶片状，纤维状	白色，灰白色	1	2.83	2:1型的层状硅酸盐结构，900℃开始失去结晶水，生成斜顽辉石（$MgO \cdot SiO_2$）	建筑瓷、滑石瓷的坯体材料，釉原料
尖晶石	Spinel	$MgAl_2O_4$	等轴，粒状	青色，绿色，褐色	8	3.6	2135℃熔融	耐火材料
堇青石	Cordierite	$(Mg,Fe)_2Al_3(AlSi_5O_{18})$	斜方，短柱状	白色，青色，蓝色	7~7.5	2.61	热膨胀系数小，1400℃熔融	堇青石陶瓷、耐火材料
金刚石	Diamond	C	等轴，八面体	无色，浅黄色，灰黑色	10	3.2~3.51	4.5~6.0GPa，1100~1500℃生成，条件不足生成石墨	宝石，研磨材料
金红石	Rutile	TiO_2	四方，柱状，针状	暗红色，褐色，黄色	6~6.5	4.26	1720℃熔融	钛白粉及金属钛的原料
金云母	Phlogopite	$KMg_3(AlSi_3O_{10})(F,OH)_2$	单斜，板状	黄褐色	5.5	4.43	加热过百度即释出水分	涂料、保温材料
绢云母	Sericite	$K_{0.5~1}(Al,Fe,Mg)_2(SiAl)_4O_{10}(OH)_2 \cdot H_2O$	单斜，六角板状	白色，灰色	2~2.5	2.78~2.88	与白云母比，天然粒径小，硅铝比增大，K含量减少，其他性能类似	陶瓷黏土材料
锂辉石	Spodumene	$LiAl(SiO_3)_2$	单斜，柱状	红色，紫色，灰色	6~7	3~3.2	1000℃左右时迅速转变为β型锂辉石，有热裂性质	锂化工、玻璃、陶瓷
锂云母	Lepidolite	$KLi_{1.5}Al_{1.5}(AlSi_3O)_{10}(F,OH)_2$	单斜，板状	浅紫红色、紫色、灰色	2.5~4	2.8~2.9		锂化工、玻璃、陶瓷
磷灰石	Apatite	$Ca_5(PO_4)_3(F,Cl,OH)$	六方，短柱状	无色，褐色，绿色，紫色	5	3.2		磷肥，涂料、光学材料
磷石英	Tridymite	SiO_2	斜方，六角板状，短柱状	无色，白色	7	2.27	常温下以α型存在，117℃转化成β1型、163℃转化成β21型	硅质耐火材料主要物相
菱镁矿	Magnesite	$MgCO_3$	六方，菱形或柱状	白色，黄色	3.5~4	3	600℃时分解成MgO、CO_2	耐火材料，提炼镁
绿泥石	Chlorite	$Y_3(Z_4O_{10})(OH)_2 \cdot Y_3(OH)_6$，Y主要代表$Mg^{2+}$、$Fe^{2+}$、$Al^{3+}$和$Fe^{3+}$等，Z主要是Si和Al	单斜、三斜或斜方，片状、板状	浅绿色至深绿色	2~2.5	2.6~3.3	具有2:1型的层状含水铝硅酸盐结构的复杂组合矿物	杂含在黏土矿物中进入陶瓷配料中

矿物名称	英文名称	化学成分	结晶、形态	颜色	硬度	相对密度	物化性能	用途
绿柱石	Beryl	$Be_3Al_2Si_6O_{18}$	六方，柱状	绿色，青色，白色	7.5～8	2.65～2.9	1420℃熔融	提炼铍，宝石
镁橄榄石	Forsterite	Mg_2SiO_4	斜方，粒状	无色，白色，淡绿色	6.5～7	3.2	1890℃熔融	耐火材料
蒙脱石	Montmorillonite	$(1/2Ca，Na)_{0.66}$ $(Al，Mg，Fe)_4$ $[(Si，Al)_8O_{20}]$ $(OH)_4 \cdot nH_2O$	单斜，无定形片状	白色	2～2.5	2～2.7	加水膨胀，80～250℃脱去层间水和吸附水，600～700℃脱结构水，800～935℃生成尖晶石和石英	陶瓷黏土材料，钻井泥浆辅料
明矾石	Alunite	$KAl_3(SO_4)_2(OH)_2$	立方，块状	无色，白色，灰色	4	2.75	650℃与780℃附近脱结构水，之后生成α-Al_2O_3	耐火材料
莫来石	Mullite	$3Al_2O_3 \cdot 2SiO_2$	斜方，针状	无色，浅红色	6～7	3.16	1810℃分解为刚玉和液相	陶瓷的主要晶相，耐火材料
钠长石	Albite	$NaAlSi_3O_8$	三斜，聚合状	无色，白色，黄色	6	2.6	1100℃熔融	重要陶瓷熔剂原料
硼砂	Borax	$Na_2B_4O_7 \cdot 10H_2O$	单斜，板状，柱状	无色，白色	2	1.71	可溶于水	玻璃、搪瓷，陶瓷熔块
三水铝石	Gibbsite	$Al_2O_3 \cdot 3H_2O$	单斜，六角板状	白色，灰色	2.5～3.5	2.35	170℃开始脱水，250℃释放2分子水生成一水铝石，500℃附近生成γ-Al_2O_3	耐火材料，黏土中含有少量
石膏	Gypsum	$CaSO_4 \cdot 2H_2O$	单斜，板状，短柱状，针状	无色，白色	2	2.32	105～180℃排出1个半个水分子，转变为半水石膏$Ca[SO_4] \cdot 0.5H_2O$；200～220℃，排出剩余的半个水分子，转变为硬石膏，熔融温度1450℃	重要的陶瓷模具材料
石英	Quarter	SiO_2	六方，柱状，粒状	无色，白色，青色	7	2.65	常分α型及β型，α型在常温至573℃稳定，β型在573～870℃稳定，晶型转变很快	重要的陶瓷原料，玻璃
透辉石	Diopside	$CaMgSi_2O_6$	单斜，短柱状	白色，浅绿色	5～6	3.22～3.56	变形温度1170℃，软化温度1280℃，熔融温度1390℃	新型陶瓷原料
透锂长石	Petalite	$LiSi_4AlO_{10}$	单斜，板状，柱状	白色，黄色，浅红色	6.5	2.42		陶瓷，玻璃
透闪石	Tremolite	$Ca_2Mg_5(Si_8O_{22})(OH)_2$	单斜，柱状，纤维状	白色	5～6	2.9～3.2	500～600℃间脱水	陶瓷，玻璃

矿物名称	英文名称	化学成分	结晶、形态	颜色	硬度	相对密度	物化性能	用途
微斜长石	Microcline	$KAlSi_3O_8$	三斜,板状,棱柱状	白色,浅红色	6～6.5	2.6	钾长石同质异象中低温型,加热后转化成高温型,1150℃熔融	陶瓷,玻璃
斜长石	Plagioclase	$Na(AlSi_3O_8)(Ab)$—$Ca(Al_2Si_2O_8)(An)$的共溶体	三斜,板状,柱状	白色,灰色	6～6.5	2.6～2.75		陶瓷,玻璃
叶蜡石	Pyrophyllite	$Al_2Si_4O_{10}(OH)_2$	单斜,叶片状	白色,灰色,浅绿色,黄色	1～1.5	2.84	2:1型的层状含水铝硅酸盐结构,600℃附近分解结晶水,1000℃以后开始莫来石化	陶瓷,耐火材料,玻纤
叶蛇纹石	Antigorite	$Mg_6Si_4O_{10}(OH)_8$	单斜,薄片状,纤维状	绿色,黄色,绿色	3～3.5	2.6～2.7	500～700℃附近脱水,逐渐生成橄榄石,1000℃以后形成单斜顽火辉石	石棉,耐火材料
伊利石	Illite	$KAl_2[(Al，Si)Si_3O_{10}](OH)_2 \cdot nH_2O$	单斜,板状	白色			比绢云母更细,硅钾比增大,其他性能类似	陶瓷黏土材料
萤石	Fluorite	CaF_2	等方,八面体,六面体,块状	无色,白色,浅绿色、青色、紫色	4	3.18	与硫酸反应生成氢氟酸	化工、水泥、光学领域,釉用熔剂之一
硬水铝石	Diaspore	$AlO(OH)$	斜方,单柱状	白色,灰色	6.5～7	3.4	450℃生成α-Al_2O_3	耐火材料
正长石	Orthoclase	$KAlSi_3O_8$	三斜,板状,棱柱状	无色,白色,浅红色	6	2.57	1170℃熔融形成白榴石及液相	重要的陶瓷原料,玻璃
重晶石	Barite	$BaSO_4$	斜方,板状,柱状	无色,白色,浅黄色	3	4.5	1600℃分解	用于石油钻井、化工、涂料领域

2.4 矿产的勘察、采矿、选矿

2.4.1 矿产的勘察

2.4.1.1 矿产勘查工作

矿产勘查工作分为预查、普查、详查、勘探 4 个阶段。

（1）预查 预查是通过对区内资料的综合研究、类比及初步野外观测、极少量的工程验证,初步了解预查区内矿产资源远景,提出可供普查的矿化潜力较大地区,并为发展地区经济提供参考资料。

（2）普查　普查是通过对矿化潜力较大地区开展地质物探、化探工作和取样工程，以及可行性评价的概略研究，对已知矿化区做出初步评价，对有详查价值地段圈出详查区范围，为发展地区经济提供基础资料。

（3）详查　详查是对详查区采用各种勘查方法和手段，进行系统的取样，并通过预可行性研究，做出是否有工业价值的评价，圈出勘探区范围，为勘探提供依据，并为制定矿山总体规划、项目建议书提供资料。

（4）勘探　勘探是对已知具有工业价值的矿区或经详查圈出的勘探区，通过应用各种勘查手段和有效方法，进行可行性研究，为矿山建设在确定矿山生产规模、产品方案、开采方式、开拓方案、矿石加工选冶工艺、矿山总体布置、矿山设计等方面提供依据。

2.4.1.2　探矿方法

探矿方法分为矿床露头调查和探矿工程方法。

（1）矿床露头调查　首先要尽可能多地获取调查地点的地质、矿床的文献资料及当地矿产历史。调查多从露头矿石开始，工作时，尽可能地清理露头矿石周围的剥离物，记录原始露头状况——矿体及母岩的表体状态、矿石品位的变化、矿脉的走向、倾斜状态、宽度、厚度、剥离层的状态等，对于两处以上露头的矿床要详细记录彼此间的关联状态。通过调查，摸清大概矿体储量、矿体品质、采矿方式、运输条件、开矿成本等基本情况。

（2）探矿工程方法　探矿工程方法是利用各种探矿工程揭露和追索被松散沉积物掩盖或地下深处的各种地质体（特别是矿体）和地质现象，以便查明地质和矿产情况的一种直接的找矿勘探方法。探矿工程包括坑探工程和钻探工程两类。

① 坑探工程。坑探工程简称坑探，是为了揭露地质及矿产现象而在地表或地下挖掘不同类型坑道的工作。坑探工程可分为地表坑探工程和地下坑探工程两类。

地表坑探工程：地表坑探工程是在地表或近地表挖掘的一些坑道，如浅坑、探槽、浅井等。

浅坑：浅坑是一个方形或不规则形状，挖掘深度一般不超过 1m 的坑穴。施工目的是揭露厚度小于 1m 的松散沉积物掩盖下的各种地质现象，或为了采取样品。有时在地形条件允许情况下，只将松散沉积物挖掉，称为剥土。

探槽：探槽是在地表挖掘的沟槽形的坑道，其横断面为倒梯形，深度一般小于 3m。施工时要求槽底深入基岩大于 0.3m，槽底宽为 0.6~0.8m，槽口宽度决定于松散沉积物的稳定性和含水情况以及探槽深度。由于探槽工程施工简便、成本较低，因此被广泛应用。探槽施工的目的是揭露各种地质现象，特别是了解不同地质体的接触关系，确定地质界线，了解各种地质体沿厚度方向的变化情况。

浅井：浅井是从地表沿铅垂方向向下挖掘、深度和断面较小的一种探矿坑道。断面一般为长方形，断面面积为 $1.2~2.2m^2$，深度一般不超过 20m。水平断面为圆形的浅井，称小圆井。其断面直径为 0.8~1m，深度一般不超过 5m。浅井施工目的是了解厚度大于 3m 小于 5~20m 松散沉积层掩盖下的基岩、地质、矿产情况和采集样品。当被揭露的矿体厚度较大且倾角很陡时，或是一组平行分布的矿体时，还可以挖掘带叉浅井（即在浅井底部再继续挖掘垂直于矿体走向的水平坑道）。

地下坑探工程：地下坑探工程是在地下深部掘进的一些坑道，如：竖井、平窿、穿脉、沿脉暗井、天井、上山、下山等。

坑探工程对所揭露的地质和矿产地质现象能进行直接观测并采取样品，取得的地质资料精确可靠。但其施工中易受地形和地下水等条件的限制，特别是地下坑探工程在施工过程中需凿岩、爆破、运输、排水、通风、支护等，因此施工复杂、进度较慢，且人力物力耗较大，投资费用较多。

② 钻探工程。钻探工程简称钻探。它是利用钻机等设备按一定方位角和倾角向地下钻进（称为钻孔），通过取得岩心、岩屑和土样等实物资料，或在孔内放入测试仪器进行地球物理测井或水文地质观测，以便了解地下地质构造、矿产或水文地质情况的工程。钻机钻进方法按破碎岩石的外力作用性质和方式，可分为冲击钻进、回转钻进、冲击回转钻进和振动钻进等。按回转钻进时破碎岩石所使用的磨料，分为硬质合金钻进、钻粒钻进和金刚石钻进等。钻进中，从钻孔内提取出来的圆柱状岩（矿）块，称为岩（矿）心；由循环冲洗液从钻孔内带出来的破碎的岩石颗粒，称为岩屑；而较细的岩石颗粒，称为岩粉。若钻进主要是为了从钻孔中提取岩（矿）心，来研究和了解地下地质构造和矿产情况的钻探工程，称为岩心钻探，若不从钻孔内采取岩心，而主要是根据岩屑和各种地球物理测井资料，来了解地下地质构造和矿产情况的钻探工程，则称为无岩心钻探。当前在固体矿产钻探工程中，应用最广的是岩心钻探。岩（矿）心是地质观测的主要对象，也是重要的实物地质资料，必须妥善保管。钻探工程机械化程度高，钻进效率高，成本低，钻进深度可达千米以上，受地形条件限制不大，除在地面使用外，还可以在地下坑道内使用。但是岩心钻探是借助岩心来收集地质资料的，由于岩心磨损、钻具丈量误差和孔斜等，其可靠程度和精度都较差，因此，当地质情况复杂时就不能单纯使用钻探工程作为探矿手段。

2.4.2　试样选取

取样是从矿体上、近矿围岩中或矿产品中，按一定的规格和方法采取一部分有代表性的矿石或岩石作为样品，以研究矿石质量、加工技术条件、开采技术条件及某些科研用途的一项专门性的地质工作。矿产取样是矿产普查、勘探工作以及生产和科研工作中的重要技术工作方法之一，它为矿床评价、生产及科研工作提供资料依据。矿产取样过程，通常由采样、样品加工、样品分析或试验工作三个基本环节组成。

2.4.2.1　采样

从矿体、围岩或矿产品中，采取一部分有代表性的样品，即原始样品。采样可分为以下几种。

① 化学采样：化学采样是确定矿石的组成元素及其含量的一种取样工作。化学采样是找矿勘探工作中使用最多的一种采样，此项工作好坏将直接影响矿床的评价工作。

坑探工程中采样：在探槽、浅井、坑道中采取化学采样，其中刻槽法应用最广，是坑探化学采样的主要方法，其次为拣块法、剥层法和全巷法。拣块法多用于找矿初期阶段；剥层法用于矿体厚度小、变化大、矿化组分极不均匀的矿床；全巷法则用于评价矿石中矿物颗粒结晶粗大的矿床，如高铝矿物原料矿床等。

② 物理性能试验采样：此项采样主要用以了解岩（矿）石的技术物理性质，为计算储量和开采提供资料。物理性能试验采样包括矿石的体重或相对密度、湿度、孔隙度、物理力

学性质、松散系数和岩石硬度等。由于各项技术性能测定试验方法不同，采样方法及要求也不相同。

③ 加工技术采样：加工技术采样又称工艺采样。其目的在于研究矿石的可选性能及可冶性能。在详查、矿床勘探、开发勘探和矿山生产初期阶段，都要根据各阶段的任务要求，结合矿床地质特点会同设计和生产部门进行这一项工作。

根据加工技术目的、要求不同，加工技术实验可分为实验室试验、半工业试验和工业试验三类。加工技术样品的采样方法，取决于矿石矿物成分复杂的程度、矿化均匀程度和实验单位所需要的重量。常用的方法有刻槽法、剥层法、岩心钻探采样法和全巷法。实验室试验一般可用刻槽法和岩心钻探采样法；而半工业试验和工业试验多采用剥层法和全巷法。

④ 岩矿采样：岩矿采样是通过对矿床中的各类岩石、矿石观察后，有选择性地、系统地采集岩石或矿石为标本，用矿物学、矿相学及岩石学的方法进行研究，为确定矿床成因、加工技术条件或其他地质研究工作提供资料。根据地质目的的不同，岩矿取样可分为岩矿鉴定取样、重砂取样和单矿物取样。由于地质目的的不同，岩矿样采取的方法和要求也不同，常用的有拣块法、刻槽法、岩心劈开法、岩心拣块法等。

⑤ 砂矿采样：砂矿采样的目的是为了确定砂矿床中有用重砂矿物的含量，以便做出工业评价。砂矿样采取的方法与其他方法不同，它主要在工程中进行，其特点是体积大、数量多。采样方法有刻槽法、剥层法、全巷法和冲击钻采样法。

2.4.2.2　样品加工

通过对原始样品加工，使样品的粒度和质量达到分析、试验和研究工作的要求。

2.4.2.3　样品分析或试验工作

样品分析或试验工作略。

2.4.3　矿量计算

原料的调查在最后阶段进行矿量计算，需要确定矿山储量的各项基本参数：矿体面积、矿体厚度、矿石密度和矿石品位，有时还包括矿石湿度和含矿系数等。

2.4.3.1　矿体面积的测定

面积测定载体：矿体面积的测定是在各类储量计算图纸，如勘探线剖面图、中段地质平面图、矿体水平投影图或矿体纵投影图等图纸上进行的。

面积测定方法：常用求积仪法、透明方格纸法和几何图形法、坐标计算法等。

2.4.3.2　矿体厚度的确定

矿体的厚度是根据矿体自然露头、工程揭露的矿体厚度测量和地质编录资料，量取"线"上的矿体厚度值。

根据所选择的储量计算方法，决定采用矿体（或矿块）的平均真厚度，还是平均铅垂厚度或平均水平厚度计算矿体体积。

2.4.3.3　矿石密度的测定

矿石密度的测定分为大体重法（全巷法）与实验室的小体重法（封蜡法，又称假密度法）两种。

致密块状矿石采集小体重样即可。小体重法求矿石平均体重需要测定样品的数量多（＞30块），且须以大体重法进行检查校正。

裂隙较发育的块状矿石或松散矿石，均需采大体重样，然而，由于工作量大、成本高，每种矿石类型或品级一般只做2~3个。

当矿石湿度较大（＞3%）时，应将矿石平均体重值据湿度进行校正。

2.4.3.4　矿石品位的计算

矿石品位的计算程序如下。

先计算单个工程（线）的平均品位，再计算由若干工程控制的面平均品位，最后计算矿块（或矿体）的体平均品位和全矿区（矿床）的总平均品位。当有特高品位存在时，应先处理特高品位，再求平均品位。

储量计算参数表格式如表2-16所示。

表 2-16　储量计算参数表格式

块段编号	资源储量级别	块段面积/m²	平均厚度/m	块段体积/m³	矿石密度/（t/m³）	矿石储量（资源量）	平均品位/%	储量/t	备注

2.4.4　采矿

采矿是指用人工或机械对有利用价值的天然矿物矿山资源的开采。根据矿床深度和开采合理性的要求，采矿分为露天开采和地下开采两种方式。选择露天开采还是地下开采，主要取决于矿体的赋存状态，矿床接近地表或埋藏较浅时，露天开采往往比地下开采优越。

露天开采时要剥去上部岩土，这个工作称为剥离，剥离岩土量与采出矿石量的比例称为剥采比，剥采比过大的露天矿，露天开采成本高，应改用地下开采的方法；为了保护矿山表面植被，常常选择地下开采；矿床埋藏较深或非常深时，选择地下开采。

2.4.4.1　露天开采

露天开采是采用采掘设备在敞露的条件下，以山坡露天或凹陷露天的方式，向上或向下剥离岩石和采出有用矿物的一种采矿方法。

露天开采的特点：具有建设速度快、劳动生产率高、成本低、劳动条件好、工作相对安全、矿石回收率高、贫化损失小等优点，但对植被的破坏较为严重。

建设一个露天开采矿山的环节一般包括：开掘入车沟、出车沟和开段沟，铺设运输线路，建设排土场，剥离岩石以及修建供排水、供电设施等。

入车沟、出车沟是建立地面通往工作水平以及各工作水平之间的倾斜运输道路。开段沟是在每个水平上为开辟开采工作线而掘进的水平沟道，也就是开辟阶段的最初工作线。

掘沟、剥离和采矿是露天矿生产过程中的三个重要环节。露天矿下降速度的快慢、新水平矿层准备时间的长短，主要决定于掘沟速度。为保证露天矿持续正常的生产，掘沟、剥离和采矿三者之间，在空间和时间上必须保持一定的超前关系，故有"采剥并举，剥离先行"的生产原则。

露天矿生产分爆破采矿、非爆破采矿两种方式，前者需要选择合适开采点钻孔、爆破，后者直接使用挖掘机开挖，初步分选之后进行矿石装载和运输。

大部分非金属矿通常采用露天开采的方式进行生产。

2.4.4.2 地下开采

由于矿体埋藏较深，必须开凿由地表通往矿体的巷道，如竖井、斜井、斜坡道、平巷等。地下矿山基本建设的重点就是开凿这些井巷工程。

地下开采主要包括开拓、采切（采准和切割）和回采三个步骤。开拓是为了由地表通达矿体而开凿的竖井、斜井、斜坡道、平巷等井巷掘进工程。采准是在开拓工程的基础上，为回采矿石所做的准备工作，包括掘进阶段平巷、横巷和天井等采矿准备巷道。切割是在开拓与采准工程的基础上按采矿方法的规定在回采作业前必须完成的井巷工程，如切割天井、切割平巷、拉底巷道、切割堑沟、放矿漏斗、凿岩硐室等。回采是在采场内进行采矿，包括凿岩和崩落矿石、运搬矿石和支护采场等作业。这三个步骤，开始是依次进行的，在矿山投产以后，为能保持持续正常生产，仍需继续开凿各种井巷，如延伸开拓巷道、开凿各种探矿、采准、回采巷道等。在时间上必须遵循"开拓超前于采切、采切超前于回采、确保各级生产准备矿量达到合理保有期"的生产规律。

地下矿床开采时，一般是先采上阶段，后采下阶段，不论是开拓、采切还是回采，一般都要经过凿岩、爆破、通风、装载、支护和运输提升等工序。

目前，采矿设备主要有：凿岩机、凿岩台车、钻机、挖掘机、装载机、铲运机、电耙、皮带机、矿车、罐笼、提升机等。

2.4.5 选矿

用物理或化学方法将矿物原料中的有用矿物和无用矿物或有害矿物分开，或将多种有用矿物分离开的工艺过程称为选矿。

陶瓷原料的选矿相对简单，主要有人工拣选、破碎、分级、淘洗重选、磁选除铁等方式。

2.4.5.1 人工拣选

人工拣选根据矿物的外部特征，主要是通过颜色、硬度等辨别，使用手锤等工具进行人工挑选。这是一种古老的选矿方法，但也是十分有效的方法，一直沿用至今，对陶瓷原料的质量保证有利。

人工拣选通常有三种作用：一是将矿物中的杂质去除，尤其是将矿物中的黑云母、氧化铁等易分别的杂质，在第一时间进行挑选剔除；二是将两种以上的伴生矿区分挑选，例如，石英与长石经常伴生出矿，对其分拣可以提高品位及出矿率；三是拣选区分同一类但品位不同的矿物，例如，地开石矿在一个矿面就会存在含氧化铝从 15%～30%变化的情况，不加区分势必造成质量变化过大，而通过颜色及敲击状态的区分可以将地开石分成不同的级别，可以分别作为卫生陶瓷、玻璃纤维、陶瓷砖的原料使用，不仅提高了矿山出矿率，也可为不同需求提供合格的原料。

2.4.5.2 破碎

破碎是指使用工具及机械设备，将大块的原料利用挤压、尖劈、撞击、摩擦等方式变成更小块粒径原料的原料加工过程，因为破碎过程需要产生相当大的功率才能完成，所以破碎设备往往都是大功率的耗能设备。

破碎按破碎后的块粒径可分为粗碎、中碎、细碎、粉碎四个级别，在矿山原料加工及陶瓷生产中，根据需要分别选用或联合选用上述四个破碎级别。前三个破碎级别主要针对硬质原料及半硬质原料，大量在长石、石英、瓷石、叶蜡石、地开石等原料上应用。块状软质原料的前三个破碎级称为解碎。第四级别的粉碎主要在原料的使用地点完成。随着原料细度要求的提高，矿山原料的破碎加工也会应用至粉碎级别。

（1）粉碎模型　粉碎模型可分为以下三种（如图 2-3 所示）。

① 体积粉碎模型：粉碎时，整个颗粒均受到破坏，生成物多为粒度大的中间颗粒。随着粉碎过程的进行，中间颗粒逐渐被粉碎成细粒。冲击粉碎和挤压粉碎接近此模型。

② 表面粉碎模型：粉碎时，仅在颗粒的表面产生破坏，从矿物表面不断磨削下微粉成分，这一破坏作用基本不涉及颗粒内部。研磨和磨削粉碎接近此模型。

③ 均一粉碎模型：粉碎时，施加于颗粒的作用力使颗粒产生均匀的分散性破坏，直接粉碎成微粉成分。黏土硬块的破碎接近此模型。

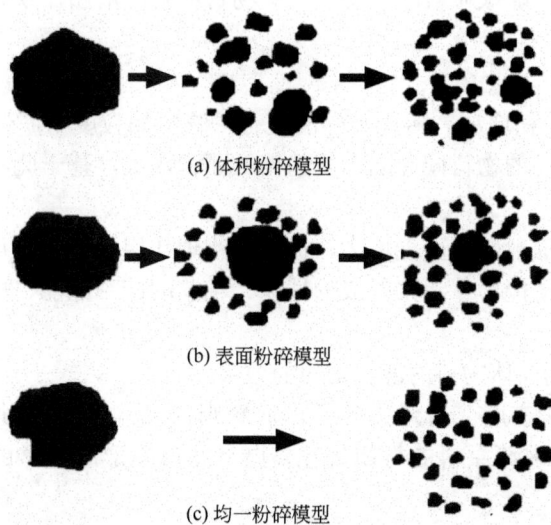

(a) 体积粉碎模型

(b) 表面粉碎模型

(c) 均一粉碎模型

图 2-3　粉碎模型

三种模型中均一粉碎模型仅符合结合不紧密的颗粒集合体的特殊粉碎情形，一般情况下可不考虑这一模型。实际粉碎过程往往是前两种粉碎模型的综合，前者构成过渡成分，后者形成稳定成分。体积粉碎与表面粉碎所得的粉碎产物的粒度分布有所不同，体积粉碎后的粒度较窄较集中，但细颗粒比例较小；表面粉碎后细粉较多，但粒度分布范围较宽，即粗颗粒也较多。

（2）混合粉碎和选择性粉碎　当几种不同的物料在同一粉碎设备中同时进行粉碎时，由于各种物料的相互影响，较单一物料的粉碎情形更复杂一些。典型的例子是使用球磨机时的破碎，十几种原料配料后在一个筒体内接受冲击、尖劈、研磨等各种破碎作用，各种物料存在相互影响作用。

破碎前期，易碎的物料比其单独粉碎时粉碎得细，难碎物料比其单独粉碎时粉碎得粗。在以挤压粉碎和磨削粉碎为主要原理的粉碎情形中，这种现象更为明显。这种多种物料共同粉碎时，某种物料比其他物料优先粉碎的现象就是前述的选择性粉碎。出现这种选择性粉碎现象的原因可归纳为以下几种原因。

① 颗粒层受到粉碎介质的作用力即使不足以使强度高的物料颗粒碎裂，但其大部分（其中一部分作用能量消耗于直接受力颗粒的裂纹扩展）会通过该颗粒传递至位于力的作用方向上与之相邻的强度低的颗粒上，该作用足以使之发生粉碎，从这个意义上讲，硬质颗粒对软质颗粒的粉碎起到了催化作用。

② 当两种硬度不同的颗粒相互接触并做相对运动时，硬度大者会对硬度小者产生表面剪切或磨削作用，软颗粒在接触面上会被硬颗粒磨削而形成若干细颗粒。此时，硬质颗粒对软质颗粒起着研磨介质的作用。

③ 两种硬度不同的颗粒在破碎过程中，硬度大的大颗粒的表面不均匀性（锐角）会对硬度小的颗粒起劈裂、压碎等作用，有利于硬度小的颗粒破碎。

上述三种作用的结果导致了软质物料在混合粉碎时的细颗粒所占比率比其单独粉碎时高，而硬质物料相反。

在细磨过程的后期，随颗粒粒度的变小，矿物材料强度增加，软硬矿物的磨碎速率开始趋于一致。

（3）破碎的目的

① 使物料的比表面积增加。随着破碎的进行，物料的粒度不断变小，总的表面积不断增大，使同样重量或体积的物料同周围介质的接触面积增大，基于此，逐级破碎的效率比越级破碎的效率高。

比表面积增加后，原料的表面能增大，提高了物理作用的效果和化学反应的速率，提高陶瓷烧成效率及均匀烧结能力。泥浆的成形性能、釉浆的施釉性能、烧成反应的状况与合理的原料破碎密不可分。

② 均化。提高不同固体物料的混合均匀的效果。

③ 改善原料的堆积密度。普通破碎后，原料形成不同级别的颗粒混合物，产生较为合理的颗粒级配，同时破坏原料的封闭气孔，提高原料及形成坯体的密度，提高强度，减少收缩。

④ 选矿。便于矿石中有用成分与杂质分离，在长石处理云母杂矿及白云石中处理石灰杂矿上都有应用。

⑤ 提高硬质低可塑性原料的可塑性。瓷石、叶蜡石、硬质高岭石等破碎后其内在的结

晶细微的特性能得以释放，从而表现出一定的可塑性。软质瓷石经过椎打破碎、淘洗后，可塑性明显提高，甚至可以单独制作坯料，满足成形、烧成的要求。

（4）破碎分级及相关设备　见表 2-17。

表 2-17 破碎分级及相关设备

破碎级别	加工前后粒度分级	常用设备
粗碎	前：>600mm，后：350～200mm	颚式破碎机
中碎	前：350～200mm，后：100～50mm	颚式破碎机、锤式破碎机、圆锥破碎机、反击式破碎机、辊式破碎机
细碎	前：100～50mm，后：6～1mm	反击式破碎机、辊式破碎机、锤式破碎机、轮碾机
粉碎	将原料粉磨至 0.1mm 以下	球磨机、雷蒙磨、轮碾机、搅拌磨

2.4.5.3　分级

大部分原料破碎以后要通过分级达成其使用要求，分级就是通过分级设备把固体颗粒按要求区分开来的过程，有提供合乎下一步粒度要求的矿石、分选不同性质或不同级别矿石、排除杂质等的作用。根据分级的原理、设备及分级介质的不同，分级的方式有筛分分级、水力（湿式）分级和气流分级。

（1）筛分分级　筛分方法是将粒度不同的混合物料，通过单层或多层筛子分成若干不同粒度级别的过程。

待筛分的矿石是由各种不同粒度矿石组成的混合物，其中小于碎矿机排矿的部分可不经碎矿预先筛出，这种筛分称为预先筛分，小于碎矿机排矿的细粒筛出后可提高碎矿机的处理能力；矿石经碎矿机碎矿后再进行筛分称为检查筛分；在闭路碎矿机作业中的筛分可将小于筛孔的细粒筛出，粗粒经碎矿机破碎后再返回筛分机械，以便控制矿石粒度，这种筛分称为预先检查筛分。预先筛分、检查筛分、预先检查筛分如图 2-4 所示。

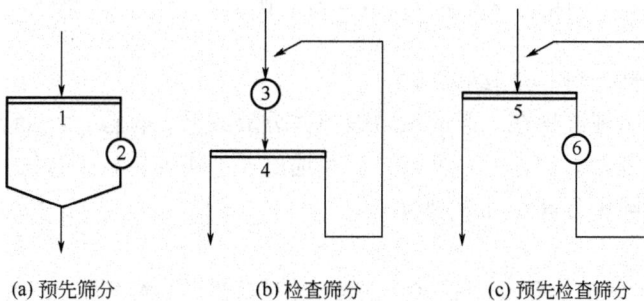

（a) 预先筛分　　　（b) 检查筛分　　　（c) 预先检查筛分

图 2-4　筛分分级示意图

1，4，5—筛分设备；2，3，6—破碎设备

筛分分级一般适用于较粗颗粒，常用设备主要有：固定筛、滚筒筛、摇动筛、振动筛、旋转筛等。

（2）水力（湿式）分级　水力（湿式）是利用颗粒在液体介质流中沉降的速度差，或运动轨迹的不同进行分级的过程。湿式分级所用的介质最常用的是水，所以又称为水力分级。

水力分级中分级介质的运动有以下三种形式。

① 介质的流动方向与颗粒沉降方向相反的垂直上升介质流。利用垂直上升介质流进行分级时，当颗粒在介质中的沉降速度大于水力上升流速时，颗粒下沉；当颗粒在介质中的沉降速度小于水力上升流速时，颗粒上升；当颗粒在介质中的沉降速度等于水力上升流速时，颗粒悬浮。

因此可形成沉降颗粒矿物、溢流颗粒矿物、悬浮颗粒矿物，并通过水介质流速的不同依次进行多次分级。

② 水平介质流。利用水平介质流进行分级时，颗粒在水平方向的速度与水流速度大致相同，而在垂直方向，依据颗粒粒度（密度和形状）的不同而有不同的沉降速度，从而导致不同粒度的颗粒，在经历分级过程时具有不同的运动轨迹，沉降速度越大的颗粒，其运动轨迹越陡。粗颗粒在距给料口较近处最先沉到底部，细颗粒则在距给料口较远处落到底部。沉降速度最小的颗粒，将随水平介质流而成溢流。传统的高岭土、黏土、软质瓷石等的淘洗方法就属于水平介质流分级。

③ 旋转介质运动流。利用旋转介质流进行分级，给分级过程提供一个离心力场，在旋转流中，不同粒度的颗粒根据径向速度的差别分成粗、细两种不同粒度的产物，而介质流的向心速度则是决定分级粒度的基本因素。利用旋转介质流分级的设备有水力旋流器、卧式沉降离心脱水机等。

水力分级的特点：微细颗粒在液体中易分散，分级精度高；沉降速度小，现象变化迟缓，分级范围狭窄；以稀料浆状态处理，供料输送等操作简便；分级产物为湿状，为制得干粉要进行干燥处理。水力分级尤其适用于大多不溶于水的陶瓷硅酸盐矿物。

（3）气流（干式）分级　气流（干式）分级通常利用颗粒在气流中沉降速度的差别，或是说沉降轨迹的不同进行分级。它主要用于超细粉碎粉体的分级。由于气流分级时物料是干的，也称为干式分级。

气流分级与水力分级的原理接近，只是介质换成了空气。期间作用于颗粒的力有阻力、浮力、重力、离心力、惯性力、摩擦力、对撞力、附着力等，利用颗粒受力的平衡关系可以进行各种要求的分级。

气流分级机的分级过程可归纳为：

① 分散。将附着或凝聚在一起的颗粒聚集体分散成单个颗粒。

② 分离。组合各种力的作用，使颗粒获得速度差，实现粗、细颗粒分离。

③ 捕集。从气流中分离与捕集颗粒。

④ 卸料。

利用气流介质分级的设备常用各种气流磨，如涡轮气流分级机、雷蒙磨等。

2.4.5.4　淘洗重选

淘洗分选是陶瓷原料加工最古老的一种方法，又称为水簸法。按其工作原理，在现代矿物分选中归类为重选法，是将粉状原料在水中进行搅拌，利用比重的差异，使粗颗粒和夹杂物分离而精选原料的方法。

黏土及高岭土在天然矿物中以微细粒子黏合而成，外观团聚成块，土块遇水会分解，与水形成悬浮溶体，而黏土及高岭土天然矿物中的杂有的石英、长石等硬质原料在水中不会形成悬浮，其颗粒还保持原有状态。当黏土及高岭土原料充分化浆后，颗粒大的石英、长石等硬质原料会快速沉降，而分解成微细颗粒的有效黏土及高岭土成分会随水流进入专用泥浆池，从而达到提纯矿物的作用。使用合理的水流速度、水簸有效长度等，可以分选出不同颗粒要求的黏土及高岭土矿物。

水簸淘洗的模拟：从静置在一定容积和高度的容器中，观察悬浮液在水中分散的物料在一定时间后，用虹吸管将未沉降的一定粒度的细粒吸出。反复操作，直到吸出的液体中不含该粒级的颗粒为止。可以得出，流体阻力服从斯托克斯（Stokes）沉降公式：

$$v = \frac{gd^2(\rho_s - \rho)}{18\eta}$$

v 是直径为 d、密度为 ρ_s 的粒子在密度为 ρ、黏性为 η 的液体中在重力加速度 g 下的沉降速度。

悬浮液中液体在运动时，适用于雷廷智（Rittinger）公式：

$$v = c\sqrt{d_k(\rho_s - \rho)}$$

d_k 是在密度为 ρ、流速为 v 的液体中，密度为 ρ_s 的粒子能被运走的最大粒径，c 为常数（球状粒子为 2.73，柱状粒子为 2.37，片状粒子为 1.97）。

高岭土及黏土的粒子分级状况近于使用 Schöne 公式：

$$d_k = \frac{0.518 v^{0.636}}{\rho_s - \rho}(mm)$$

在使用水为介质时，可简化为：

$$d_k = 0.00314 v^{0.636}(mm)$$

模拟计算使用上述公式是比较简便的，可以快速得出使用水簸淘洗要获取直径在 $d_k(mm)$ 以下的黏土粒子所需的水流速度 $v(mm/s)$。但实际的水簸淘洗要想对 0.003mm 以下的黏土粒子完全正确分级是困难的。

水簸淘洗要求水量大，通常为原矿黏土量的 5～10 倍，同时可以加入水玻璃类的解胶剂，形成流动性能极好的悬浮溶液，较粗颗粒可先通过简单筛分去除。确定淘洗高岭土的淘洗沟槽尺寸时可以考虑以下经验数据：深度不大于 400mm，宽度 250～350mm，当悬浮液波美度在 10 以下、水流速度在 1.2mm/min 时，淘洗沟槽长度约为 50m。

2.4.5.5　磁选除铁

陶瓷原料最为忌讳的有害矿物是铁、钛、锰等，因为它们在烧成后显出颜色，造成产品缺陷。如铁多，烧成后呈灰色（还原火焰烧成）或褐色（氧化火陷烧成）；钛多，烧成后呈黄色；锰多，烧成后呈浅棕色。同时，这些色调在一起是互相加深的，如铁和钛的危害是使色调增加得很深，不良影响更大。

铁在陶瓷原料中以各种不同的形式存在，其中影响最严重的是金属铁（原料加工过程中带入的铁屑），它不仅着色，而且出现明显的黑点。其次是化合铁，即以菱铁矿（$FeCO_3$）、赤铁矿（Fe_2O_3）、褐铁矿（$Fe_2O_3 \cdot nH_2O$）、黄铁矿（FeS_2）、硅酸铁（$FeSiO_3$）、角闪石[（Mg，Fe）$_7Si_8O_{22}$（OH）$_2$]和黑云母[K（Mg，Fe）$_3$（AlSi$_3$O$_{10}$）（OH，F）$_2$]等形式存在的铁。其中又以菱铁矿的危害较大，其烧成后 CO_2 挥发，使铁集中而降低熔点，或出现光亮的黑疤，或造成颜色灰暗。为确定原料中的含铁矿物，必要时应做相应的分析测定。

钛以金红石（TiO_2）、钛铁矿（$FeO \cdot TiO_2$）等形式带入陶瓷原料中；锰则以软锰矿（MnO_2）、硬锰矿（$MnO \cdot MnO_2 \cdot nH_2O$）、水锰矿[$MnO \cdot Mn(OH)_2$]和褐锰矿（$Mn_2O_3$）等形式带入。

这些有害矿物大多具有强弱不等的磁性，通过磁选设备可以将其中的一部分分选剔除，提高原料的品位，磁选除铁工序通常安排在矿物破碎过筛之后，此时原料颗粒变细，可有效实施除铁作业。

矿物磁性分类的依据是比磁化率。磁选分离时，矿物的比磁化率差异越大，则分离越容易。

根据矿物比磁化率的大小，可以将所有的矿物分为以下几类。

① 强磁性矿物。它的物质比磁化率 x 大于 $3000 \times 10^{-6} cm^3/g$。选出这类矿物需要采用磁场强度 $H=7200 \sim 136000 A/m$ 的弱磁选机。这类矿物很少，大都属于亚铁磁质，为易选矿物，主要有磁铁矿、磁赤铁矿、钛磁铁矿、磁黄铁矿、锌铁尖晶石等。

② 中等磁性矿物。它的物质比磁化率 x 介于（$600 \sim 3000$）$\times 10^{-6} cm^3/g$ 之间。选出这类矿物需要采用磁场强度 $H=160000 \sim 480000 A/m$ 的磁选机。属于这类矿物的有钛铁矿及假象赤铁矿等。

③ 弱磁性矿物。它的物质比磁化率 x 介于（$15 \sim 600$）$\times 10^{-6} cm^3/g$ 之间。选出这类矿物需要采用磁场强度 $H=480000 \sim 1600000 A/m$ 的强磁选机。这类矿物最多，主要有黄铁矿、赤铁矿、褐铁矿、菱铁矿、水锰矿、软锰矿、硬锰矿、菱锰矿等。

④ 非磁性矿物。它的物质比磁化率小于 $15 \times 10^{-6} cm^3/g$。这类矿物也很多，如大部分非金属矿物煤、石墨、金刚石、石膏、高岭土等，大部分造岩矿物石英、长石、方解石等。所谓非磁性矿物并非绝对没有磁性，只是极小而已。在目前的磁选机所能达到的磁场强度尚不能选出，因此称为非磁性矿物。

以上的分类是在现代技术条件下大致的分类。因为影响矿物磁性的因素较多，即使不同产地的同类矿物磁性也不完全相同。

考虑到大多铁杂质属于中等或偏弱磁性的特点及剔除杂质矿的效率，陶瓷原料通常要选择磁场强度 H 在 $160000 A/m$ 以上的磁选机进行湿法除铁，以达到即保证品质又满足经济性的目的。若想达到更好的除铁效果，需要选用接近 $480000 A/m$ 的磁选机，而更高强度的磁选机成本较高，一般在陶瓷行业很少使用。随着市场对陶瓷产品品质要求越来越高，陶瓷原料的除铁技术也有改进提高，高强度磁选技术已在高岭土、软质瓷石、球土的提纯上得到应用。

需要指出的是，由于原料中有些铁元素结合状态磁性非常小或不具磁性，即使加大磁选强度也很难除去，因此采取磁选除铁的方法，只能取得部分除铁效果。有许多原料就是因为含铁量高且无法除去而不能使用，这是今后需要研究的课题。

2.4.5.6 选矿实例

下面介绍陶瓷原料选矿方法。

（1）坯用硬质料选矿方法　坯用硬质料选矿方法见表 2-18。

表 2-18 坯用硬质料选矿方法

工　序	工艺流程	设备名称	说　　明
1. 原料开挖	矿石开采	挖掘机、铲车	用挖掘机处理不了的矿层需考虑使用炸药
		炸药	
		电钻、风镐	
2. 原料拣选	人工拣选分级	小锤	矿石品质均匀的矿山可以不用人工拣选
3. 原料破碎	粗、中碎	铲车	有些下游陶瓷厂家有原料破碎设备，考虑成本，也可提供中碎产品
		粗碎颚破机	
		中碎颚破机	
		皮带机	
		布袋除尘机	
4. 原料细碎	颚破机细碎	细碎颚破机	
		对辊破碎机	
	对辊破碎	皮带除铁器	
		圆形转筛	
		皮带机	
		布袋除尘机	
	除铁		
	筛分		
	粗颗粒		
5. 入库	入库	铲车	包装与否由下游陶瓷厂家要求决定
		叉车	

（2）釉用硬质料选矿方法

① 干法选矿方法。釉用硬质料干法选矿方法见表 2-19。

表 2-19 釉用硬质料干法选矿方法

工　序	工艺流程	设备名称	说　明
1. 原料开挖	矿石开采	挖掘机、铲车	用挖掘机处理不了的矿层需考虑使用炸药
		炸药	
		电钻、风镐	
2. 原料拣选	人工拣选分级	小锤	通常釉用长石、石英、白云石、方解石等矿山选择品质较严，但还使用人工拣选提高品质
3. 原料破碎	粗、中碎	铲车	有些下游陶瓷厂家有原料破碎设备，考虑成本，也可提供中碎产品
		粗碎颚破机	
		中碎颚破机	
		皮带机	
		布袋除尘机	
4. 原料细碎	颚破机细碎	细碎颚破机	
		对辊破碎机	
	对辊破碎	皮带除铁器	
		圆形转筛	
		皮带机	
	除铁	布袋除尘机	
	筛分		
	粗颗粒		
5. 粉碎	雷蒙磨粉碎	贮料斗	雷蒙磨会产生铁杂质，必须使用高效的除铁器进行有效除铁，若某些矿物干法除铁效果不好，可以考虑使用湿法工艺
		振动给料机	
		雷蒙磨	
	除铁	干式永磁梯度除铁器	
6. 包装入库	包装入库	铲车	釉用原料必须包装保存
		叉车	
		称量包装机	

② 湿法选矿方法。釉用硬质料湿法选矿方法见表2-20。

表 2-20 釉用硬质料湿法选矿方法

工 序	工艺流程	设备名称	说 明
1. 原料开挖	矿石开采	挖掘机、铲车	用挖掘机处理不了的矿层需考虑使用炸药
		炸药	
		电钻、风镐	
2. 原料拣选	人工拣选分级	小锤	通常釉用长石、石英、白云石、方解石等矿山选择品质较严，但还使用人工拣选提高品质
3. 原料破碎	粗、中碎	铲车	
		粗碎颚破机	
		中碎颚破机	
		皮带机	
		布袋除尘机	
4. 原料细碎	颚破机细碎	细碎颚破机	
	对辊破碎	对辊破碎机	
		皮带除铁器	
		皮带机	
	除铁	布袋除尘机	
	筛分		
5. 粉碎	球磨湿法粉碎	皮带称量机	
		振动给料机	
		球磨机	
	湿式电磁除铁	高强湿式电磁除铁器	球磨加工的铁杂质混入较少，对除铁的压力不大，但湿法工艺的脱水是增加的一道重要工序，必要时使用干燥设备
	筛分	圆形振动筛	
		脱水烘干机	
	脱水烘干		
6. 包装入库	包装入库	铲车	釉用原料必须包装保存
		叉车	
		称量包装机	

（3）软质瓷石选矿方法

① 传统方法。软质瓷石选矿传统方法见表 2-21。

表 2-21 软质瓷石选矿传统方法

工 序	工艺流程	设备名称	说 明
1. 原料开挖	矿石开采	挖掘机、铲车	软质瓷石的风化程度比较高，使用机械作业即可
2. 原料拣选	分级堆放		从颜色及软硬度上区分，结合取样分析予以分级堆放
3. 原料破、解碎	碓捣破解碎	水碓机、电碓机	此工序为传统工艺中的特色，因其特殊的碓捣作用，有效分解出黏土及微细颗粒，而对硬质料做功较少，能够淘洗出有效成分，极大限度地提高了精制瓷土的可塑性及强度，该工艺在景德镇、泉州、潮州地区还在大量使用
4. 水簸淘洗	化浆搅拌 溜槽淘洗 过筛	搅拌机 泥浆泵 固定筛	传统水簸淘洗，与碓捣工艺配套使用至今，有效分离细颗粒黏土成分与未风化的硬质料成分，为塑性成形提供适宜的泥料。传统的高岭土加工是不用水碓而直接淘洗的
5. 脱水	泥浆絮凝 压滤脱水 练泥 困泥陈腐待用	泥浆泵 搅拌机 压滤机 真空练泥机	卫生陶瓷用料可直接选用压滤脱水的泥饼精制料，而传统日用瓷可在化浆搅拌工序中加入其他原料，多次练泥后切割成适宜的泥段直接辊压成形

② 现代方法。软质瓷石选矿现代方法见表2-22。

表 2-22 软质瓷石选矿现代方法

工 序	工艺流程	设备名称	说 明
1. 原料开挖	矿石开采	挖掘机、铲车	软质瓷石的风化程度比较高，使用机械作业即可
2. 原料拣选	分级堆放		从颜色及软硬度上区分，结合取样分析予以分级堆放
3. 原料破、解碎	打粉破解碎 球磨机粉碎	轮式打粉机 皮带机 对辊破碎机 球磨机	此工序在福建泉州某处应用成功，以高效的机械打粉装置破、解碎软质瓷石，以对辊碾压替代传统的碓捣工艺，提高了精制瓷土的加工效率
4. 水簸淘洗	化浆搅拌 溜槽淘洗 除铁过筛	搅拌机 泥浆泵 固定筛 振动筛	新水簸淘洗，增加了高效除铁及振动筛分设备，与打粉碾压工艺配套使用，可得到更高淘洗效率、更多粒度控制的精制瓷土
5. 脱水	泥浆絮凝 压滤脱水 练泥 困泥待用	泥浆泵 搅拌机 压滤机 真空练泥机	卫生陶瓷用料可直接选用压滤脱水的泥饼精制料，而传统日用瓷可在化浆搅拌工序中加入其他原料，多次练泥后切割成适宜的泥段直接辊压成形

（4）高岭土选矿方法　高岭土选矿方法见表2-23。

表 2-23 高岭土选矿方法

工　序	工艺流程	设备名称	说　　明
1. 原料开挖	矿石开采	挖掘机、铲车	陶瓷用高岭土由风化程度高的黏土及小颗粒石英、长石组成，使用挖掘机、铲车作业即可
2. 原料拣选	分级堆放		按提前取样的分析结果、白度予以分级堆放
3. 原料破、解碎	高压水枪化料	高压水枪 搅拌机 铲车	高岭石矿中的黏土成分可遇水形成悬浮液，产生流动性，用高压水枪化料是重选淘洗的第一步
4. 分级淘洗	螺旋水力分选 沉淀池分级 水力旋流器分级 除铁磁选	搅拌机 泥浆泵 固定筛 振动筛	螺旋分级去除粗砂，旋流器去除细砂，可以通过水力旋流器分级满足不同产品要求，可得到更高淘洗效率、更多粒度控制的精制高岭土。 选择磁场强度 H 为 160000A/m 以上的磁选机，进行湿法除铁，陶瓷用料不采用漂白除铁工艺
5. 脱水	泥浆絮凝 压滤脱水 干燥待用	泥浆泵 搅拌机 压滤机 真空练泥机	高岭土的透水性很好，可将压滤后的泥饼上架自然干燥或平铺翻动自然干燥

（5）球土选矿方法　球土选矿方法见表 2-24。

表 2-24　球土选矿方法

工　序	工艺流程	设备名称	说　明
1. 原料开挖	矿石开采	挖掘机	陶瓷用球土，俗称黑泥，大多是矿石风化后二次搬运沉积而成的，呈层状埋在普通土层以下，通常使用挖掘机作业
2. 原料拣选	分级堆放		按提前取样的分析结果、白度予以分级堆放
3. 原料破、解碎	高压水枪化料 / 配料	高压水枪 / 搅拌机 / 铲车	球土矿中的黏土成分相对较多，含水后黏性很高，用高压水枪化料是非常适宜的。因球土各矿源的成分及物理性能相差较大，生产前需按产品类别的配方投料
4. 分级淘洗	圆形转筛分选 / 沉淀池去砂淘洗 / 慢速搅拌沉淀分级 / 除铁磁选	搅拌机 / 泥浆泵 / 固定筛 / 振动筛	球土颗粒较高岭土更细，不适合使用水力旋流器分级，并且精选生产的产品大多是几种原矿配料合成的，故大多采用泥浆池中添加解胶剂化浆分级。 选择磁场强度 H 为 160000A/m 以上的磁选机，进行湿法除铁
5. 脱水	泥浆絮凝 / 压滤脱水 / 干燥待用	泥浆泵 / 搅拌机 / 压滤机 / 真空练泥机	球土有很强的保水性能，干燥要花费较长时间，大多厂家会直接使用高含水的泥饼，但北方一些有条件的卫生陶瓷厂家会要求原料加工厂家晾干交付

3
卫生陶瓷原料

卫生陶瓷原料分布广泛，种类繁多。对卫生陶瓷原料通常有以下几种分类办法。

① 根据原料的矿物组成可分为：黏土质原料、硅质原料、长石质原料、钙质原料、镁质原料。

② 根据原料的工艺性质可分为：可塑性原料、半瘠性原料、瘠性原料。

③ 根据原料的生成方式不同可分为：矿物原料、化工原料。

④ 根据原料的用途可分为：坯体原料、釉用原料、色料及化工原料。

对于坯体原料，根据原料在卫生陶瓷坯釉料配方中所起的作用，从注浆泥浆性能的流动性、可塑性、干燥抗折强度及烧结性能等方面分析，卫生陶瓷坯体原料可分为塑性原料、半塑性原料、非可塑性原料（瘠性原料）。

塑性原料：高岭土、球土、软质瓷石（瓷土）、镁质黏土。

半塑性原料：硬质瓷石、地开石、硬质高岭石、叶蜡石。

非可塑性原料（瘠性原料）：长石、石英、白云石、滑石、硅灰石。

对于釉用原料可分为釉用矿物原料、釉用化工原料、乳浊剂、熔块。

除上述的陶瓷原料外，陶瓷坯釉料中还需要各种特殊的原料，包括色料及各种添加剂。同时，标准化原料和近年来出现的成品泥也成为陶瓷原料中引人注意的品种。

选择卫生陶瓷原料的基本原则：

① 质量稳定，储量大；

② 不含或少含铁、钛等高温烧成时着色或融化的杂质（着色坯釉除外），不含或尽量少含硫化物、氟化物、碳酸盐等高温烧成时产生挥发气体的矿物；

③ 开采、加工成本不高，山价（出厂价）合理；

④ 运输条件好，运输费用适宜；

⑤ 矿石较易粉碎。

因使用注浆成形方式有产品体积大、器型复杂、中温烧成等特点，卫生陶瓷坯体原料在上述通常的原则还需满足以下要求：

① 矿石中不含或少含解胶性能差的矿物；

② 矿石中不含破坏釉面质量的矿物；

③ 具有较好可塑性及吃浆性能；

④ 形成固定配方体系后，配方中每一类原料应尽可能保持在两种以上。

对于原料的选择，通常考虑以下次序：第一是原料符合质量要求，第二是原料供应的长期稳定性，第三是考虑原料的运输距离及综合成本。

3.1 坯体原料

卫生陶瓷实际应用的坯体可分为瓷质卫生陶瓷和炻陶制卫生陶瓷，市场上见到的卫生陶瓷大多数是瓷质卫生陶瓷，但在要求变形小、尺寸平整度高的洗面器等产品时也会选择炻陶质的坯体。

坯体是指经高温烧成后构成陶瓷制品器型的部分，它烧结后赋予陶瓷制品较高的机械强度、较低的吸水率，这就要求坯体原料中有适宜的组合。采用注浆成形的方式，还要求原料有适宜的泥浆流动性能、吸浆速率、可塑性、透水性、可加工性、干坯强度等成形、干燥性能。卫生陶瓷的坯体原料需要满足各种性能的要求，各种原料的性能特点见表 3-1。

表 3-1　各种原料的性能特点

原料品种 \ 性能	黏性	解胶流动性	吸浆速率	可塑性	透水性	可加工性	干坯强度	熔融性	抗折强度
塑性原料 高岭土	强	适宜	较快	强	较强	适宜	高		提供
塑性原料 球土	很强	需较多电解质解胶	弱	很强	弱	触变敏感	很高		提供
塑性原料 紫木节	强	需较多电解质解胶	弱	强	一般	触变敏感	高		提供
塑性原料 软质瓷石	强	适宜	一般	强	一般	适宜	高	提供	提供
塑性原料 镁质黏土	强	需较多电解质解胶	弱	强	弱	触变敏感	高	提供	提供
半塑性原料 硬质瓷石	弱	仅需很少电解质	很快	弱	强	有较少作用	有较少作用	提供	
半塑性原料 地开石	弱	仅需很少电解质	很快	弱	强	有较少作用	有较少作用		提供
半塑性原料 硬质高岭石	弱	仅需很少电解质	很快	弱	强	有较少作用	有较少作用		提供
半塑性原料 叶蜡石	弱	仅需很少电解质	快	弱	强	有较少作用	有较少作用		提供
非可塑性原料 长石	无	—	很快	无	强	—	—	提供	
非可塑性原料 石英	无	—	很快	无	强	—	—		提供
非可塑性原料 白云石	无	—	—	无		—	—	提供	
非可塑性原料 滑石	无	—	—	无		—	—	提供	
非可塑性原料 硅灰石	无	—	—	无		—	—	提供	

3.1.1 塑性原料

3.1.1.1 黏土在陶瓷中的作用

黏土是多种微细的矿物混合物，这些矿物主要是一些含水铝硅酸盐类，其晶体结构是由 n 层 [SiO_4] 四面体组成的（Si_2O_5）和一层由铝氧八面体组成的 $AlO(OH)_2$ 层，相互以顶角连接起来的层状结构。其矿物中有大量粒径小于 2μm 的微颗粒成分,卫生陶瓷注浆泥浆主要依赖它与水混合形成的悬浮液提供所有组分的悬浮性与稳定性,泥浆脱水后,形成良好的结合性能与可塑性,提供坯体独特的可加工性与干燥强度。黏土是陶瓷坯料得以成形、修坯的基础;黏土中的硅铝成分使其成为陶瓷坯体烧结时的主体,是陶瓷中莫来石晶体的主要来源。

所以,从实际应用的角度,将这一类矿物另分类成黏土塑性原料是非常必要。该类矿物在陶瓷生产中的作用如下:

① 黏土的结合性可以合理地将各种原料结合在一起,是设计和实现多种原料有效配合的基础;

② 加入适量黏土的注浆料以及釉料,呈现较好的悬浮性和稳定性,使得浆料组成均匀,不至于发生沉淀分层和成分偏析;

③ 黏土所具有的离子交换能力,使得可以通过添加电解质而获得流动性好、含水量适当的浆料;

④ 黏土脱水干燥后,收缩变硬,细颗粒的结合能力提供坯体优良的干燥强度;

⑤ 黏土中 Al_2O_3 以及杂质的含量是确定陶瓷坯体烧结程度、烧结温度的主要因素指标;

⑥ 黏土原料中 Al_2O_3 及 SiO_2 是陶瓷坯体生成莫来石晶体的主要成分,通过莫来石的形成,可以获得机械强度、介电性能、热稳定性和化学稳定性等性能均较好的陶瓷制品。

3.1.1.2　黏土-水系统

注浆成形是塑性成形的一种,泥浆的制备就是分散、水化后带来黏性、流动性。为调整这些性能会加入电解质,由此会带来浆体的解胶、絮凝的现象。泥浆在模型中脱水会形成泥坯,需要足够的可塑性。

黏土在水中的分散系统,是以细分散的黏土颗粒与介质水并配以一定量的电解质发生一系列的作用形成类似胶体的系统,其中泥团的可塑性和泥浆的流动性首先与黏土颗粒带电有关,同时也受所吸附阳离子的影响发生一些变化。

(1)黏土-水悬浮液系统中的胶团颗粒　干燥黏土是没有黏性及可塑性的,加入水搅拌,其中的黏土细颗粒成分水化分散,在其具有的分散作用及布朗运动的共同影响下,与颗粒的沉降性能形成平衡,产生稳定的悬浮液,其中独立的悬浮颗粒虽然比胶体的理论颗粒要大,但黏土矿物有两个特点:一个特点是其粒度小、表面积大,粒度<5μm 通常占到近一半的比例,如高岭石比表面积为 $20m^2/g$,蒙脱石比表面积为 $100m^2/g$;另一个特点是黏土细颗粒虽然比胶体的理论颗粒要大,但层厚符合胶体范围。从整体上来讲,黏土-水系统中的悬浮粒子能够表现出胶体的性质,其形成的电离水膜颗粒组合可以视为胶团,特别是其分散相与分散介质的界面结构特性表现出胶体的性质。

① 黏土与水的结合。黏土-水系统中的水分为结晶水和吸附结合水以及自由水三种。

a．结晶水:以 OH^- 形式存在于黏土晶格中,约在 400～600℃方可脱去。(实际生产中要到 1100℃时方可完全脱去。)

b．吸附结合水:层间吸附水,约在 100～200℃除去,与黏土颗粒的中的 O 或 OH 以氢键结合。由于分子间引力和静电引力,具有极性的水分子可以吸附到带电的黏土表面上,形成一层水化膜,这部分水随黏土颗粒一起运动,也称为束缚水。它又可分为牢固结合水(3～

10 个水分子厚）和松结合水（牢固结合水外、离开胶核表面 200Å❶内）。牢固结合水位于胶核外，为完全定向排列的水，由它构成的水膜称为溶剂化膜（或吸附层水膜）。牢固结合水的黏度、密度都较大。松结合水，位于牢固结合水外，定向排列程度较差，它的黏度和密度都比牢固结合水要小。

c．自由水：泥浆中不随悬浮胶团颗粒运动的介质水，是无规则排列的流动水层，不受黏土颗粒约束，可自由运动。

卫生陶瓷泥浆的解胶作用主要就是将松结合水释放出来形成更多的自由水，从而获取流变性能适宜的生产用泥浆。

② 黏土粒子电荷。泥浆悬浮液根据浓度、粒度、酸碱度、电解质等的不同，表现出不同的流动性、黏性及可塑性，时而解胶不足、流动性差，时而解胶太过、发生絮凝，会出现各种不同的表观现象，其中的主要原因中就是泥浆中胶团颗粒的带电性能发生着变化。

黏土粒子电荷的来源如下。

a．同晶取代结果使解理面带负电。Si—O 层中的 Si^{4+} 被 Al^{3+} 取代、八面体层中的 Al^{3+} 被二价镁、铁取代，都会使黏土的结构的结构层带负电。这种负电荷的数量取决于晶格取代作用的多少，而不受 pH 值的影响。因此，这种电荷可称为永久负电荷。不同的黏土矿物晶格取代情况是不相同的。蒙脱石的永久负电荷主要来源于铝氧八面体中的一部分铝离子被镁、铁等二价离子所取代，仅有少部分永久负电荷是由于硅氧四面体中的硅被铝取代所造成的（一般不超过 15%）。蒙脱石每个晶胞有 0.25～0.6 个永久负电荷。伊利石和蒙脱石不同，它的永久负电荷主要来源于硅氧四面体晶片中的硅被铝取代，大约有 1/6 的硅被铝取代，每个晶胞中约有 0.6～1 个永久负电荷。高岭石的晶格取代不大，由此而产生的永久负电荷较少。通常来讲，永久负电荷的多少顺序为：伊利石>蒙脱石>高岭石，高岭石的永久负电荷最少。黏土的永久负电荷大部分分布在黏土晶层的层面上。

b．氢氧根解离带来的边面带电。铝氧八面体中 Al—O—H 键是两性的，在酸性环境中氢氧根易解离，造成黏土边角缘面带正电荷；在碱性环境中氢易解离，黏土表面负电荷增加。此外，溶液中氢氧根增多，它以氢键吸附于黏土表面，使得负电荷增多，从而增加黏土的阳离子交换容量。

c．电离作用带电。固体表面与水分子作用发生电离：

在碱性介质中，$SiO_2 + H_2O \longrightarrow H_2SiO_3$，电离残留 $HSiO_3^-$、SiO_3^{2-} 使颗粒表面带负电荷；

在酸性介质中，$Al_2O_3 + H_2O \longrightarrow 2Al(OH)_3$，电离残留 $Al(OH)_2^+$、$Al(OH)^{2+}$、Al^{3+} 使胶粒表面带正电荷。

d．表面吸附带电。黏土的负电荷还可以由吸附在黏土表面的腐殖质离解产生，这主要是由腐殖质的羧基和酚羟基的氢离解引起的。这部分负电荷的数量随介质的 pH 而改变，碱性介质有利于 H^+ 离解而产生更多的负电荷。

黏土的正电荷和负电荷的代数和就是黏土的净电荷。由于黏土的负电荷一般都大于正电荷，因此黏土是带负电的。

③ 黏土胶团的结构。黏土胶团的结构见图 3-1。

在黏土胶团内，黏土质点本身称为胶核，胶核是带负电的。

紧靠胶核周围吸附着一些定向偶极水分子和一些水化的阳离子。这部分构成了围绕胶

---

❶ Å，长度单位，1Å=$1×10^{-10}$m。

核的吸附层，它们能随着胶核在介质中一起移动。胶核与吸附层内的阳离子不足以补偿胶核的负电荷。因此，随着离胶核距离增加，分布逐渐减少的阳离子，形成一个阳离子浓度逐渐递减的扩散层。胶粒加上扩散层总称为胶团。胶团整体是电中性的。由于随着离胶核的距离增加，阳离子水化程度增加，阳离子所带的水分子增加，形成了水化外壳从而稳定胶团。

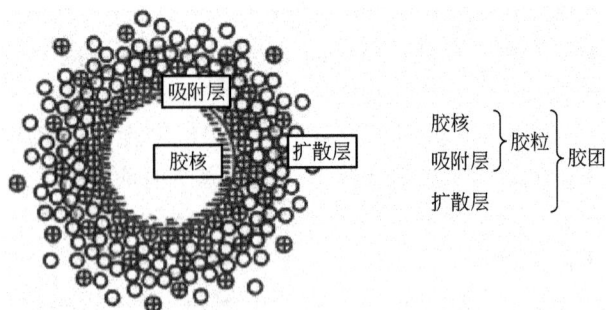

图 3-1　胶团示意图

（2）黏土的离子交换　从一些现象可以看出，黏土的阳离子交换容量及吸附的阳离子种类对黏土的胶体活性影响很大。例如，蒙脱石的阳离子交换容量大，膨胀性也大，在低浓度下就形成稠的悬浮体，特别是钠蒙脱石，水化膨胀性更厉害，而高岭石的阳离子交换容量很低，惰性较强。当环境发生变化时，黏土胶团的阳离子会发生替换，吸附层、扩散层也会发生变化，由此带来泥浆的性能变化，尤其是流动性的变化体现明显。

离子交换是指可以用一种离子取代原先吸附于黏土上的另一种离子。按黏土上原先吸附的离子所带电荷的不同，可分阳离子交换和阴离子交换两种。以高岭土为例，不加化学电解质时，边角缘面可带正电，会发生阴离子交换，这一部分边角缘面正电荷对未解胶前的高岭土形成卡片网络结构是有理论意义的。但阴离子交换量仅为阳离子交换量的十分之一，同时，实际的卫生陶瓷生产条件下，泥浆都带负电荷，所以，卫生陶瓷的泥浆通常讨论的离子交换一般指阳离子交换。

① 离子交换容量。黏土离子交换容量通常指黏土在一定 pH 条件下的净负电荷数。离子交换容量通常用来表示离子交换能力。离子交换容量主要由吸附量来决定。通常以 pH=7 时，吸附离子摩尔数/100g 干黏土表示。

吸附量决定于中和表面电荷所需的吸附物的量，它主要由以下几个因素决定。

a．黏土品种。某些黏土的离子交换容量（见表 3-2）。

表 3-2　某些黏土的离子交换容量

矿　　物	离子交换容量
高岭土	3～15
埃洛石（$2H_2O$）	5～10
埃洛石（$4H_2O$）	40～50
蒙脱石	80～150
伊利石	10～40

高岭石：高岭石其结构为单网层，同晶取代弱，破键会带来一些电荷，但总的来说，结晶完整的高岭石相对惰性，离子交换量小；但一些结晶较差的高岭石除破键引起黏土荷电外，晶格内离子替代的也有一定比率，比如球土的离子交换能力就要大很多。

伊利石：伊利石的晶格置换比蒙脱石严重，单位面积板面的负电量应该比蒙脱石多，但伊利石结构中复网层之间是钾离子，而且钾离子可以牢固地把两个复网层连接在一起，不易解理，分散度小，成为板面的层面少，比表面积小，所以相同质量的伊利石带负电量比蒙脱石少，离子交换量介于高岭石与蒙脱石之间。

蒙脱石：蒙脱石为多层复网结构，同晶取代多，层间束缚小，分散度大，离子吸附活跃，解理面带负电。

三种矿物带负电量多少顺序为蒙脱石>伊利石>高岭石。

b. 黏土粒度大小。当黏土矿物化学组成相同时，其离子交换容量随分散度（或比表面）的增加而变大。特别是高岭石，其阳离子交换主要是由于裸露的氢氧根中氢的解离产生电荷所引起的，因而颗粒越小，露在外面的氢氧根越多，离子交换容量越高。而蒙脱石的阳离子交换主要是由于晶格取代所产生的电荷，由于裸露的氢氧根中氢的解离所产生的负电荷所占比例很小，因而受分散度的影响就要小很多。

以高岭石为例，说明粒度大小对离子交换容量的影响（见表3-3）。

表 3-3 不同粒度高岭土的离子交换容量

序号	平均粒径/μm	比表面积/（m²/g）	离子交换容量/（mg NaOH/100g 黏土）
1	10.0	1.1	0.4
2	4.4	2.5	0.6
3	1.8	4.5	1.0
4	1.2	11.7	2.3
5	0.56	21.4	4.4
6	0.29	39.8	8.1

c. 介质的种类及酸碱度的影响。H^+饱和是纯黏土，Na^+饱和是 Na 黏土。在自然界中大量存在是 Ca^{2+}黏土。离子被吸附的难易程度取决于离子的电价及水化半径，电价越高，越易被吸附，同价阳离子水化半径越小，越易被吸附。另外，在黏土矿化物组成和其分散度相同的情况下，在碱性环境的情况下，阳离子的交换容量变大。随介质 pH 值增高，阳离子交换容量增加的原因是：铝氧八面体中 Al—O—H 键是两性的，在强酸性环境中氢氧根易解离，黏土表面可带正电荷；在碱性环境中氢易解离，使黏土表面负电荷增加。此外，溶液中氢氧根增多，它以氢键吸附于黏土表面，使黏土表面的负电荷增多，从而增加黏土的离子交换容量。

d. 黏土内有机质的影响。腐殖质带有大量的负电荷，有机质升高，阳离子交换量升高。

② 黏土悬浮液的电动电位。黏土悬浮液的电动电位又称 ζ-电位（ζ-potential），是指双电层中扩散层与吸附层交界处的电位与自由溶液电位之差，亦即扩散层内外界之间的电位差。ζ-电位控制着扩散层的厚度和结合水的数量，在卫生陶瓷生产中，泥浆与泥料均属于黏土-水系统。它是一种多相分散物系，其中黏土为分散相，水为分散介质。由于黏土颗粒表面带有电荷，在适量电解质作用下，泥浆具有胶体溶液的稳定特性。但因泥浆粒度分布范围很宽，就构成了黏土-水系统胶体化学性质的复杂性。

卫生陶瓷泥浆固体颗粒表面由于多种原因带有负电荷，带电的固体颗粒分散于液相介质中时，在固液界面上会出现扩散双电层，而ζ-电位的大小与悬浮液的诸多性质密切相关（见图3-2）。影响ζ-电位的因素有以下几种。

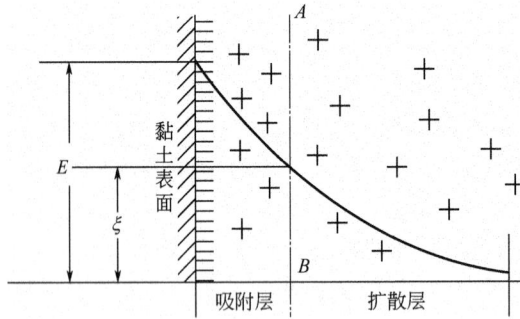

图3-2　黏土双电层示意图

a．ζ-电位和双电层厚度有关，双电层越厚，ζ-电位越大。

b．阳离子浓度：阳离子浓度越大，扩散层压缩，ζ-电位降低。浓度增加则吸附增加，这样就可提高吸附能力。

c．矿物组成、形状粒度也对ζ-电位有影响。

d．阳离价态：电价越高，ζ-电位越小；同价离子半径越大，ζ-电位越低。

ζ-电位的大小顺序为：

$$H^+ < Al^{3+} < Ba^{2+} < Sr^{2+} < Ca^{2+} < Mg^{2+} < NH_4^+ < K^+ < Na^+ < Li^+$$

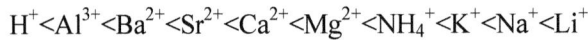

从上述顺序可看出以下几点规律。

ⓐ 高价离子的吸附能力强，置换顺序在前。离子电价高，每个离子所平衡的胶核负电荷数就多，对不同价离子，电价越高，水化能力越强，水化离子半径虽大，但是电价高对吸引力的影响更大，所以价数越高最终造成黏土表面对其吸引力越大，胶团中的电位下降就越快，扩散层越薄，ζ降低，即

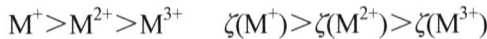

$$M^+ > M^{2+} > M^{3+} \qquad \zeta(M^+) > \zeta(M^{2+}) > \zeta(M^{3+})$$

ⓑ 同价离子半径大，水化半径小，置换在前。如：Li^+离子半径小，水化离子半径最大，水分子所占空间多。阳离子平衡固相表面的负电荷越慢，则扩散层越大，黏土表面对它的吸引力就越小，ζ-电位越高，即：

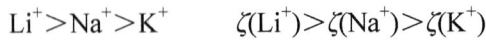

$$Li^+ > Na^+ > K^+ \qquad \zeta(Li^+) > \zeta(Na^+) > \zeta(K^+)$$

ⓒ H^+例外，因其水化半径小，ζ-电位小。

e．pH值的影响。pH值对ζ-电位的影响见表3-4。

表3-4　pH值对ζ-电位的影响

pH值	ζ-电位/mV		
	氢高岭石	氢伊利石	氢蒙脱石
4	23	30	—
5	29	32	40
6	34	35	45
7	38	44	49

pH 值	ζ-电位/mV		
	氢高岭石	氢伊利石	氢蒙脱石
8	42	52	51
9	46	59	53
10	49	51	43
11	47	46	33
12	44	42	21

pH 降低，H^+升高，ζ-电位在 pH=9～10 出现极值，pH 值的影响实质上是 H^+、OH^-电介质的影响。

（3）悬浮液的絮凝　ζ-电位较高，黏土粒子间能保持一定距离，削弱和抵消范德华力，从而提高了溶胶系统的稳定性。ζ-电位下降，胶粒间斥力减小，逐步趋近。当进入范德华引力范围内时，泥浆就会失去稳定性，黏土离子就很快聚集沉降，逐渐形成分层，泥浆的悬浮性被破坏，泥浆中黏土粒子间斥力减小，引力增加到一定程度发生黏结而下沉的现象，产生絮凝。

电解质的加入会极大影响悬浮液的黏性、流动性以及絮凝现象，解胶能力过低效果不好，而解胶太过剧烈的话容易产生絮凝现象，故选择适宜的电解质在卫生陶瓷的实际生产中很重要，通常的搭配是碱面与水玻璃的组合。

（4）黏土-水系统流变性能　卫生陶瓷的注浆生产要密切关注泥浆调配的流动性、黏性、触变性，以及与原料品种、配方及加工、调制方法有关的可塑性、透水性、吃浆成坯速率、坯体软硬度等特性，所以，讨论黏土-水系统的流变性能非常重要。

① 流变性概念。流变性是指物体在外力作用下流动及变形的特性。

研究泥浆流动规律必须先提到黏度公式：$\sigma = \eta \, dv/dx$，此式表示在切向力作用下流体产生的剪切速率 dv/dx 与剪切应力 σ 成正比例，比例系数为黏度 η。凡符合这个规律的物质称为理想流体或牛顿型流体（如图 3-3 中直线 a 所示），例如水、甘油、酒精等。不符合此规律的为非牛顿流体，非牛顿流体种类多，性能表现也复杂，其中，泥浆就是一类复杂的结构流体，其黏度不但随剪切速率而变化（即流变性），而且还与剪切持续时间有关（即触变性），其部分流变示意图见图 3-3。

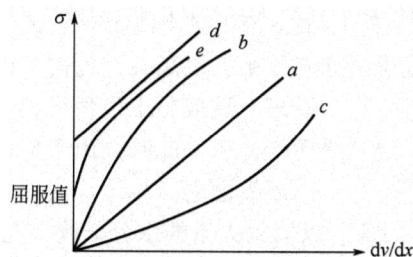

图 3-3　流变示意图

简单对非牛顿流体分类如下：

```
                                                    ┌ 假塑性流体
                              ┌ 无屈服应力 ┤
                  ┌ 与时间无关 ┤            └ 涨塑性流体
           ┌ 黏性流体 ┤            └ 有屈服应力——宾汉塑性流体
非牛顿型流体 ┤       └ 与时间有关 ┌ 触变性流体
           │                └ 流凝性(负触变性)流体
           └ 黏弹性流体
```

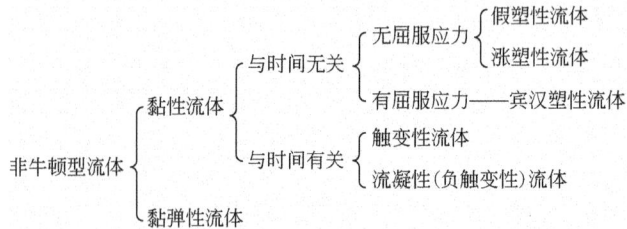

以下按上述分类，对各种流体作扼要介绍。

a．与时间无关的黏性流体。与时间无关的黏性流体在流变图 3-3 上的关系曲线或是通过原点的曲线，或是不通过原点的直线，如图中的 b、c、d 诸线所示。这些曲线所代表的流体，其表观黏度都只随剪切速率而变，和剪切力作用持续的时间无关，故称为与时间无关的黏性流体，可分为以下三种。

假塑性（pseudoplastic）流体：这种流体的表观黏度随剪切速率的增大而减小，对应到图 3-3 中为一向下弯的曲线 b。大多数与时间无关的黏性流体属于此类型，其中包括聚合物溶液或熔融体、油脂、淀粉悬浮液、蛋黄浆和油漆等。

涨塑性（dilatant）流体：与假塑性流体相反，这种流体的表观黏度随剪切速率的增大而增加，对应到示意图中为一向上弯的曲线 c。

宾汉塑性（bingham plastic）流体：这种流体对应示意图中直线 d，它的斜率固定，但不通过原点，该线的截距称为屈服应力。这种流体的特性是在当剪应力超过屈服应力之后才开始流动，开始流动之后其性能像牛顿型流体一样。属于此类的流体有纸浆、牙膏和肥皂等。

b．与时间有关的黏性流体。在一定剪切速率下，表观黏度随剪切力作用时间的延长而降低或升高的流体，称为与时间有关的黏性流体，可分为以下两种。

触变性（thixotropic）流体：这种流体的表观黏度随剪切力作用时间的延长而降低，属于此类流体有某些高聚物溶液、某些食品和油漆等。

流凝性（rheopectic）流体：这种流体的表观黏度随剪切力作用时间的延长而增加，此类流体有某些溶胶和石膏悬浮液等。

c．黏弹性（viscoelastic）流体。此类流体介于黏性流体和弹性固体之间，它们同时表现出黏性和弹性。在不超过屈服强度的条件下，剪应力除去以后，其变形能部分地复原。属于此种流体的有面粉团、凝固汽油和沥青等。

② 泥浆的初始状态及流变性的变化　泥浆的流变性能相对比较复杂，示意图中的曲线 e 比较接近泥浆的流变状态。

a．初始状态。依前所述，黏土-水系统中黏土离子一般带负电，但由于通常有有机物的存在，一般原始黏土可认为处于酸性介质中。以高岭土为例，由于铝氧八面体中 A1—O—H 键是两性的，在酸性环境中氢氧根易解离，造成黏土边角缘面带正电荷；如此，就造成了黏土离子的板面层上带负电，而边角缘面带正电，此时，由于电荷相互作用结果，黏土的边角缘面的正电性与板面层的负电性相吸，而板面之间相斥，由此，黏土离子间形成网络卡片结构，如图 3-4（a）所示。卡片间隙可以填入大量的水分，致使泥浆的流动性变差，黏度变大，这也是触变性的起因之一。

从某种程度上讲，卫生陶瓷的塑性泥团与水分不足的介于塑性与流变性之间的泥浆就是属于这种状态，也可以认为是泥浆的初始状态。黏土-水系统开始流动前，必须给予一个最小应力，也就是通常所说的屈服值或塑变值。

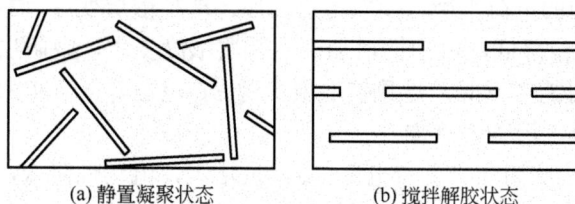

(a) 静置凝聚状态　　　　　(b) 搅拌解胶状态

图 3-4　泥浆粒子的卡片结构

b. 泥浆流变性的变化。

介质水的加入：塑性泥团与水分不足的泥浆的屈服值是非常大的，而形成稳定悬浮液泥浆的屈服值就会小很多，而更多水量的系统则会逐步表现出屈服值降低很多，表现出接近曲线 a 型的牛顿流体性能。向黏土-水系统中逐渐加入介质水可以明显看到这个变化（见表 3-5）。

表 3-5　黏土-水系统中逐渐加入介质水的变化

	干黏土	无塑性	无触变性	无流动性
逐步加水	塑性泥团	表现出可塑性	有触变性，振动软榻现象	无流动性
	触变泥浆	无可塑性	触变强烈	给予持续外力可流动
	悬浮泥浆	无可塑性	有触变性	流动性好
	分层泥浆	无可塑性	无触变性	流动性好，静置分层

电解质的加入：如上所述，塑性泥团与水分不足的泥浆的屈服值是非常大的，不太具有流动性，需要加入足够多的水分，但注浆过程又是个排水过程，水分过多的泥浆不具生产意义。在一定水分下，黏土-水系统是属于上表中的触变泥浆状态，此时，要形成稳定的、流动性能优良的泥浆，就需要添加电解质进行解胶作用。现以加入 Na_2CO_3 为例说明如下。

初步加入电解质时，黏土-水系统处于碱性环境，黏土边角缘面断键变成带负电，原来的黏土离子的网络卡片结构因为电荷性质的变化而变化：相吸的边角-板面间就变成相斥作用，结果使黏土粒子定向排列，由原来的边角-板面结构变成板面-板面结构，原来包裹在卡片结构中的水分解离，恢复了自由水的流动功能，达到了稀释泥浆的目的，提供出更多的自由水，黏度也变小，即由图 3-4（a）结构变为图 3-4（b）结构。

随着电解质加入，泥浆黏度和 ζ-电位会有相对复杂的变化。电解质对 ζ-电位以及泥浆黏度的影响如图 3-5 所示。

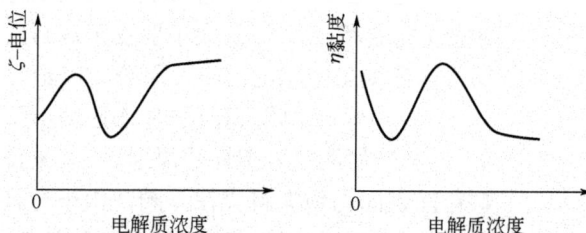

图 3-5　电解质与泥浆黏度关系示意图

ⓐ 少量电解质加入时，先使 ζ-电位升高。其原因是当 Na^+ 填补 H^+、Ca^{2+} 等阳离子不足

的电位位置，并因为浓度上升逐步替代 H^+、Ca^{2+} 时，由于 Na^+ 所带水化分子多，占据空间大，以及一、二价之间的电荷平衡，使双电层加厚，即扩散层变厚，相应 ζ-电位升高。

ⓑ 再增加使 ζ-电位降低，流动性增加。电解质浓度变大，吸附层的异号离子增多，胶核负电荷被中和，吸附能力下降，导致扩散层变薄，ζ-电位降低。扩散层的水分脱离束缚成为自由水，使泥浆稀释，流动性增加。

ⓒ 继续增加，由于吸附层"反带电"，ζ-电位增大，流动性降低，形成过解胶现象。电解质增加会有一个临界值，随液相中 Na^+ 浓度越来越大，对双电层有所压迫，迫使扩散层中的反离子进入吸附层，ζ-电位减小直至接近于零，而继续增加电解质浓度，剩余的阳离子形成桥联作用使颗粒间作用加强，并且会形成一部分边角-板面的网络卡片结构，表现出过解胶现象，黏而不流，黏土-水系统的流动性逐步丧失。

ⓓ 继续增加，流体性能丧失。

ζ-电位升高，即扩散层厚度增大，黏土-水系统稳定性好，η 降低，故 ζ-电位与 η 的变化正好相反。

卫生陶瓷泥浆基本属于黏土-水系统，它的流变性能要求是：在尽可能少的水分条件下，调配出流动性能适宜的、稳定的黏土-水系统。从实践经验中得到的泥浆适宜解胶范围应该在上述的 b 阶段的中后期。

电解质浓度对黏土-水系统的影响见表 3-6。

表 3-6　电解质浓度对黏土-水系统的影响

浓度增加	触变泥浆	无可塑性	触变强烈，屈服值高	给予持续外力可流动
	悬浮泥浆	无可塑性	有触变性，屈服值适中	流动性好
	临界泥浆	无可塑性	无触变性，屈服值低	流动性好，静置分层
	过解胶泥浆	无可塑性	触变强烈，屈服值低	接近假塑性流体

实际的卫生陶瓷泥浆生产一般常用的为纯碱（Na_2CO_3）与水玻璃（$mNa_2O \cdot nSiO_2 \cdot xH_2O$）的组合解胶。除上述的原理之外，其中还利用了水玻璃溶胶本身的悬浮、缓冲作用，以及析出的 $[SiO_3]^{2-}$ 能与黏土-水系统的 Ca^{2+}、Mg^{2+} 形成化合物或难溶盐类，起到辅助调节及保护泥浆颗粒的作用。

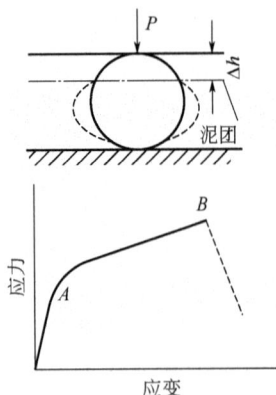

（5）可塑性

① 定义。物体在外力作用力下，可塑造成各种形状，外力撤销后保持变形形状而不失去物料颗粒之间联系的性能称为可塑性，见图 3-6。受力产生变形、变形时不裂是泥团可塑性的外显能力。泥料可塑性的大小取决于泥料的屈服值和开裂前达到的最大应变量乘积的大小，用公式表示：

$$泥团可塑性=屈服应力×最大应变$$

② 产生泥料可塑性的原因。一般来说，干的泥料只有弹性，颗粒间表面力使泥料聚在一起，由于这种力的作用范围很小，稍有外力即可使泥料开裂。要使泥料能塑成一定形状而不开裂，则必须提高颗粒间作用力，同时在产生变形后能够形成新的接触

图 3-6　塑性泥料的应力-应变图

点。基于这种认识，以及实验数据的不断增多，关于泥料可塑性得到认可的理论有以下几种。

a．固体键理论。可塑性是由于黏土-水界面键力作用的结果。黏土和水结合时，第一层水分子是牢固结合的，它不仅通过氢键与黏土粒子表面结合，同时也彼此联结成六角网层。随着水量增加，这种结合力减弱，开始形成较不规则排列的松结合水层。它起着润滑剂作用。虽然氢键结合力依然起作用，但泥料开始产生流动性。水量继续增加，即出现自由水，泥料向流动状态过渡。因此对应于可塑状态，泥料应有一个最适宜的含水量，这时它处于松结合水和自由水间的过渡状态。

　　b．紧薄膜理论。在水存在的环境下，颗粒间隙会产生毛细管作用对黏土粒子的结合产生影响。该理论认为在塑性泥料的粒子间存在两种力，一是粒子间的吸引力，另一种是带电胶体微粒间的斥力。在干黏土中加入水，首先满足形成牢固结合水，其次形成松结合水，再次才以自由水形式存在。当加水量过少时，不能在黏土颗粒周围形成连续水膜，则无可塑性。随着加水量增多，能在黏土颗粒周围形成连续水膜，产生毛细管力，牢固结合水量越小，毛细管径越小，毛细管力越大。即毛细管径小，粒子间吸引力大，泥料变形所需的力就大，屈服值或塑变值就高。继续加入水，相当于增加了松结合水，它起到润滑剂的作用，胶粒间易产生滑动，泥料的延展性好。但松结合水不能太多，否则毛细管半径增加，毛细管力减小，泥团的可塑性会降低。当水膜仅仅填满粒子间这些细小毛细管时，毛细管力大于粒子间的斥力，颗粒间形成一层张紧的水膜，泥粒达到最大塑性。如果再加入水到出现自由水时，可塑性就向流动状态过渡了。

　　c．黏土凝胶体理论。可塑性是带电黏土胶团与介质中离子之间的静电引力和胶团间的静电斥力作用的结果。由于黏土胶团的吸附层和扩散层厚度是随交换性阳离子的种类而变化的，当两个颗粒逐渐接近到吸附层以内时，斥力开始明显表现出来，但随着距离拉大，斥力迅速降低。当引力占优势时，它吸引其他黏土粒子包围自己而呈可塑性。当斥力大于引力时，可塑性较差。因此可以通过阳离子交换来调节黏土可塑性。

　　上述 a、b 两个理论提供了可塑性指数的液限、塑限测试的原理，b、c 两个理论提供了可塑性指标测试的原理。

　　③ 影响泥料可塑性的因素

　　a．含水量。可塑性只发生在某一最适宜含水量范围，水分过多过少都会使泥料的流动特性发生变化。

　　b．电介质。不同电解质会改变黏土粒子吸附层中的吸附阳离子，因而颗粒表面形成的水层厚度随之变化，可塑性也发生变化。随着阳离子置换顺序 $H^+ > Al^{3+} > Ba^{2+} > Sr^{2+} > Ca^{2+} > Mg^{2+} > NH_4^+ > K^+ > Na^+ > Li^+$，由左向右吸附力降低，吸附尺寸厚度减小，结果吸附层界面斥力增加，吸引其他黏土粒子包围自己，可塑性的能力变差，可塑性降低。

　　c．黏土种类及颗粒大小与形状。黏土颗粒尺寸越小，比表面大，接触点也多，变形后形成新的接触点的机会也多，可塑性就好。颗粒越小，离子交换量提高，也会改善可塑性。颗粒形状直接影响粒子间相互接触的状况，对可塑性也是重要的。如片状颗粒因具有定向沉积特性，可以在较大范围滑动而不致相互失去联结，因而比起粒状颗粒，有较高可塑性。实际生产中，片状颗粒太多会在注浆过程中形成定向冲突面，产生坯体突起或干燥开裂的缺陷，也是研究卫生陶瓷坯料原料要注意的问题。

　　d．液体介质影响。水与黏土结合可以提高可塑性，而有机介质则不具备这种能力，这是硅酸盐亲水不亲油的结果。

　　④ 黏土可塑性结合瘠性料对泥浆的贡献。卫生陶瓷泥浆的吃浆成坯能力主要来源于硬

质料及瘠性料，这些料很少有可塑性或没有可塑性，很容易沉淀分层，影响泥浆的稳定及成形能力，需要其他原料帮助进行悬浮与塑化。黏土的细颗粒水化后，胶粒周围带有一层黏稠的水化膜，水化膜外围是松结合水。瘠性料与黏土在水介质中构成不连续相，均匀分散在连续介质中，同时也均匀分散在有黏性、可塑性的黏土胶团之间。因此，含有大量瘠性料、组分多样的卫生陶瓷泥团也就呈现出足够的可塑性。

（6）黏土的烧结温度和烧结温度范围　当黏土被加热到一定温度时（一般超过1000℃），易熔物的熔融使黏土试样开始出现液相，新出现的液相填充在未熔颗粒之间的空隙中，靠其表面张力的作用，使黏土的气孔率下降，密度增加，体积急剧收缩，这种开始剧烈变化的温度称为开始烧结温度。随着温度的继续升高，开口气孔率下降到最低值，收缩率达到最大，试样达到最致密状态的温度称为烧结温度。若温度继续升高，试样中液相量不断增加，液相黏度下降，以致不能维持试样的原有形状，同时，由于高温化学反应，使气孔率反而增加，试样体积膨胀，出现这种变化的最低温度称为软化温度。通常将烧结温度到软化温度之间黏土试样处于相对稳定的温度间隔，称为烧结温度范围。

烧结温度和烧强温度范围是黏土最重要的技术指标之一，它是决定坯料配方、选择窑炉、核定烧成曲线的主要依据之一。黏土的烧结属液相烧结。影响黏土烧结的因素很多，其中主要影响因素是化学成分和矿物组成。从化学组成看，碱金属氧化物及碱土金属氧化物多、游离石英少的黏土易于烧结，烧结温度较低；碱金属氧化物及碱土金属氧化物少、Al_2O_3含量高的黏土，烧结温度较高。从矿物组成看，伊利石类黏土比高岭石易于烧结，烧结后的吸水率也较低。不同黏土的烧结温度范围差别很大。一般黏土及其制品的烧成温度范围取决于液相量的生成速率（即固相与液相的相对比例）和液相黏度随温度变化的幅度。若黏土中含有的熔剂杂质数量多，液相量增加速率大，而液相黏度随温度的升高下降的幅度大，其烧结温度范围较窄。如纯耐火黏土的烧结范围为250℃，而低钙泥灰岩仅2～30℃。

黏土的烧结温度和烧结温度范围通常采用实验方法确定，也可用黏土的化学成分进行估算。

3.1.1.3　黏土的形成与分类

（1）按成因分类　以高岭土为例，根据成因的不同，国内黏土矿床可划为风化残积型矿床、风化淋积型矿床、热液蚀变矿床、热泉蚀变型矿床、沉积与沉积风化型矿床及含煤地层中的高岭石黏土岩型矿床几种类型。

① 风化残积型矿。该类型矿床与大面积中生代（燕山期）花岗岩及有关脉岩分布区相吻合，在中国南方广泛分布。

产生条件：由细粒酸性脉岩、花岗岩——伟晶花岗岩、凝灰岩等原地风化而成。温湿、湿热气候；丘陵、低山地形；稳定的区域构造，原岩中、小构造发育则利于成矿。

代表矿床：湖南界牌土。

矿物组成：母岩中存在各种长石经风化的高岭土化的产物，部分由白云母转化而成，矿物成分以高岭石、埃洛石、伊利石为主。

② 风化淋积型矿。该类矿床的上部都有遭受风化的富含黄铁矿的高岭石黏土岩的层位存在。地表水及地下水的淋滤活动，以及黄铁矿氧化所形成的酸性水溶液作用于铝硅酸盐矿物（母岩）生成硅和铝的氧化物溶胶，并向下运移沉积。

产生条件：由含黄铁矿黏土质岩石风化淋滤而成，原岩底板为较纯、较厚的碳酸盐岩。

矿体产于碳酸盐岩古岩溶剥蚀面上的洞穴中。

代表矿床：四川叙永土。

矿物组成：风化后的含黄铁矿高岭石黏土岩是叙永式埃洛石矿的主要成矿物质来源。矿物成分以埃洛石、高岭石、地开石为主，有少量伊利石、蒙脱石、三水铝石等。

③ 热液蚀变型矿。该类矿床大多赋存于中生代火山岩发育地区，断裂构造和较多的岩脉穿插是有利的成矿因素。蚀变分带明显，坚硬的次生石英岩在地形上形成突起的陡崖。有时地开石作为较高温度的蚀变矿物，出现在矿床之中；有时高岭土矿与叶蜡石矿、明矾石矿相伴生。

产生条件：由富含长石的岩石、黏土质岩石经中、低温热液蚀变而成。中低温酸性水介质则利于成矿。

代表矿床：江苏苏州土。

矿物组成：主要矿物为高岭石和埃洛石，少量伊利石、明矾石、黄铁矿、石英。

④ 热泉蚀变型矿。该类矿床多与第四纪火山活动及地热活动有关，并多沿断裂带分布，以花岗质砂砾岩为母岩，由现代火山及地热活动的温泉热水淋蚀作用而成。

产生条件：由富含长石的岩石、黏土质岩石经中、低温热液蚀变而成。中低温酸性水介质则利于成矿。

代表矿床：云南腾冲土。

矿物组成：主要矿物以高岭石、埃洛石、明矾石、蛋白石、石英为主。

⑤ 沉积与沉积风化型矿。这类矿床的物质来源大多为沉积盆地周围的花岗岩石，经搬运沉积并进一步遭受风化剥蚀而成。

产生条件：矿石类型分为软质黏土和砂性高岭土，前者含砂量低，搬运距离相对较长，有较多无序高岭石，晶片呈破裂状，矿层透水性差，铁质不易淋滤迁移。一般含铁、钛较高，如广东、福建沿海的球土、齐齐哈尔的黑白泥、吉林水曲柳的高岭土矿床属此类。后者大都是含高岭土的长石、石英砂层或砂砾层，搬运距离相对较近，透水性好，沉积于盆地之后又遭受进一步风化淋滤。若有腐殖质造成的酸性还原环境，则可生成结晶度好的片状高岭石，含铁、钛低，白度高。

代表矿床：惠州黑泥、广东湛江高岭土。

矿物组成：主要矿物为以石英和高岭石为主，含少量伊利石及长石。

⑥ 含煤地层中的高岭石黏土岩型矿。该类矿床属沉积岩，一般矿床有明显的沉积韵律。中国北方石炭纪-二叠纪煤系中夹有许多层高岭石黏土岩。这种高岭石黏土岩大多呈硬质黏土岩状，大都与煤层共生，有软质的白木节、紫木节，也有矸土、矸石等硬质高岭。

产生条件：在各种地质作用下，煤层风化形成酸性及有机腐殖酸环境，对煤层岩石形成淋滤、风化作用，产生高岭石矿物的富集、沉积，因在不同的压力等环境下成岩作用不同，形成软质木节土以及矸土、矸石等硬质高岭石。

代表矿床：山西大同土、唐山紫木节。

矿物组成：主要矿物为高岭石和埃洛石，少量三水铝石、伊利石、蒙脱石、水铝英石等。

（2）按矿物结构、组成的不同分类　从矿物结构、组成角度出发，黏土矿物科分为：高岭石（kaolinite）、蒙脱石（montmorillonite）、伊利石（illite）、绿泥石（chlorite）、海泡石族（attapulgite）、混合晶层黏土矿物。

对卫生陶瓷来说，黏土多指前三种。其中高岭石类黏土是最重要的，其中又分成高岭土、球土、木节土、硬质黏土等几个类别。而蒙脱石类黏土因为解胶性能差，使用量限制在少量级别，一般不会特别加入。伊利石黏土指的是风化到一定程度的瓷石内原料，在业内又习惯被称为绢云母黏土，也就是软质瓷石，在景德镇传统制瓷中习惯称为瓷土，从外观上区分于硬质绢云母矿（也称瓷石，表观无可塑性，但瓷石破碎后也可表现出一定的可塑性），使用量较大。

近年来建筑瓷砖行业大量使用一种镁质黏土，在黏土矿物分类上接近海泡石族黏土，或称为沉积型镁质黏土，系镁质与硅质在海洋中沉积后经埋藏变质成矿，变质作用从浅至深形成海泡石—镁质黏土—黑滑石。镁质黏土在卫生陶瓷中合理使用的话，能够降低陶瓷烧结温度、提高瓷坯的抗热震性能，还能提供较高的可塑性能。

（3）按矿物搬运与否分类　在传统的陶瓷原料应用上，常常以是否经过搬运沉积来区分黏土矿物，将其分为原生黏土（或残积黏土，又称一次黏土）和次生黏土（或沉积黏土，又称二次黏土）。

黏土是成矿母岩经长年风化而成的，一般在原地风化。颗粒较大而成分接近原来的石块的，称为原生黏土。而黏土再继续风化，又经水力、风力、冰川、海洋等作用发生迁移，在相对低洼的地方逐渐沉积下来，形成的黏土称为次生黏土。卫生陶瓷行业中通常称谓的高岭土大多属于前者，木节土（成矿久远）及球土（俗称黑泥、灰泥，成矿新近）属于后者。原生黏土与次生黏土一般性能比较见表3-7。

表3-7　原生黏土与次生黏土一般性能比较

黏土分类	原生黏土	次生黏土	
卫陶代表原料	高岭土	球土	木节土
生成时代	多为新生代	新生代	多为古生代
结晶晶形	常自形、半自形	不规则	不规则
矿物颗粒度	相对较粗	细	细
含砂量	较多	较少	较少
可塑性	良好	很好	软质较好，硬质较差
黏结性	一般	很好	软质较好，硬质较差
有机质含量	无	少量	较多（或称炭化有机质）
透水性	好	差	较差
搬运	无	有	有
铁、钛含量	较少	较多	较多
主要成因	风化残积、淋积	风化沉积	风化沉积

（4）按塑性指数或塑性指标分类　根据黏土的塑性指数或塑性指标的大小，可将黏土分为以下三类：

① 强塑性黏土：塑性指数>15或塑性指标>3.6。

② 中塑性黏土：塑性指数7～15或塑性指标2.5～3.6。

③ 弱塑性黏土：塑性指数1～7或塑性指标<2.5。

3.1.1.4　黏土矿物的研究、鉴定方法

黏土矿物可以从外观、吸水膨胀、白度等方面进行简单区分。另外，天然的和经过某些化学方法处理或热处理的黏土矿物吸附某些有机物后能产生色变，利用这种方法也可以用来鉴定黏土矿物。例如：将黏土样品用盐酸酸化后用结晶紫溶液染色，呈绿色后又变为黄色或棕黄色的是蒙脱石；呈墨绿色的是伊利石；呈紫色的是高岭石。而较为准确的区分要是通过化学成分分析，如 X 射线粉晶衍射分析、差热分析、红外吸收光谱分析、电子显微镜（透射电镜和扫描电镜）分析等方法来实现。

（1）黏土矿物的 X 射线粉晶衍射分析

① 标准数据法。层状硅酸盐黏土矿物的 $00L$ 型衍射线，特别是 001 衍射线是黏土矿物的特征衍射线，是鉴别各族黏土矿物的主要依据。表 3-8 列出了各族主要土矿物的 d_{00L} 值。

在同类矿物中，各族之间主要利用 d_{060} 来进行。三八面体族矿物的 $d_{060} > 1.51\text{Å}$，而二八面体族的 $d_{060} < 1.51\text{Å}$。

黏土矿物经某些物理的或化学的方法处理后，d_{001} 值会发生变化。表 3-8 列出各族主要黏土矿物的 d_{00L} 值。表 3-9 是常见黏土矿物经处理后的 d_{001} 或 d_{110} 衍射值。

表 3-8　各种主要黏土矿物的 d_{00L} 值

矿物	d_{001}	d_{002}	d_{003}	d_{004}	d_{005}
蒙脱石	12～15		4～5		2.4～3
绿泥石	14.2	7.1	4.7	3.53	2.8
蛭石	14.2	7.1	4.7	3.53	2.8
伊利石	10.0	5.0	3.33	2.5	
高岭石	7.15	3.58	2.37		

表 3-9　常见黏土矿物经处理后的 d_{001} 或 d_{110} 衍射值

矿物	未经处理/Å	Mg-甘油/Å	500～700℃加热 2h/Å
高岭石 d_{001}	7.15	7.15	消失（600℃）
伊利石 d_{001}	10	10	10（600℃）
蒙脱石 d_{001}	12～15	18	9.6～10（600℃）
蛭石 d_{001}	14.2	14.2	9.3（700℃）
绿泥石 d_{001}	14.2	14.2	13.8（600℃）
坡缕石 d_{110}	10.4	10.4	10（500℃）
海泡石 d_{110}	12.05	12.05	10（500℃）

② 标准图谱法。图 3-7 是几种主要黏土矿物的 X 射线衍射曲线。

（2）黏土矿物的差热分析　黏土的差热分析是根据每种黏土矿物固有的热变化特征来确定其所属的矿物类型的。下面介绍几种主要黏土矿物被加热时的热反应（相变、收缩、脱色等）特征，图 3-7 是几种主要黏土矿物的差热分析曲线。

（3）黏土矿物红外吸收光谱分析　层状硅酸矿物红外光谱由硅酸盐络阴离子 $[Si_4O_{10}]^{4-}$ 振动、羟基和水的振动以及八面体阳离子与层间阳离子振动组成。OH^- 和 H_2O 的伸缩振动位于高频区（3750～3200cm^{-1}）。H_2O 的变曲振动 1630cm^{-1} 附近，OH^- 摆动频率则要看结构类型，或在 950～910cm^{-1}，或在 700～600cm^{-1} 范围，OH^- 平动频率较低，位于 400cm^{-1} 以下。不同的

矿物因其结构上的差异，均会产生不同特征的红外光谱。图 3-8 是主要黏土矿物红外光谱图。

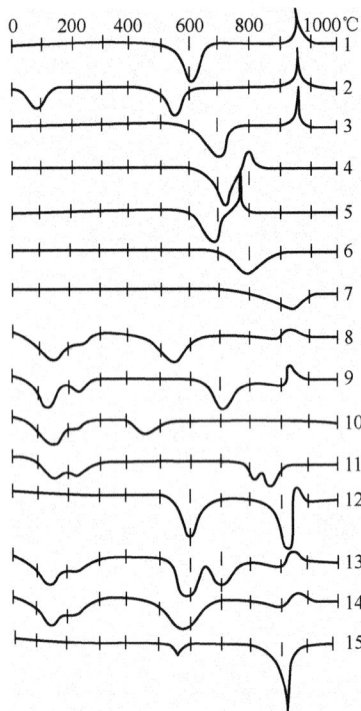

图 3-7   几种主要黏土矿物的差热分析曲线（DTA）

1—高岭土；2—埃洛石；3—迪开石；4—叶蛇纹石；5—贵橄榄石；6—叶蜡石；7—滑石；8—伊利石；9—蒙脱石；
10—绿脱石；11—皂石；12—高岭石与 $CaCO_3$ 混合物；13—高岭石与蒙脱石混合物；
14—高岭石与伊利石混合物；15—石英与 $CaCO_3$ 混合物

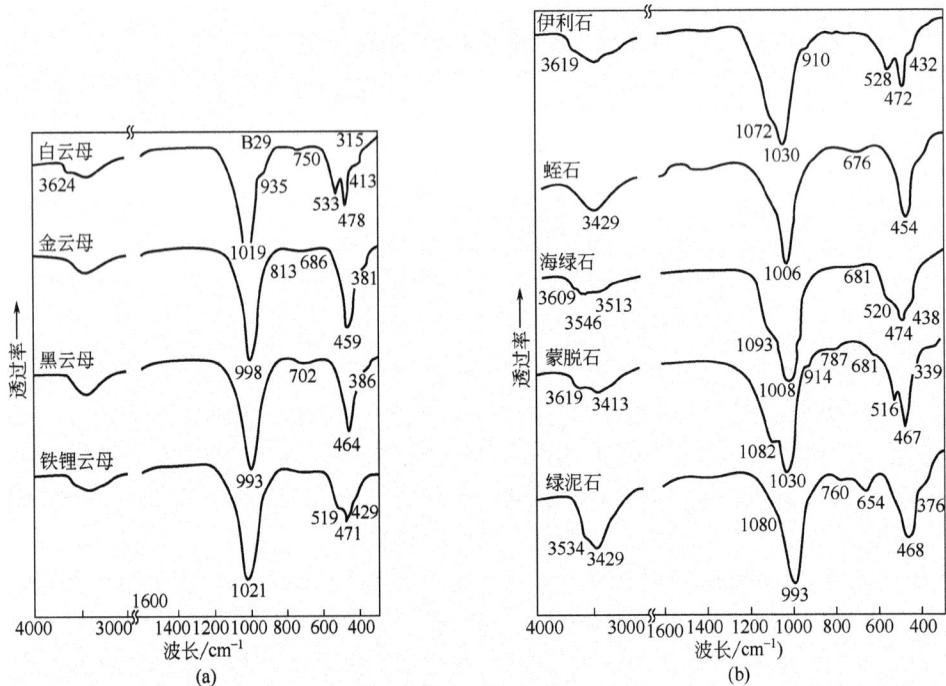

图 3-8   主要黏土矿物红外光谱图

（4）黏土矿物的电子显微镜（透射电镜和扫描电镜）分析　由于电子显微镜具有极高的分辨率，因此能够查明 0.1μm 以下矿物的形态。黏土矿物的种类往往可以从形态上来区分，它们的性能也可以从形态上得到解释。图 3-9～图 3-11 是几种主要黏土矿物的电镜照片。

图 3-9　高岭石的扫描电镜照片

图 3-10　绿泥石的扫描电镜照片

图 3-11　伊利石的扫描电镜照片

3.1.1.5 高岭石

高岭石的结晶性质见表 3-10。

表 3-10　高岭石的结晶性质

化学式	$Al_4[Si_4O_{10}](OH)_8$
化学组成/%	Al_2O_3 39.50　SiO_2 46.544　H_2O 13.96
晶系	三斜或单斜晶系
晶胞参数	a_o=5.14Å　b_o=8.93Å　c_o=7.37Å　　α=91.8°　β=104.7°　γ=90°
结构单元层	z=1
形态	为 1:1 型（即一个 Si—O 四面体与一个 Al—O 八面体连接而成），单元层间以氢键连接相结合，无其他阳离子和水存在。土状、致密块状、球状、蠕虫状。粒度通常为 0.2～5μm，厚度 0.05～2μm。集合体可成塔状、书面状、手风琴状乃至片状集合体
硬度	2.0～3.5
比重	2.60～2.63
光学性质	N_g=1.560～1.570，N_m=1.559～1.569，N_p=1.533～1.565，N_g-N_p=0.006～0.007
	（010）面上消光角 $N_m\Lambda\alpha$=1°～3°30′，二轴晶（－），2V=10°～57°（平均42°），色散 $r>v$，弱

高岭石的内部结构见图 3-12 和图 3-13。

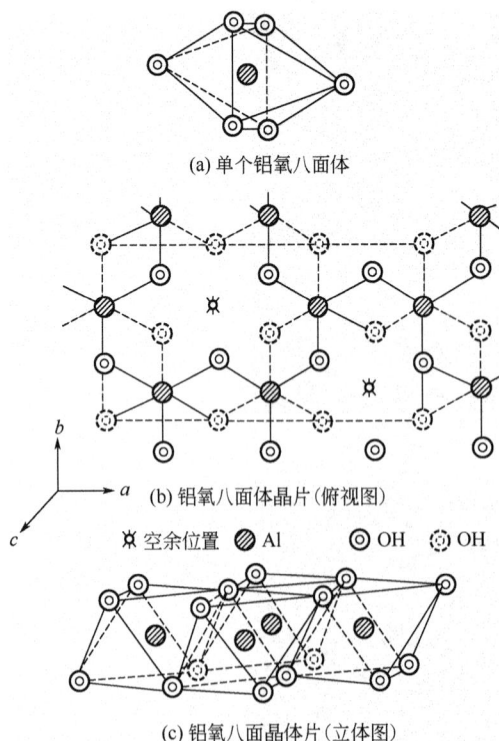

(a) 单个铝氧八面体

(b) 铝氧八面体晶片（俯视图）

☼ 空余位置　◍ Al　◎ OH　◌ OH

(c) 铝氧八面晶体片（立体图）

图 3-12　铝氧八面体及铝氧八面体晶片构造示意图

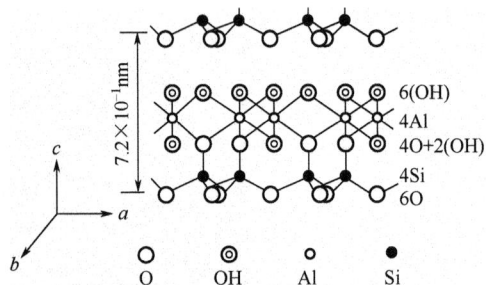

7.2×10^{-1}nm

6(OH)
4Al
4O+2(OH)
4Si
6O

○ O　◎ OH　○ Al　● Si

图 3-13　高岭石晶体构造示意图

高岭石中含有 Al_2O_3 39.50%、SiO_2 46.54%、H_2O 13.96%，煅烧至约 800℃失去结晶水，化学组成变成 Al_2O_3 45.9%、SiO_2 54.1%。高岭石的矿物分解是从 300℃开始，至 800℃完成，高岭莫来石化理论上是在 1300℃以上形成的，但实际的隧道窑烧成时，1000℃以上就开始形成莫来石了。

纯粹的高岭石的熔融温度约在 1750℃，实际生产中因为多少都有一些不纯物的混入，高岭土的熔融温度都会有不同程度的下降。在一定范围内，混入石英耐火度下降、添加氧化铝则耐火度上升，表 3-11 为不同组分的硅铝氧化混合物的熔点测试结果。

表 3-11 不同组分的硅铝氧化混合物的熔点测试结果

SiO_2 含量/%	Al_2O_3 含量/%	熔点/℃
—	100	SK42=2000
100	—	SK 30=1670
91.6	8.4	SK 30=1670
87.2	12.8	SK 27=1610
78.0	22.0	SK 30=1670
70.0	30.0	SK 32=1710
54.0	46.0	SK 35=1770
44.0	56.0	SK 37=1825
28.0	72.0	SK 39=1880

其中，接近高岭石理论成分的熔点测试结果为 1770℃。在 Al_2O_3-SiO_2 相图中可以更清楚地将上述情况表现出来。在这个系统中存在一个一致熔融化合物 $3Al_2O_3 \cdot 2SiO_2$（莫来石 A_3S_2），其重量组成是 72%Al_2O_3 和 28%SiO_2。图 3-14 为 Al_2O_3-SiO_2 系统相图。

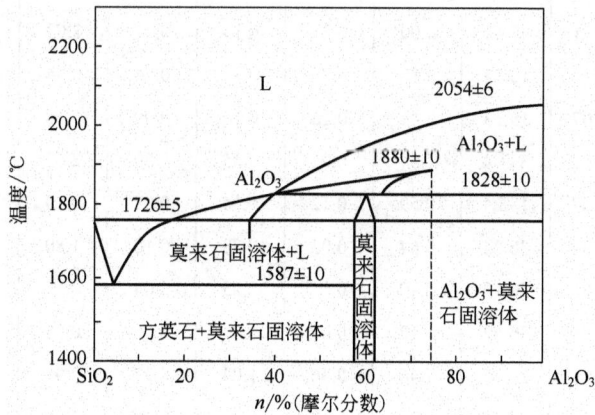

图 3-14　Al_2O_3-SiO_2 系统相图

高岭石类原料在陶瓷中应用极广，常用的类别就有狭义高岭土（含原矿、水洗矿）、木节土、球土、矸土、硬质高岭、地开石（与高岭石同质异构）等。在卫生陶瓷行业中，通常所说的高岭土就是指类似景德镇制瓷传统的高岭村所产，以风化残积、风化淋积、热液热泉蚀变成矿产生的黏土，包括埃洛石矿种在内，不管是原矿还是水洗矿，都可以称为狭义高岭土，为方便起见，后文中述及的高岭土都是专指上述的狭义高岭土。实际上，这些高岭土原矿的矿物成分主要是高岭石、埃洛石、石英，部分还含有蒙脱石、绢云母、长石、地开石等矿物。当然，作为杂质存在其内的铁、钛等相应矿物也经常被检测出来，有些还含有极少三水铝石、水铝英石等有害矿物。高岭土的化学成分主要是 SiO_2、Al_2O_3 和 H_2O，纯净的高岭土成分接近于高岭石或埃洛石的理论成分，由于各种杂质的影响，往往含其他组分 Fe_2O_3、TiO_2、CaO、MgO、K_2O、Na_2O、SO_3^{2-} 等。对于陶瓷来说，有害组分主要是指 Fe_2O_3、TiO_2、

SO_3^{2-} 等，其中 Fe_2O_3、TiO_2 一般在沉积矿床含量较高，其次是风化型高岭土，蚀变型矿床中铁质最少。也就是说，木节土、球土中含铁、钛杂质较多，狭义高岭土含铁、钛杂质较少。另外，含明矾石的高岭土矿床中硫化物含量较多，应用时要特别注意。

卫生陶瓷用的高岭土大多属于砂质高岭土，原矿中含 65%～75% 的砂或粉砂，氧化铝含量为 13%～22%。如果原矿中的有害物质不多，也可以在坯料配方中直接使用原矿。目前，高岭土原矿大多先制成水洗高岭土，就是通过水化、淘洗、过筛、旋流分离等各种办法将原矿粉砂颗粒剔除，再经过压滤除去水分。这样做可以尽可能地降低石英等硬质矿物的成分，提纯高岭石的比例，但往往氧化铁的含量有所提高。高岭石化学成分及矿物成分举例见表 3-12 和表 3-13。

表 3-12　高岭土化学成分举例　　　　单位：%

原料名称	SiO_2含量	Al_2O_3含量	Fe_2O_3含量	TiO_2含量	CaO含量	MgO含量	K_2O含量	Na_2O含量	烧失量	合计
界牌土（原矿、白）	70.69	19.27	0.12	0.08	0.55	0.20	0.11	0.31	8.45	99.78
界牌土（原矿、红）	69.96	20.95	0.49	0.06	0.64	0.11	0.48	0.12	7.75	100.56
苏州土（水洗）	48.92	35.48	0.78	0.08	0.43	0.30	0.31	0.25	13.97	100.52
湛江土（原矿）	66.92	22.72	0.48	0.29	0.14	0.26	1.40	0.00	7.29	99.50
湛江土（水洗）	50.07	35.92	0.69	0.23	0.13	0.13	0.81	0.00	12.01	99.99
龙岩土（水洗）	48.11	37.42	0.00	0.21	0.13	0.24	2.03	0.00	11.85	99.99
徐水土（原矿）	72.60	16.84	0.86	0.00	0.94	0.74	0.94	0.50	6.36	99.78
闽清土（原矿）	72.07	18.33	0.44	0.16	0.16	0.09	0.16	0.05	8.01	99.47
余江高岭土（水洗）	48.60	34.94	1.64	0.02	0.55	0.60	2.65	0.27	10.73	100.00
南安土（原矿）	74.07	18.24	0.59	0.12	0.14	0.08	0.19	0.03	6.54	100.00
漳州土（水洗）	48.54	36.24	0.64	0.05	0.38	0.10	1.80	0.01	11.89	99.65
漳州土（原矿）	71.85	20.10	0.40	0.15	0.25	0.04	0.55	0.03	6.91	100.28
同安土（水洗）	47.79	36.62	1.12	0.09	0.00	0.05	0.58	0.34	13.46	100.05
廉江高岭（水洗）	50.85	32.66	1.46	0.36	1.04	0.27	2.97	0.11	10.73	100.45
星子高岭（水洗）	51.26	33.05	1.38	0.10	0.01	0.18	2.48	0.00	11.46	99.93
潮安黏土（水洗）	56	29	1.07	0.6	0.01	0.27	1.98	0.01	11.07	100.01

表 3-13　高岭土大致矿物成分举例　　　　单位：%

原料名称	高岭石含量	绢云母含量	石英含量	长石含量	其他
界牌土（原矿、白）	50	0	49	0	1
界牌土（原矿、红）	52	0	45	1	1
苏州土（水洗）	85	7	8	0	0
湛江土（原矿）	52	3	35	8	2
湛江土（水洗）	84	2	6	6	2
龙岩土（水洗）	81	14	3	2	0
徐水土	43	0	53	3	1

原料名称	高岭石含量	绢云母含量	石英含量	长石含量	其他
闽清土	46	4	49	0	1
余江高岭土	84	0	10	4	2
南安土	44	5	50	0	1
漳州土（水洗）	86	0	8	4	2
漳州土	48	0	46	5	1
同安土（水洗）	87	0	6	5	2
廉江高岭	79	0	12	6	3
星子高岭	80	0	12	5	2
潮安黏土	71	0	21	5	3

注：其他类含有铁质及三水铝石等杂质。

3.1.1.6 球土

球土的名称最早来源于英国，据称有两种来历：一说是最早开采的矿层中该黏土的外观风化富集状态是块球状的，故而得名；二说是那时使用马车运输，将黏土滚成球体，方便装车、储存，因而得名。

球土的主要矿物是高岭石，次要矿物为蒙脱石、埃洛石及伊利石，云母、石英及有机质如褐煤也经常出现。从原矿的大致百分比上看，主要矿物含量为：高岭石 20%～60%，伊利石 5%～45%，石英 10%～70%。为生产出高品质的卫生陶瓷坯体，通常使用淘洗后的球土，以提高球土中的有效高岭石成分。在卫生陶瓷行业中，将球土从高岭石大类另分出来，是出于以下几点原因。

① 球土为新生代、次生代沉积及风化矿物，以无序高岭石、埃洛石为主，属次生二次黏土。

② 球土混杂较多腐殖酸有机物，离子交换能力较一般高岭土有很大区别。

③ 球土大多含有部分钾钠或钙镁的氧化物成分，铁钛量也较高，化学成分变化较大，相比较一般高岭土来说熔融温度低一些。

④ 球土这种二次黏土形成时经过长距离自然淘洗搬运后，细颗粒会在较远的低洼地带沉积，球土的细颗粒组成比例很大，具有不同于一般高岭土的可塑性、黏性及干燥强度，在卫生陶瓷泥浆配方技术上有独特的作用。

球土在性能上具有其他黏土所不具备的特点，尤其是在可塑性和干燥强度上，表现得尤为突出。球土的细颗粒成分多、以无序高岭石成分为主、含有有机腐殖酸成分等因素是产生优良可塑性及干燥强度的主要原因，特别是有机质相对丰富的黑色球土性能更好。其有机质多，对陶瓷泥浆的流动性能有影响，需要的电解质多，同时在烧成时挥发物多，对尺寸收缩以及釉面有不良影响，并且铁钛杂质含量多，因此，应用时需要限制一定的用量。

卫生陶瓷行业所用球土大多产于我国东南及南方沿海地区，即广东的广州、江门、潮汕、惠州，福建漳州、泉州，广西北海、南宁维罗等地，都是盛产球土的地区。球土有黑色、灰色、黄色、象牙色、浅白色等许多种颜色，其中以黑、灰色球土最多。球土的颜色与其含有的有机质及其他杂质有关，深颜色球土的有机质一般较多。球土化学成分及矿物成分举例见

表 3-14 和表 3-15。

表 3-14 球土化学成分举例 单位：%

原料名称	SiO$_2$含量	Al$_2$O$_3$含量	Fe$_2$O$_3$含量	TiO$_2$含量	CaO含量	MgO含量	K$_2$O含量	Na$_2$O含量	烧失量	合计
清远土	53.26	28.71	1.72	0.54	0.50	1.02	1.80	0.48	12.20	100.23
江门土	52.49	28.06	1.82	0.42	0.28	0.71	1.75	0.51	13.80	99.84
立安土	45.13	36.64	1.77	0.66	0.24	0.40	1.14	0.00	14.03	100.01
水野蛙目	54.91	30.22	1.51	0.55	0.22	0.39	1.78	0.00	10.42	100.00
高明土	56.13	27.11	1.89	0.83	0.12	0.32	1.63	0.13	11.80	99.96
东莞土	53.90	27.48	1.95	0.91	0.04	0.42	2.66	0.01	15.94	103.31
漳州黑泥	59.69	23.89	1.70	1.09	0.07	0.28	1.20	0.01	12.02	99.95
漳州灰泥	53.46	30.96	1.13	0.49	0.01	0.23	1.94	0.01	11.73	99.96
漳州白泥	60.88	27.34	1.01	0.61	0.24	0.16	1.62	0.01	8.09	99.96
揭阳黑泥	53.44	29.33	0.89	0.36	0.22	0.22	1.76	0.10	13.27	99.59
陆丰黑泥	55.79	24.00	1.01	0.41	0.05	0.32	1.21	0.20	16.69	99.68
增城黑泥	57.33	23.21	0.71	0.83	0.73	0.21	1.59	0.09	14.80	99.50
清远花泥	56.78	26.72	1.80	0.85	0.82	0.08	2.83	1.93	9.12	100.93
水曲柳黏土	55.47	26.03	1.01	0.64	0.72	0.70	1.67	0.89	12.72	99.85

表 3-15 球土大致矿物成分举例 单位：%

原料名称	高岭石含量	石英含量	长石含量	蒙脱石含量	碳质含量	其他
清远土	67	16	9	3	2	3
江门土	65	17	9	3	3	3
立安土	83	7	4	2	2	2
水野蛙目	72	15	8	1	1	3
高明土	63	21	8	3	1	4
东莞土	64	18	11	2	3	2
漳州黑泥	60	29	6	0	1	4
漳州灰泥	73	13	11	0	1	2
漳州白泥	63	24	11	0	0	2
揭阳黑泥	70	15	7	2	3	3
陆丰黑泥	57	25	6	2	7	3
增城黑泥	55	26	5	5	6	3
清远花泥	59	18	11	2	1	2
水曲柳黏土	63	23	7	2	3	2

注：其他类含有铁钛质等杂质。

3.1.1.7 木节土

木节土是一种可塑性优良的沉积风化黏土，因含有泥煤的碎片，类似木节，故而得名。

常见的紫色木节称紫木节（子木节），其他还有白木节、黑木节等。

木节土多产于北方地区，常与煤矿伴生，从地质调查上看，我国木节土产出层位在上石炭统太原组、下二叠统山西组、中侏罗统延安组。有资料表明，木节土与煤层在层位上是相互对应逐渐过渡的：一种是各煤层与木节土一一对应，所有煤层都有木节土的过渡；另一种是一部分煤层与木节土对应，主要是上部煤层已过渡成木节土，而下部仍存在煤层；还有一种是深厚煤层的上部转变为木节土，下部为煤层。木节土通常分布在煤层露头，呈狭长带状。木节土分布的区域都有利于地下水活动以及地表水汇集，形成范围有随地下水位下降而推移。木节土的厚度变动较大，从 0.1m 到 5m 以上不等。一般情况下，在煤层露头区域形成的木节土规模较大，长可达几公里以上，倾斜宽度可达 100 多米，其他类型的木节土规模较小。有调查显示，木节土在空间上有明显的分布规律，从上向下依次出现白木节—紫木节—黑木节—风化煤—煤层。主流研究确定煤系高岭为沉积高岭，木节土的成因更为复杂一些，沉积、表生风化、淋积、再富集等多种作用可能共同发生，由此带来木节土具有较高可塑性、黏性之外，其成分相对复杂，铁钛含量较高，影响泥浆流动性的矿物杂生，这些因素会对使用产生不良影响。

卫生陶瓷常用的紫木节呈灰紫至棕色，纹理构造完全，密度介于 $1.6 \sim 1.9 g/cm^3$ 之间，手捏有非常明显的黏稠感及滑腻感。主要矿物成分以高岭石为主，其次有埃洛石、绢云母、三水铝石、石英、明矾石等，其中的高岭石呈隐晶质集合体状，为不规则片状结构。一般木节土含有 Al_2O_3 31%～39%，SiO_2 37%～44%，有较多的炭质及腐殖酸等，烧成收缩较大。因其所含有机质与碱液作用能发生水解形成保护胶体，优质木节土是调制陶瓷注浆浆料理想黏土原料。但优质的木节土产出较少，且大多的木节土含有一定量的铁、钛成分，烧失量相对较高，这些情况限制了木节土的广泛应用，大多在木节土矿山附近的产瓷区使用，成为一种地方性原料。

木节土在卫生陶瓷中的应用历史较长，其中最出名的应属唐山紫木节，该原料经多年的开采使用，已经枯竭。目前，木节土在唐山、河南等产瓷区应用还很广泛，而南方的产瓷区基本上没有使用。木节土化学成分举例见表3-16。

表 3-16 木节土化学成分举例   单位：%

原料名称	SiO_2 含量	Al_2O_3 含量	Fe_2O_3 含量	TiO_2 含量	CaO 含量	MgO 含量	K_2O 含量	Na_2O 含量	烧失量	合计
阳泉土	44.16	37.18	0.79	0.92	0.75	0.17	0.09	0.00	15.94	100.00
唐山紫木节	48.93	33.47	2.14	1.07	0.60	1.12	0.44	0.21	12.75	100.73
山西平阴土	43.22	38.05	2.05	1.34	0.75	0.82	0.20	0.16	14.55	101.14
山西紫木节	41.44	39.02	1.15	0.99	1.00	0.76	0.50	0.43	15.19	100.48
内蒙紫木节	39.00	41.83	1.22	0.88	0.43	0.49	0.02	0.33	14.55	98.75
博爱土	44.15	35.47	1.83	0.15	0.22	0.15	3.36	0.38	13.34	99.05
禹州毛土	45.26	31.85	1.45	1.1	3.82	0.23	0.34	0.29	16.34	100.68

3.1.1.8 软质瓷石（瓷土）

软质瓷石，也称瓷土，矿物学上属于绢云母类，风化程度较高，手捏或遇水时破碎、水解，为区别于硬质瓷石，在卫生陶瓷中称为软质瓷石（也称瓷土）。实际上，很多矿床中，上层的瓷石风化程度较高，形成层状的软质瓷石，在软质瓷石的下层就是大量的硬质瓷石，在化学成分上，软质瓷石和硬质瓷石很接近。

软质瓷石矿物是黏土生成过程的中间产物。多数为云母矿物水解后生成的，其成分和结构介于云母与高岭石、或云母与蒙脱石之间，具有黏土性质，并且在矿床中常混有高岭石或蒙脱石矿物，其绢云母矿物的结晶也比较细小，表面呈绢丝光泽，外观呈土状，有些优质的软质瓷石在可塑性及干燥强度上不低于砂质高岭土。从组成上说，绢云母瓷石与高岭石相比较，含碱离子较多，而含水较少；与白云母比较，含碱离子较少，而含水较多。

软质瓷石具有一定的可塑性和干燥抗折强度，可以全部替代石英，部分替代长石。价格比较便宜，但化学成分波动比较大。

在卫生陶瓷行业，软质瓷石有三大产地：辽宁法库（法库土）、广东潮州（飞天燕）、福建永春（介福土）。法库土最早在电瓷行业使用，一部分风化较好的原料提供给唐山、北京等地的卫生陶瓷厂，因其混有部分蒙脱石矿物，在泥浆的解胶性上影响泥浆的流动性，所以长期以来在卫生陶瓷坯料配方中使用量不大。广东潮州的飞天燕软质瓷土一般先淘洗成水洗瓷土，水洗瓷土是当地卫生陶瓷的主要用料，水洗瓷土在配方中使用量很大，有的甚至超出50%。上世纪八十年代开始，北方瓷区也开始使用潮州飞天燕水洗瓷土，经过多年的大量开采使用，飞天燕矿区可能已采掘殆尽，潮州地区正在周边寻找新的矿点。福建泉州地区的介福土也多淘洗成水洗瓷土在使用，历史上一直供应德化地区普通日用瓷及艺术瓷使用，由于含铁量高，用量一直不大。目前，该原料已在卫生陶瓷生产中使用，由于储量大、性能与飞天燕类似，介福土的使用量将越来越大。此外，各地还有一些软质瓷石。软质瓷石原矿化学成分见表3-17。

表 3-17 软质瓷石原矿化学成分   单位：%

原料名称	SiO₂含量	Al₂O₃含量	Fe₂O₃含量	TiO₂含量	CaO含量	MgO含量	K₂O含量	Na₂O含量	烧失量	合计
法库土	78.02	13.16	0.56	0	0.39	0.50	4.18	0.77	2.30	99.88
飞天燕	76.01	15.85	1.11	0.23	0.10	0.08	2.87	0	3.72	99.97
介福土	76.76	15.01	1.03	0.02	0.11	0.07	3.12	0	3.60	99.72
围场土	77.13	13.65	1.15	0	0.20	0.73	4.50	0.54	2.51	100.41
后新秋土	74.22	14.80	1.17	0.22	0.51	0.94	4.15	0.56	3.42	99.99
彰武土	75.92	15.77	0.52	0.17	0.16	0.24	4.06	0.20	4.45	101.48
宣化土	75.94	15.15	0.82	0	0.99	0.69	3.22	0.17	2.89	99.87

景德镇传统制瓷业中著名的一元配方，使用的就是这种软质瓷石，在当地通常就称为瓷土，加工成一定形状的塑性瓷土还有一个特殊的名字："不（dǔn）子"。目前，潮州地区软质瓷石和介福土大量进行淘洗加工，加工的方法是破碎、加水搅拌、过筛，过筛后的细颗粒经压滤脱水制成泥饼，称为水洗瓷土。水洗瓷土的氧化铝含量明显提高，可塑性和干燥抗折强度大大提高，细颗粒甚至超过水洗高岭土，是卫生陶瓷的优质原料。水洗瓷土化学成分见表3-18，水洗瓷土与水洗高岭土细度的比较见表3-19。

表 3-18　水洗瓷土化学成分　　　　　　　　　单位：%

原料名称	SiO$_2$含量	Al$_2$O$_3$含量	Fe$_2$O$_3$含量	TiO$_2$含量	CaO含量	MgO含量	K$_2$O含量	Na$_2$O含量	烧失量	合计
飞天燕	66.13	22.5	1.52	0.15	0.22	0.09	2.98	0	6.27	99.86
介福土	65.72	22.4	1.40	0.08	0.25	0.08	3.73	0	6.30	99.96

表 3-19　水洗瓷土与水洗高岭土细度的比较

序号	名称	含量/%										平均数/μm
		<0.5μm	<1μm	<2μm	<5μm	<10μm	<20μm	<30μm	<40μm	<50μm	<60μm	
1	介福水洗瓷土	1.6	15.9	38.3	58.6	72.2	84.5	90.8	94.9	97.8	99.3	9.4
2	水洗高岭土 A	0.6	5.9	14.5	29.8	47.0	67.7	79.4	87.1	92.1	95.1	18.0
3	水洗高岭土 B	0.6	5.8	13.8	28.6	46.5	66.7	76.7	83.9	89.4	93.3	19.4
4	水洗高岭土 C	0.8	7.1	14.8	26.4	42.5	62.5	74.3	82.8	89.0	92.8	21.2
5	水洗高岭土 D	0.7	7.4	19.9	46.2	70.5	89.0	95.3	97.7	99.1	99.7	8.9

3.1.1.9　镁质黏土

镁质黏土是一种比较特殊的原料，既含有较高的氧化镁，又具有黏土的工艺性质，在建筑陶瓷中的开发利用较多，但在卫生陶瓷中应用较少。

镁质黏土外观有两种类型：一种是土块状，为风化型矿石；另一种是土片状，为原岩型矿石。两者常常共生，在同一矿区往往表层为土块状，往下渐变为土片状。镁质黏土系沉积型矿物，系镁质与硅质在海洋中沉积后经埋藏变质成矿，变质作用从浅至深形成海泡石—镁质黏土—黑滑石（含炭质），矿石呈黑色黏土状或石状，显微鳞片变晶结构，因为埋藏变质作用深浅不同，就变为镁质黏土矿及海泡石黏土矿床。土块状矿石有滑感、可塑性高，外表呈丝绢光泽，但干燥后光泽变弱；土片状矿石呈缟状或片状，易碎成碎片，具滑感。

我国的镁质黏土主要分布在江西、湖南两省，常与海泡石等矿共生，镁质黏土的主要成分是氧化硅、氧化镁和水，其氧化镁含量一般达到 20%，氧化硅与氧化镁质量比一般为 2.3～3.0，其中含有游离氧化硅、氧化铁、氧化钛等氧化物，氧化钾、氧化钠的含量也很低，氧化钙含量变化较大。

目前在建筑陶瓷中使用的镁质黏土中主要矿物是海泡石、滑石。海泡石质镁质黏土经常与滑石质镁质黏土伴生，根据在建筑陶瓷应用的结果看，不妨碍海泡石质镁质黏土在硅酸盐工业中的应用，因为在 450～500℃时，海泡石会转化为滑石，至 1000℃左右进一步脱水转化为顽火辉石，海泡石质镁质黏土的存在可增强滑石质镁质黏土的可塑性。

镁质黏土比重为 2.27～2.41，可塑性指数 17%～24%，耐火度较高，烧后呈白色或略带灰色。镁质黏土有较高的可塑性及黏性，兼具熔融性能，能够降低烧结温度，并在一定程度上增强卫生陶瓷坯体的抗热震性能，因此，镁质黏土可能会成为卫生陶瓷节能型新原料品种，并得到更多应用。

3.1.2　半塑性原料

在卫生陶瓷的坯体原料上，可塑性主要由高岭土、木节土、球土、软质瓷石等提供，但这些原料的吸浆速率相对较慢，不能满足卫生陶瓷注浆成形的要求，所以在配方设计时需要补充使用相对吸浆速率较快的原料，在普遍使用石英、长石等瘠性料之外，还较多地使用了硬质瓷石、硬质高岭石（地开石）、叶蜡石等原料，这些原料外观上属于硬质料，有较快的吃浆速率，并且在破碎到一定细度后具有一定的可塑性，所以在卫生陶瓷的原料中分成一类原料进行说明。

3.1.2.1　硬质瓷石

硬质瓷石常称为瓷石，瓷石定义的说法很多，比如当前存在一个广义的定义：瓷石中一般总是含有石英，除石英外，它的主要矿物成分还有绢云母、白云母、长石、高岭石等矿物中的一种或多种。由于瓷石是混合矿物，生成瓷石的母岩及生成的环境等的不同，使得各地的瓷石中的矿物种类、含量各不相同，化学成分也有很大差别。总的来说，瓷石中氧化硅的含量最多，含有一定量的氧化铝，一般含有一部分碱金属，氧化钙、氧化镁的含量不高，氧化铁的含量一般少于2%，烧失量不大。一种狭义的说法是：瓷石是一种含有石英、绢云母及长石、水铝石的硅酸盐矿物。绢云母含量高的瓷石则表现出明显的绢云母化学性质。

瓷石大多数是酸性浅成岩或超浅成火成岩，如成霏细岩、细晶岩、石英斑岩、花岗岩等经过热液蚀变作用的产物，外观常为青白色、灰白色、黄白色、淡绿色等色，呈致密或易碎块状；有的呈玻璃光泽，有的呈土状光泽，断口常是贝壳状，无明显解理；硬度在4~7之间，相对密度2.56~2.6。瓷石需粉碎后才能使用，未破碎的块状物没有塑性，利用球磨机破碎到一定程度后，依矿物成分及风化度可以表现出不同程度的塑性。研究表明，组成瓷石的云母（绢云母或白云母）、石英等矿物颗粒越细小，其可塑性越强。瓷石原料的干燥和烧成收缩率一般较小，烧后常呈不同程度的白色。

由于瓷石矿广泛存在，价格也比较低，又能就近取材，瓷石越来越多地成为卫生陶瓷坯体选用的大宗原料，绢云母含量高的瓷石更是优质的原料。

瓷石在全国多地皆有产出，北方的河北、河南、陕西、山东及南方的江西、湖南、福建、浙江、广东各省都有提供给卫生陶瓷生产用的瓷石矿。瓷石矿物化学式可表示为 $KNaO \cdot 3Al_2O_3 \cdot 6SiO_2 \cdot 2H_2O$。各地所产的纯度有高有低，一般可将绢云母含量在70%以上的瓷石矿划为高纯瓷石，这类高纯瓷石产出量较少，其中最为有名的就是河北沙河的章村土。一级章村土的绢云母纯度高达85%以上，含 Al_2O_3 量在36%以上，并且杂质量很少，矿石的成矿解离面非常完整，颜色青绿，硬度中等，破碎水解后的可塑性中等，有一定的黏性，是卫生陶瓷行业的上品原料，早年一直出口，经多年使用，目前一级章村土已经绝迹，二级章村土（绢云母纯度在75%以上）产出也已不多，三级章村土还有供应，但随着绢云母纯度的下降，一些黑云母、硫铁矿会偶尔夹杂其中，需要人工手选。在浙江、福建也有一些矿山的绢云母纯度在70%以上，但矿山规模不大，铁钛杂质较多，分选成本太高，没有形成批量供应。

大多数的瓷石矿物组成是石英（约20%~40%）、绢云母（约16%~50%）、高岭石（0~

12%）和极少量长石及碳酸盐。其化学成分的含量为二氧化硅（SiO_2）一般大于 60%，三氧化二铝（Al_2O_3）一般不超过 20%，氧化钾（K_2O）和氧化钠（Na_2O）约为 3%～8%、氧化铁（Fe_2O_3）在 1%左右，此外还含极少量氧化钙（CaO）、氧化镁（MgO）等，硬度较高，破碎至一定细度后有低可塑性。

瓷石的成矿基本在母岩向高岭石过渡的中间期，故成矿也与高岭土接近，表 3-20 是对景德镇地区的两类瓷石作的简单对比。

表 3-20　景德镇地区两类原料简单对比

原料名称	祁门瓷石	明砂高岭
物理状态	石质	土质
可塑性	差	中
干燥收缩	7%	11%
加热性质	1050℃开始收缩 1200～1250℃烧结成瓷胎 大于1250℃过烧膨胀，1350℃开始软化	950℃开始收缩 1500℃停止收缩 如不配入瓷石或长石，即使烧到1500℃也不能烧结成瓷胎

瓷石的可塑性不高，结合强度不大，但干燥速率与吸浆速率快，可以完全替代石英，部分替代长石，在替代长石、石英的同时可以提供部分可塑性，给泥浆配方腾出一部分调节可塑性的空间。又因其与构成瓷的基本组分相近，有适应制瓷工艺和烧成所需的性能，有的单一瓷石就可以成瓷，因此瓷石的使用可以给调控配方提供灵活空间。瓷石的玻化温度受绢云母及长石含量的影响，一般玻化温度在 1150～1350℃之间，玻化温度范围较宽。烧成时，绢云母兼有黏土及长石的作用，能生成臭来石及玻璃相，促进成瓷及烧结。其化学成分及矿物成分举例见表 3-21 和表 3-22。

表 3-21　瓷石化学成分举例　　　　　　　　　　　单位：%

原料名称	SiO_2含量	Al_2O_3含量	Fe_2O_3含量	TiO_2含量	CaO含量	MgO含量	K_2O含量	Na_2O含量	烧失量	合计
宣化瓷石	77.42	13.87	0.31	0.07	1.12	0.41	3.62	0.35	3.16	100.33
萧山瓷石	75.40	14.87	0.51	0.10	1.55	0.67	3.90	0.58	2.37	99.95
抚宁瓷石	76.87	13.51	0.67	0.08	0.72	0.21	4.48	1.18	1.92	99.64
章村土	46.23	36.24	0.50	0.55	0.52	0.64	8.88	1.65	4.94	100.15
诸暨瓷石	75.13	16.08	0.61	0.05	1.09	0.25	3.77	0.00	3.13	100.11
高州土	64.67	22.84	1.70	0.17	0.30	0.32	6.78	0.05	3.23	100.06
焦作瓷石	42.71	37.14	1.72	1.39	0.59	0.99	7.85	0.56	6.77	99.72
玉田瓷石	76.80	13.70	0.50	0.05	0.40	0.00	3.80	1.50	2.50	99.25
迁西瓷石	77.51	14.10	0.52	0.08	0.24	0.30	4.50	0.40	1.95	99.60

表 3-22　瓷石大致矿物成分　　　　　　　　　　　单位：%

原料名称	绢云母含量	石英含量	其他
宣化瓷石	36	61	3
萧山瓷石	38	59	3

原料名称	绢云母含量	石英含量	其他
抚宁瓷石	36	62	2
章村土	93	5	2
诸暨瓷石	41	56	3
高州土	60	38	2
焦作瓷石	93	1	6
玉田瓷石	36	62	2
迁西瓷石	37	61	2

注：其他类含有铁钛杂质、石英、方解石等。

3.1.2.2 地开石

地开石为高岭石族矿物，其化学式为 $Al_4[Si_4O_{10}](OH)_8$。化学组成理论值为：Al_2O_3 39.5%，SiO_2 46.54%，H_2O 13.8%。实际矿山因母岩成分及杂质渗透等原因，同一矿体的矿石颜色较杂，有白色、灰色、青色、绿色、黄色、红色各种颜色，大多都呈致密块状，其中纯度高者表面细腻，具蜡状光泽，相对硬度较低，外表颜色发绿，而纯度低者表面略显粗糙，石英含量大，硬度较高，外观颜色发白、灰，纯度一般的发青色，铁钛杂质渗入形成其他杂色。

地开石在卫生陶瓷中的应用是某国外企业首先开始的，近年来，国内使用地开石的厂家也逐渐多了起来，主要是利用地开石的高吸浆性能以及低铁钛的特性，增强卫生陶瓷的注浆效率，特别适合一日多遍或 24 小时连续注浆的生产模式。同时，地开石破碎后具有一些可塑性，也可补充瘠性原料可塑性的不足。

目前单独成矿的百万吨矿量的地开石矿不多，鉴于同一矿体的纯度变化较大，一般将地开石按化学成分分成几个等级，举例如下。

安徽庐江的地开石：

A 级　Al_2O_3 >30% Fe_2O_3 <0.15%，

B 级　Al_2O_3 >24% Fe_2O_3 <0.20%，

C 级　Al_2O_3 >18% Fe_2O_3 <0.30%。

吉林的地开石：

A 级　Al_2O_3 >35% Fe_2O_3 <0.15% Ti_2O <0.17%，

B 级　Al_2O_3 >28% Fe_2O_3 <0.20% Ti_2O <0.2%，

C 级　Al_2O_3 >24% Fe_2O_3 <0.40% Ti_2O <0.4%。

浙江松阳地开石的纯度相对不高，变化较小，通常混合成一个级别使用。几种地开石化学成分见表 3-23。

表 3-23　几种地开石化学成分　　　　单位：%

原料名称	SiO_2 含量	Al_2O_3 含量	Fe_2O_3 含量	TiO_2 含量	CaO 含量	MgO 含量	K_2O 含量	Na_2O 含量	烧失量	合计
丽水石	76.71	16.63	0.19	0	0.42	0.40	0.24	0.23	5.48	100.30
庐江地开石	69.20	20.13	0.56	0.13	0.33	0.28	0.25	0.35	8.46	99.69
松阳石	79.23	15.14	0.14	0.08	0.15	0.21	0.11	0.18	4.79	100.03
诸暨石	66.67	23.37	0.52	0.29	0.21	0.02	0.30	0.02	8.50	99.90

注：矿物成分以地开石、石英为主，其他含有铁、钛等杂质。

3.1.2.3 硬质高岭石

硬质高岭石也称高岭石岩，即煤系硬质高岭，通常硬度较高，原矿基本无可塑性，粉碎、磨细后具弱可塑性。与软质高岭土相比，原矿的矿物成分中高岭石含量高，外观颜色以灰黑为主，铁钛含量波动较大，含有部分炭质。在卫生陶瓷的生产应用中，主要利用这类原料的吸浆性能及较高的氧化铝含量。含铁量低的矿可以考虑使用。在北方的唐山瓷区、河南瓷区使用硬质高岭石较多，几种硬质高岭石化学成分见表3-24。

表3-24 几种硬质高岭石化学成分　　　　　　　　　　　　　单位：%

原料名称	SiO$_2$含量	Al$_2$O$_3$含量	Fe$_2$O$_3$含量	TiO$_2$含量	CaO含量	MgO含量	K$_2$O含量	Na$_2$O含量	烧失量	合计
唐山碱石	47.88	36.58	0.95	0.54	0.43	0.33	0.24	0.13	13.28	100.36
朔州青矸	55.20	29.62	0.65	0.55	1.08	0.82	0.68	0.22	10.92	99.74
焦作青矸	62.56	25.45	1.07	0.92	0.86	0.50	2.07	1.23	5.42	100.08
博爱灰矸	46.15	35.47	1.83	0.25	0.01	0.44	1.35	0.34	12.58	98.42
禹州碱石	46.09	35.67	1.62	0.46	0.39	0.18	0.63	0.46	14.15	99.65
焦作碱石	44.21	39.63	1.29	0.78	0.35	0.22	0.52	0.16	12.58	99.74

注：矿物成分以高岭石为主，其他含铁钛杂质、碳质、三水铝石、方解石等。

3.1.2.4 叶蜡石

叶蜡石因其在破碎、磨细后具有一些可塑性，通常铁钛杂质较少，并且能够提供一定的吸浆性能，坯体收缩较小，在卫生陶瓷生产中得以应用。

叶蜡石是含水的铝硅酸盐矿物，其晶体结构与蒙脱石相似，也具三层型结构，但层间不含水分子和可交换的阳离子。其化学式为 Al$_2$O$_3$ · 4SiO$_2$ · H$_2$O。化学组成理论值为 Al$_2$O$_3$：28.3%，SiO$_2$：66.7%，H$_2$O：5.0%。

（1）叶蜡石的晶体结构　叶蜡石的晶体结构为单斜晶系（也有发现三斜晶系的），为 2：1 型二八面体层状硅酸盐结构。叶蜡石的硬度为 1～2，相对密度 2.65～2.90。（001）解理完全。特征粉末线（Å）为 3.07（001）、4.43（86）、2.42（72）。

（2）叶蜡石的工艺性能

① 叶蜡石结晶水少，加热时脱水缓慢，不收缩。在未烧结之前，在一定范围内会产生线膨胀（见图 3-15），这种性能可以抵消在烧成过程中由于其他物料（如黏土、熔剂）所造成的收缩，扩大烧成范围，保证产品尺寸一致；且能降低坯体的热膨胀系数，减少坯体的吸湿膨胀。

② 叶蜡石在细磨后稍有塑性，泥浆易稀释，流动性好。叶蜡石不被水浸润、黏结力差，因此，泥浆渗透性好，吸浆快，坯体干燥收缩小，且便于控制，因此是卫生陶瓷泥浆的优质原料。

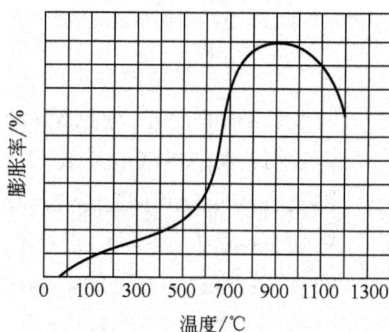

图 3-15　叶蜡石的热膨胀曲线

③ 叶蜡石熔点高，耐火度可达 1700℃以上，可提高瓷坯的烧成范围。

④ 电导率、热导率低，绝缘性好，介电性能好，特别是在高频电流下，介电损失率小。

⑤ 对于强酸的作用具有化学稳定性。

⑥ 具有良好的机械加工和粉碎、磨细性能，磨成粉后具有高度的润滑性。

⑦ 粉末呈白色，颗粒越细白度越高，焙烧后白度越高。

叶蜡石主要由酸性火山凝灰岩经热液蚀变而成，在某些富铝的变质岩中也有产出。我国叶蜡石矿床按成因可分为热液型和变质型两大类。矿床主要形成于中世纪侏罗纪晚期—白垩纪早期，且主要集中在东南沿海一带，多为中小型矿床。据不完全统计，全国已知叶蜡石矿床、矿点和矿化点约 102 处，其中矿床和矿点共 76 处。通常成矿的叶蜡石是微细矿物的集合体，富脂肪滑腻感，呈致密块状，比重 2.8 左右，耐火度 1710～1770℃。它在加热过程中，自 550℃开始缓慢脱水，至 900℃脱水量约达到 5%，趋于结束。其体积变化的特点是，在 750℃之前产生缓慢的膨胀，自 750℃附近起膨胀增大，至 900℃结束，1100℃又稍微上升。由于叶蜡石组成中的结晶水少，在烧成时体积收缩小，线收缩低，因此适用于制造尺寸要求准确的产品。几种叶腊石化学成分见表 3-25。

表 3-25　几种叶腊石化学成分　　　　单位：%

原料名称	SiO_2含量	Al_2O_3含量	Fe_2O_3含量	TiO_2含量	CaO含量	MgO含量	K_2O含量	Na_2O含量	烧失量	合计
漳浦石	81.28	14.71	0.22	0.06	0.06	0.04	0.80	0.01	2.12	99.30
德化叶蜡石	72.90	22.69	0.12	0.35	0.05	0.07	0.00	0.00	3.80	99.98
仙游叶蜡石	79.18	17.08	0.23	0.06	0.04	0.29	0.00	0.00	3.10	99.98
长泰叶蜡石	72.28	21.09	0.57	0.19	0.01	0.09	0.35	0.19	4.50	99.27
上虞叶蜡石	72.23	21.24	0.50	0.15	0.02	0.14	0.13	0.05	4.64	99.10

3.1.3　非可塑性原料

非可塑性原料是指不具有可塑性的原料，通常没有干燥收缩或收缩很小，在坯料中加入适当的这类原料，可以调节成形性能、干燥及烧成收缩。这里，将长石、石英、白云石、滑石、硅灰石等原料归纳成非可塑性原料。

3.1.3.1　长石

（1）长石的分类　根据架状硅酸盐结构特点，长石族矿物可分为如下四个基本类型。

钾长石：$K[AlSi_3O_8]$或 $K_2O \cdot Al_2O_3 \cdot 6SiO_2$。

钠长石：$Na[AlSi_3O_8]$或 $Na_2O \cdot Al_2O_3 \cdot 6SiO_2$。

钙长石：$Ca[Al_2Si_2O_8]$或 $CaO \cdot Al_2O_3 \cdot 2SiO_2$。

钡长石：$Ba[Al_2Si_2O_8]$或 $BaO \cdot Al_2O_3 \cdot 2SiO_2$。

长石类矿物的化学组成及有关性能见表 3-26。

表 3-26　长石类矿物的化学组成及有关性能

名称	化学式及质量比/%	相对密度	硬度	外观
钾长石	$K_2O \cdot Al_2O_3 \cdot 6SiO_2$ 16.9　18.3　64.8	2.56	6	肉红色、淡黄色、灰白色
钠长石	$Na_2O \cdot Al_2O_3 \cdot 6SiO_2$ 11.8　19.4　68.8	2.61～2.64	6～6.5	无色、灰白色

名称	化学式及质量比/%	相对密度	硬度	外观
钙长石	$CaO \cdot Al_2O_3 \cdot 2SiO_2$ 20.1　36.6　43.3	2.70~2.76	6~6.5	无色、白色、灰白色
钡长石	$Ba_2O \cdot Al_2O_3 \cdot 2SiO_2$ 40.85　27.15　32.00	3.37	>6	—

表 3-26 所示的四种长石类矿物前三种居多，后一种较少。钠长石与钙长石能以任何比例混溶，形成连续的类质同象系列，就是常见的斜长石；钠长石与钾长石在高温下形成连续固溶体，温度降低，可混性则减弱，固溶体会分解，此种长石称为微斜长石；钾长石与钙长石在任何温度下几乎都不混溶；钾长石与钡长石则可形成不同比例的固溶体。

由于长石的互溶特性，在地壳中很难见到单一的长石，多是几种长石的互溶物。按其化学成分和结晶化学特点，又可分为两个重要亚族：钾钠长石亚族和斜长石亚族。

① 钾钠长石亚族：由钾长石和钠长石分子组成，是陶瓷的重要原料。钾长石分子理论成分是 K_2O 16.9%，Al_2O_3 18.4%，SiO_2 64.8%。自然界的钾长石都混有钠长石，常见的钾钠长石又有以下两种。

a．透长石：其成分中含钠长石可达 50%，单斜晶系，产于喷出岩中。

b．正长石：其成分中含钠长石可达 30%，单斜晶系，产于侵入岩和变质岩中。

c．微斜长石：其成分中含钠长石可达 20%，三斜晶系，多产于伟晶岩和变质岩中。

由于微斜长石含钠量最低，故熔点也比其他长石低（1200℃左右），而且熔体黏度大、熔化缓慢、熔融范围较宽，坯体在高温下不易变形。

② 斜长石亚族：由钠长石和钙长石分子组成，二者可以任意比例组成连续的类质同象系列，其化学组成可写成：$(100\%-n) Na[AlSi_3O_8]+nCa[AlSi_3O_8]$。含钠长石在 90%以上的称为钠长石；合钠长石不足 10%的称为钙长石。而在这中间不同比例的混溶物，则统称为斜长石。

斜长石中以钠长石的熔点最低（约 1120℃），所以常用作陶瓷的釉用原料。

生产中一般所称的钾长石，实际上是含钾为主的钾钠长石；而所称谓的钠长石，实际上是含钠为主的钾钠长石。含钙的斜长石在陶瓷生产中较少使用。

（2）长石的产状　长石大多是由花岗岩的残余岩浆衍生而成的伟晶岩，常与石英混合生长，有的两者都形成巨大的岩体，开采时容易分开；有的交杂生产在一起，不能分开，形成一种纹相岩的矿物，可以直接在生产中使用；有的则风化成细粒状产出，称为长石砂或风化长石；甚至有些长石砂矿的风化物中还含有一部分黏土，具有一些特殊的性能。

（3）长石的熔融特性　纯钾长石在 1200℃左右开始熔融分解，至 1530℃全部变成液相，其熔融范围很宽，在高温下的熔液黏度也较大，随着温度提高，其黏度缓慢降低，有利于烧成控制以及防止产品变形。钠长石的熔化温度约为 1100℃左右，由于熔化时没有新的晶相产生，形成的液相黏度较低，熔融范围较窄，并且随着温度的提高，黏性的变化速率也较高，这样也就容易引起产品的变形。一方面因为它是几种不同长石的互溶物，另一方面它又含有一些石英、云母等杂质，加上粉碎细度、升温速率、气氛性质的不同，事实上长石的熔点难以确定。在生产中坯体通常要求使用钾长石，因其在熔融分解时生成白榴石与 SiO_2 熔体，成为玻璃态黏稠物，它的高温黏度也较大，并且熔融后体积增加，膨胀约为 7%~8.6%。钾长石熔融分解的反应式为：

$$K_2O \cdot Al_2O_3 \cdot 6SiO_2 \longrightarrow K_2O \cdot Al_2O_3 \cdot 4SiO_2 + 2SiO_2$$
$$（白榴石）$$

钠长石在高温阶段，对石英、黏土及莫来石的融解速率快，融解能力大，在配置釉料时使用较为合适。也有一种观点认为，钠长石由于其熔融温度低、黏度小，所以助融效果好，有利于烧结，而容易变形的问题可以通过合理的烧成制度来解决，同时配以其他的钙、镁氧化物，可以得到较理想的适宜低温快速烧成的陶瓷坯体。

（4）长石在陶瓷中的作用

① 长石原料是陶瓷坯料的熔剂，也是釉料的主要成分。陶瓷坯体主要由黏土、长石和石英共同组成，考虑到坯体变形及烧成范围的影响，经常使用的是钾长石。由坯体中的主要成分 Al_2O_3、K_2O、SiO_2 的系统相图（见图 3-16）可以看出，在低于 1000℃时就有共熔物产生，之后烧成温度继续升高，随即产生的熔体与坯体各组分进行更多更为复杂的熔融反应，形成玻璃相，获得瓷胎的低吸水率及一定的透光性。

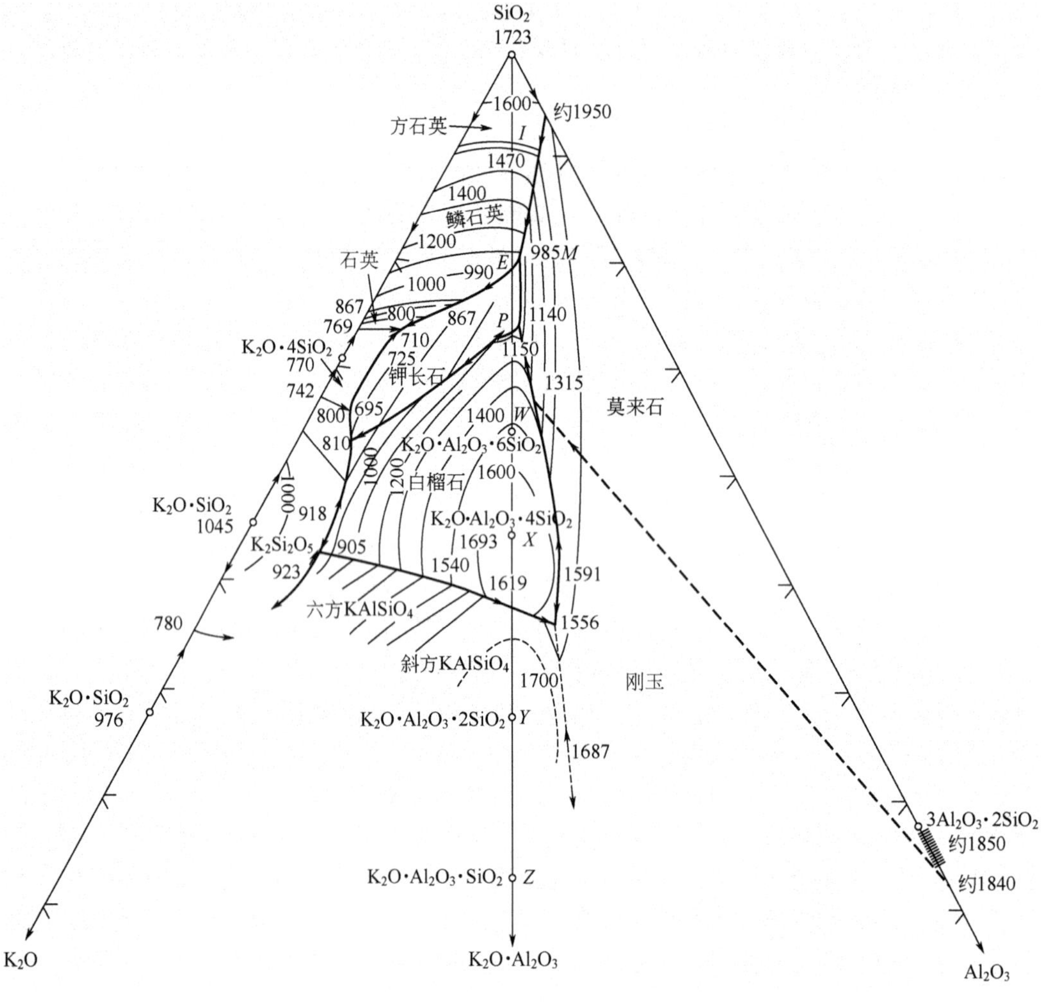

图 3-16 Al_2O_3、K_2O、SiO_2 的系统相图（单位：℃）

在釉料的组成中，三元相图更偏向于低熔点的区域，并配以钠、镁、钙等氧化物，能形成成分均一、黏性适宜的更多玻璃相，达到陶瓷所需的平整、光亮、柔和的釉面要求。冷却后的长石熔体，构成了瓷的玻璃基质，增加了透明度，提高了釉面光泽和使用性能，故长石为一种良好的釉用原料。

② 长石的颗粒度对成瓷结构的影响：有资料表明，长石的颗粒过大，与石英等的反应不完全，颗粒过小，则反应首先发生于长石与黏土之间，形成玻璃相后再与石英作用，这种情况下，形成的莫来石中含有空隙，影响强度。适宜的长石颗粒度，应是可在熔融时均衡黏土与石英的作用，在瓷坯中形成均匀的莫来石相，促进莫来石晶体的发育生长，赋予坯体较高的机械强度和化学稳定性，提高瓷坯强度。

③ 长石作为瘠性原料在生坯泥料中起到减黏的作用，不仅可以降低坯体的干燥收缩，还可以缩短坯体干燥时间，减小坯体的变形等。

一些长石的化学成分见表 3-27。

表 3-27　长石的化学成分　　　　单位：%

原料名称	SiO_2 含量	Al_2O_3 含量	Fe_2O_3 含量	TiO_2 含量	CaO 含量	MgO 含量	K_2O 含量	Na_2O 含量	烧失量	合计
唐山长石	70.08	16.85	0.27	0.06	0.59	0.12	6.16	5.44	0.45	100.02
绥中长石	66.32	19.23	0.15	0.03	0.43	0.21	8.88	4.62	0.41	100.28
灵寿长石	64.23	19.22	0.63	0.06	0.35	0.19	12.50	2.41	0.71	100.30
邢台长石	69.68	17.92	0.00	0.22	1.02	0.04	5.52	5.22	0.37	99.99
莱阳长石	67.81	17.26	0.13	0.05	0.22	0.12	11.03	2.65	0.51	99.78
陆丰长石	70.00	18.30	0.15	0.04	0.06	0.12	7.02	4.05	0.56	100.20
凤城钠长石	69.21	19.12	0.09	0.04	0.46	0.18	0.89	9.29	0.36	99.64
新沂钠长石	68.14	19.91	0.14	0.03	0.36	0.11	0.67	10.24	0.40	100.05
永安钠长石	62.05	24.62	0.34	0.16	0.14	0.15	0.82	8.95	2.40	99.63
梅县长石	70.16	18.00	0.12	0.02	0.01	0.10	4.83	4.64	1.68	99.56
邵武长石	67.95	16.93	0.25	0.12	0.05	0.03	11.87	1.78	0.80	99.78
德化长石	69.56	17.23	0.34	0.06	0.06	0.02	9.86	1.26	1.20	99.59
大田长石	68.67	16.24	0.06	0.01	0.01	0.02	14.20	0.38	0.30	99.89
长汀长石	69.22	16.04	0.27	0.03	0.13	0.03	10.53	1.49	1.80	99.54
伊川长石	68.24	16.68	0.22	0.05	0.43	0.22	10.89	3.24	0.55	100.52

3.1.3.2　石英

石英是陶瓷的主要原料之一，在釉料中需要加入纯度较高的硅石原料，但在卫生陶瓷的坯体原料中加入石英矿物的情况不多，通常瓷石中的石英量就足够满足卫生陶瓷坯体的需要。在唐山地区有使用砂岩等石英类原料的情况。

（1）石英原料的主要类型

石英是自然界构成地壳的主要成分之一。其主要化学成分为 SiO_2，常含有少量的杂质成分，如 Al_2O_3、Fe_2O_3、CaO、MgO 等。石英一部分以独立状态存在，成为单独的矿物实体；另一部分以硅酸盐化合物状态存在，构成各种矿物岩石。石英既是玻璃的主要原料，也是陶瓷的原料之一，它在陶瓷中起骨架作用。在陶瓷烧成过程中，石英的体积膨胀起着补偿坯体收缩的作用。但在冷却过程中，若熔体在固化温度以下降温过快，坯体中未反应的石英（称为残余石英）以及方石英会因晶型转化的体积效应，给坯体很大的内应力，而导致坯体产生微裂，甚至开裂，影响陶瓷产品的抗热震性和机械强度。此外，高温下部分石英会溶解于液相中，提高液相黏度，而未熔化的石英颗粒构成了坯体的骨架，减少坯体变形的可能性。

在陶瓷生产中所用的石英类原料有如下主要类型。

① 脉石英（vein quartz）。脉石英为颜色洁白、致密块状的石英，半透明，贝壳状断口，油脂光泽，因呈脉状产出，故称脉石英，属于结晶硅石的一种。它是岩浆期后从岩浆中分异出来的二氧化硅热溶液充填在早期形成的岩石裂隙中冷凝而成。这种石英纯度高，含 SiO_2 达 99% 以上，晶型转化性能好，是高品位的矿床，最纯的脉石英叫水晶。

② 石英砂（silica sand）。石英砂又称硅砂，是由粒径 0.1～2mm 的石英组成的砂粒，通常由暴露在地表的石英质母岩，如花岗岩、伟晶岩、片麻岩经风化、破碎而形成。它在第四纪沉积物以及现代河流、湖泊、海滩中广泛分布。天然石英砂分海砂、湖砂、河砂、山砂多种，因在风化和位移过程中混入其他杂质（主要为黏土质和铁质），因此，一般不及脉石英纯净，成分波动较大，颗粒粗细不一。

③ 石英砂岩（silicarenite）。石英砂岩是一种固结的砂质岩石，由砂质硅结物硅结石英砂粒而成，属沉积岩。砂粒中石英的含量在 99% 以上，硅质胶结物为蛋白石及玉髓，他们可以围绕石英砂粒发育成次生加大胶结物，形成沉积石英砂岩。石英砂岩根据颗粒大小分为粗粒砂岩、中粒砂岩与细粒砂岩；按胶结物的不同分为钙质砂岩、硅质砂岩、长石质砂岩等。石英砂岩随胶结物的不同而呈白色、黄色、红色等。有时因为风化影响而使结构松弛，成为软砂岩。其中硅质砂岩成分较纯，SiO_2 含量可达 97% 以上。

表 3-28 为唐山地区使用的石英砂岩的化学成分。

表 3-28 唐山地区使用的石英砂岩的化学成分　　　　　单位：%

原料名称	SiO_2含量	Al_2O_3含量	Fe_2O_3含量	TiO_2含量	CaO含量	MgO含量	K_2O含量	Na_2O含量	烧失量	合计
丰润砂岩	85.10	7.81	0.00	0.33	0.21	0.53	4.39	0.60	0.85	99.81
滦县砂岩	98.20	1.50	0.00	0.40	0.00	0.00	0.00	0.00	0.15	100.25

④ 石英岩（quartzite）。石英岩也称硅石，是由石英砂岩受动力变质作用而生成的变质岩，主要由石英的颗粒集合体所构成。由于在变质过程中石英颗粒发生重结晶、挤压等现象，因而岩石的硬度和强度都较石英砂岩大，端面致密，在显微镜下，石英颗粒之间呈锯齿状接触。根据变质程度，石英岩分为砂岩质石英岩、再结晶石英岩（结晶硅石）和胶结石英岩（胶结硅石）。石英岩中 SiO_2 的含量在 97% 以上。

⑤ 非晶质二氧化硅。安山岩质原岩受温泉作用发生化学变化时，硅酸盐矿物分解生成硅胶，变为蛋白石，它是含水的无定形的非晶质 SiO_2，是天然非晶质二氧化硅主要的存在状态。而另一种隐晶质变种燧石，是一种硅质化学沉积岩，由粒状微晶组成，常含其他矿物的混入物，不透明，呈灰至黑色（俗称火石），燧石可用作球磨机的内衬，也有些地方将燧石加工成圆球状用作球石使用。

⑥ 石英岩砂石（quartz gravel）。石英岩砂石外形如鹅蛋，故俗称"鹅卵石"，通常呈白色、灰色，亦有黑色者。色白者由石英岩、石英砂岩或脉石英经风化、破碎、磨圆而形成，质地坚硬，陶瓷行业常用于球磨机的磨球，以产于旅顺以及山东长岛的海球石品质最佳，其

他如辽宁凌源、河南巩义等地也盛产球石。

（2）石英的一般性质　石英的外观因其产出的类型不同而异，常呈白色、乳白色、灰白半透明状态，莫氏硬度为 7，断面具玻璃光泽或脂肪光泽。相对密度因晶型而异，在 2.22～2.65 范围内。在自然界中已发现的 SiO_2 同质多象变体共有八种，其中七种为结晶形态，一种为非结晶形态。结晶形态有：α-石英、β-石英、α-鳞石英、β-鳞石英、γ-鳞石英、α-方石英、β 方石英；非结晶态石英为石英玻璃。此外，还有多个人工合成变体：柯石英（coesite）、斯石英（stishovite）、凯石英（keatite）和 $W-SiO_2$（亦称纤维二氧化硅），以及 SiO_2 的胶凝体（常称蛋白石，$SiO_2 \cdot H_2O$）和石英的隐晶质亚种——玉髓。

一般说来，石英在温度升高时，相对密度减小，结构松散，体积膨胀；冷却时，则比重增大，体积收缩。

不同的条件和温度下，从常温开始逐渐加热至熔融，其晶型转化过程如图 3-17 所示。

图 3-17 所述转化分为两类。

一级变体间高温型迟缓转化（图中的横向箭头）和二级变体间高低温型迅速转化（图中的纵向箭头）。前种转化由表面开始逐步向内部完成，发生结构变化，形成新的稳定晶型，

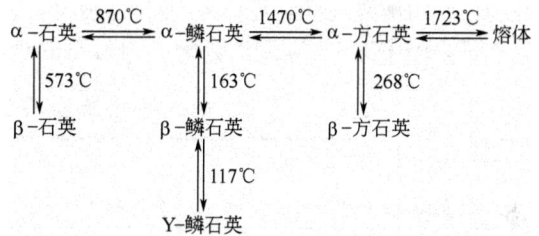

图 3-17　石英的晶型转变图

进程迟缓，体积变化较大，需要较高的温度和较长的时间；后种转化进行迅速，是在达到转化温度后晶格表里瞬间同时发生的，转化前后不发生特殊变化，因而较容易进行，体积变化也不大。晶型的转化势必引起一系列的物理化学变化，如体积、相对密度、强度等的改变。对于陶瓷生产来说，体积的变化影响甚大。石英晶型转化中伴随的体积变化值见表 3-29。

表 3-29　SiO_2 多晶转变时的体积变化理论计算值

一级变体间的转变	计算采取的温度/℃	该温度下转变时体积效应/%	二级变体间的转变	计算采取的温度/℃	该温度下转变时体积效应/%
α-石英→α-鳞石英	1000	+16.0	β-石英→α-石英	573	+0.82
α-石英→α-方石英	1000	+15.4	γ-鳞石英→β-鳞石英	117	+0.2
α-石英→石英玻璃	1000	+15.5	β-鳞石英→α-鳞石英	163	+0.2
石英玻璃→α-方石英	1000	-0.9	β-方石英→α-方石英	150	+2.8

从表中可以看出，迟缓转化的体积膨胀大，迅速转化的体积膨胀小。但是，由于迟缓转化的速度慢，加上液相的缓冲作用，因而体积膨胀进行也缓慢，对陶瓷生产的危害作用并不大；而迅速转化的体积膨胀虽然小，但由于迅速，因而破坏性强，危害反而大，更需引起充分的重视。在陶瓷生产中，石英最终以熔融状态和残留半安定方石英形态存在。

（3）石英的熔融温度　石英的熔融温度取决于 SiO_2 的形态与杂质含量。不定型的 SiO_2 熔融温度大约在 1713℃；脉石英、石英岩约 1750～1770℃；当杂质含量有 3%～5% 时，可在 1690～1760℃ 即行熔融。当含有 $5.5\% Al_2O_3$ 时，低共熔点温度为 1590℃。在陶瓷坯料中，由于长石及黏土存在的原因，当温度达到 1000～1100℃ 时，石英颗粒即开始熔融。

（4）石英在陶瓷坯体中的作用

① 加快干燥，降低收缩。在烧成前，石英是非可塑性原料，可降低泥料的可塑性，减

少成形水分，降低干燥收缩，缩短干燥时间，防止坯体变形。

② 减小坯体烧成变形。石英在高温时部分溶于液相，提高液相黏度，石英晶型转变的体积膨胀可抵消坯体的部分收缩，从而减小坯体变形。

③ 增加机械强度及透光。残留石英可以与莫来石一起构成坯体骨架，增加机械强度，同时，石英也能提高坯体的白度和透光度。

3.1.3.3 白云石

白云石（dolomite）是碳酸钙和碳酸镁的固溶体。其化学式为 $CaCO_3 \cdot MgCO_3$，其单晶为菱面体，集合体为粒状、块状，一般为灰白色，硬度为 $3.5 \sim 4.0$，密度为 $2.8 \sim 2.9g/cm^3$，性脆，一组解理完全，遇冷盐酸不起泡，分解温度为 $730 \sim 830℃$，首先分解为游离氧化镁与碳酸钙，$950℃$ 左右碳酸钙分解。白云石的结晶性质见表 3-30。

表 3-30 白云石的结晶性质

化学式	$CaMg[CO_3]_2$
化学组成/%	CaO 30.4；MgO 21.7；CO_2 47.9
晶系	三方晶系，晶体常呈弯曲马鞍状的菱面体，也常成聚片双晶
形态	集合体呈粒状和致密块状，有时呈多孔状、肾状等
物性	灰白，微具浅黄、浅红、浅褐等色。玻璃光泽，解理平行{1011}完全。硬度3.5～4，相对密度2.8～2.9
成因	主要为海湖相沉积，也有由石灰岩经热液交代或成热液矿脉产出

白云石在坯体中能降低烧成温度，增加坯体透明度，促进石英的熔解及莫来石的生成。

除长石之外的熔剂原料中，白云石在卫生陶瓷坯体中应用较广，只要控制严密，白云石在坯体中的使用还是安全的，它在较低温度下能和坯料中的黏土及石英发生反应，缩短烧成时间，并能增加产品的透明度，使坯釉的中间层形成得较好，增强坯釉结合。需注意的是，使用量不能过大（以少于 5% 为宜），应选用高纯的优质白云石，同时必须预先磨细，配料时再将磨细的白云石浆与其他坯体原料一同投磨制成泥浆。

3.1.3.4 滑石

滑石是天然的含水硅酸镁矿物，其化学式为 $3MgO \cdot 4SiO_2 \cdot H_2O$，其理论化学组成为 MgO 31.89%、$SiO_2$ 63.52%、H_2O 4.75%，成分中常含有铁、铝、锰、钙等杂质。纯净的滑石为白色，含杂质的一般为淡绿色、浅黄色、浅灰色、浅褐色等色。滑石具有脂肪光泽，富有滑腻感，多呈片状或块状。莫氏硬度为 1，密度为 $2.7 \sim 2.8g/cm^3$。滑石的结晶性质见表 3-31。

表 3-31 滑石的结晶性质

化学式	$Mg_3[Si_4O_{10}](OH)_2$ 或 $3MgO \cdot 4SiO_2 \cdot H_2O$
化学组成/%	MgO 31.89；SiO_2 63.52；H_2O 4.75
晶体结构	单斜晶系。为层状（三层型构造）硅酸盐
形态	常呈鳞片状或致密块状集合体
物性	白色，但常带有浅绿色、浅褐色、浅红色等色调。具有玻璃光泽，致密块体常呈脂状光泽。硬度为1，具滑感，沿（001）完全解理，相对密度2.7～2.8

成因	主要为富含 Mg 的岩石经热液蚀变而成。如： 4（Mg，Fe）$_2$[SiO$_4$]+H$_2$O+3CO$_2$ ⟶ Mg$_3$[Si$_4$O$_{10}$][OH]$_2$+3MgCO$_3$+Fe$_2$O$_3$ 　　橄榄石　　　　　　　　　　　滑石　　　　菱镁矿　赤铁矿 3CaMg[CO$_3$]$_2$+4SiO$_2$+H$_2$O ⟶ Mg$_3$[Si$_4$O$_{10}$][OH]+3CaCO$_3$+3CO$_2$ 　　白云石　　　　　　　　　　滑石　　　　　方解石 另外区域变质过程中也可形成滑石
鉴别	硬度低，具滑感，片状结构，具一组完全解理。用于 X 射线鉴定的主要粉末线（Å）3.11（100），1.94（80），2.47（50）

滑石在加热时，当温度升至 900℃便开始有一个大的吸热谷，失去结晶水，重量显著减轻，最后生成斜顽辉石（MgO·SiO$_2$）：

$$3MgO \cdot 4SiO_2 \cdot 2H_2O \xrightarrow{-H_2O} 3（MgO \cdot SiO_2）+ SiO_2$$

滑石在加热中先形成原顽辉石，冷至 700℃时转变为斜顽辉石。原顽辉石转变为斜顽辉石的过程是缓慢的，在转变过程中伴有较大的体积变化。在坯料中加入少量滑石，可降低烧成温度，在较低的温度下形成液相，加速莫来石晶体的生成，同时扩大烧结温度范围，提高白度、透明度、机械强度和热稳定性。生产中为改善滑石的性能，尤其是配釉中加入的滑石，常经过高温（1250～1350℃）煅烧，以破坏其鳞片状结构。

3.1.3.5　硅灰石

硅灰石在卫生陶瓷中应用较晚，随着国内硅灰石探明储量越来越多，一些单位研究了硅灰石在卫生陶瓷坯体中的应用可行性，也有一些卫生陶瓷低温快速烧成的坯体中使用部分硅灰石的实例。

硅灰石是接触变质矿物，产于花岗岩或酸性侵入岩靠近的不纯石灰岩中，也可以由含钙沉积物的交代作用形成，或由某些岩浆的结晶作用形成。硅灰石为针状偏硅酸盐矿物，其化学式为 CaO·SiO$_2$，化学组成：CaO 48.25%，SiO$_2$ 51.75%。

（1）硅灰石晶体结构　硅灰石因形成的温度压力不同可形成三种同质多象体。

α-CaSiO$_3$：低温三斜硅灰石（通称硅灰石）；

α′-CaSiO$_3$：低温单斜硅灰石（副硅灰石）；

β-CaSiO$_3$：高温三斜硅灰石（假硅灰石）。

（2）硅灰石的物理性质　单晶少见。纯的硅灰石一般为耐久的明亮白色、银白色、灰色针状、纤维状集合体。因含杂质而呈灰色、浅红色、白色、褐色、灰黑色等色，相对密度2.87～3.09，莫氏硬度为4.5～5.0。特征粉末线（Å）为 2.97（100）、3.0（80）、1.71（80）。

（3）硅灰石主要的工艺性能

① 热膨胀系数低，膨胀系数变化小，而且为线性均匀膨胀。在 25～800℃间的热膨胀系数为 6.5×10^{-6}/℃。烧成过程中无结晶水。

② 熔点高达 1544℃，若含杂质则熔点大大降低。一般在 900℃时较稳定，1200℃开始缓慢转化为高温硅灰石。

③ 电阻值为(1.6～1.7)×10^{14}Ω/cm，是良好的高温绝缘材料，适合作低介电损耗瓷。

④ 耐酸、耐碱、耐化学腐蚀，但在浓盐酸中发生分解。

⑤ 硅灰石在相对较低温度下很容易与 SiO$_2$、Al$_2$O$_3$ 共熔，减少热膨胀，降低产品收缩率，使其形状稳定。

⑥ 硅灰石针状颗粒提供了水分通过坯体快速逸出的通道，使干燥速度加快。

⑦ 具有轻微的湿膨胀。

3.1.3.6 透辉石

透辉石的化学式为 $CaMg[Si_2O_6]$。化学组成：CaO 25.9%，MgO 18.5%，SiO_2 55.6%。

（1）透辉石的形态 单斜晶系。通常为平行双面（100）、（010）发育的短柱状，斜方柱（110）常不发育，因而横断面呈近正方形。常依（100）形成接触双晶。集合体呈粒状、放射状。

（2）透辉石的物理性质 浅绿色或浅灰色。玻璃光泽。硬度 5.5～6，相对密度 3.27～3.38。主要粉末线（Å）为 2.53（100）、3.00（80）、1.62（60）。

天然透灰石常与硅辉石、石榴石、方解石、石英等共存，因此，其组成中含有 Fe_2O_3、Al_2O_3、MgO、MnO 及 K_2O、Na_2O 等杂质。

透灰石在陶瓷生产中常作为低温快烧配方的主要原料使用。由于透灰石本身不含有机物和结晶水，干燥收缩和烧成收缩很小，其热膨胀系数也小（$6.7 \times 10^{-6}/℃$），因此适宜于快速烧成。

3.1.4 成品泥

成品泥是指卫生陶瓷生产厂从外部得到的可以直接用于生产的泥浆或经过搅拌加入一定的水分和电解质成为可以使用的泥浆的泥料。

成品泥的状态可有以下几种。

① 成品泥的生产公司（或同一公司的其他部门）经过配料破碎等加工制成泥浆，用运输器具直接运到卫生陶瓷生产厂，供生产使用。这种成品泥可称为成品泥浆。

② 成品泥的生产公司经过配料破碎等加工制成泥浆，再经过压滤制成成品泥的泥饼，供应卫生陶瓷生产厂。使用前加入一定的水分和电解质，经过搅拌成为可以使用的泥浆，供生产使用。这种成品泥可称为单组分成品泥。

③ 成品泥的生产公司将多种原料分别经过配料破碎等加工制成泥浆，再经过压滤制成各自的泥饼出售。卫生陶瓷生产厂根据自己的需要采购几种泥饼，使用前将这些泥饼按一定比例混合，再加入一定的水分和电解质，经过搅拌成为可以使用的泥浆，供生产使用。这种成品泥可称为多组分成品泥。

目前，上述几种成品泥在国内使用的量不大。成品泥的大量使用一定要做到双赢，即成品泥的制造者要有一定的经济效益的同时，使用者也可以得到比较稳定的性能良好的泥浆的长期供应，减少大量的日常的泥浆管理工作，而且成品泥的价格比较合理，至少与自己制造的价格相比没有明显的增加。成品泥推广的关键在于生产者一方，它要求生产者具有一定的技术水平，可以制造出比较稳定的、性能良好的泥浆，同时要具有大型原料矿源支撑，大多数原料不需要经过球磨机的磨制，这样成品泥的制造成本才可能低于卫生陶瓷生产厂自己加工泥浆时的成本。如果不能满足这些条件，就不可能生产出长期得到应用的成品泥。

3.2 釉用原料

卫生陶瓷选用约 1200℃ 烧成的生料乳浊釉，釉面要求光滑、平整、坚硬，颜色以白色为主。

卫生陶瓷釉用原料要求纯度高、杂质少，除使用一些化工原料外，天然矿物选料也较为严格，尽可能地使用纯度高的原料。卫生陶瓷釉用原料可分类为天然矿物原料、化工原料、乳浊剂、色料及熔块，其中天然矿物包括高岭土、石英、长石、白云石、方解石、硅灰石、滑石等，化工原料包括煅烧氧化铝、煅烧氧化锌等，乳浊剂主要是硅酸锆，近年来流行的超平滑釉中大量使用特制熔块。

3.2.1 釉用矿物原料

3.2.1.1 釉用高岭土

高岭土在釉料中的作用：
① 提供釉浆的悬浮性；
② 增加施釉釉层在坯体上的黏合性能；
③ 抑制施釉釉层的急剧收缩；
④ 延缓釉浆的干燥速率；
⑤ 提供釉层的部分硅铝成分。

卫生陶瓷釉用高岭土一定要选用化学成分、颗粒度稳定的淘洗高岭土，一般要求 Al_2O_3 的含量在36%以上，小于 $2\mu m$ 的颗粒在30%以上，铁钛含量小于0.6%，其他成分稳定即可。

高岭土使用量过大时，釉浆黏性、干燥速率及施釉效率会受到极大影响，所以，以前的制釉工艺中有将高岭土煅烧添加的做法。目前釉料中的 Al_2O_3 成分主要由工业煅烧氧化铝提供，上述的 1～4 项功能可以使用羧甲基纤维素（CMC）提供，因此，釉料配方中高岭土的用量可控制在10%以下，有的釉配方中甚至不用高岭土。

3.2.1.2 釉用石英

石英在釉料中的作用：
① 石英在釉中与溶剂氧化物 CaO、Na_2O、K_2O、MgO 反应，并结合 Al_2O_3 等成分，生成熔融物，冷却后提供具有光泽度的釉面；
② 提高釉的耐磨与耐化学侵蚀性；
③ 增加釉料中石英含量能提高釉的熔融温度和黏度，降低釉的热膨胀系数，提高石英软化温度高，增加高温液相黏度。

一般来说，在釉料中增加石英的成分，会引起以下变化：熔融温度升高，熔融液的流动性下降，对水及酸碱物质的抵抗能力增加，膨胀系数减少，硬度及强度增加。

釉用石英要求的矿物纯度较高，通常要求 SiO_2 含量在98.5%以上。各生产厂对石英的粒度要求不尽相同，有的使用粒状料，也有的使用 350 目粉料。

3.2.1.3 釉用长石

长石是釉料使用最多的熔剂原料，釉料中选用较纯的钾长石、钠长石或组分适宜的钾钠微斜长石。

钠长石主要提供釉料中的 Na_2O，钾长石主要提供釉料中的 K_2O，这两种碱金属氧化物都是强熔剂，可增加釉层的流动性，另外可以促进颜色釉层的发色，同时增加釉层的屈折率，提高釉层的光泽度。

在釉料中，钾长石的稳定性、弹性、热稳定性均较好，且熔融范围较宽。而钠长石的助熔透光性较好，同时增大膨胀系数。

自然界几乎没有的纯粹的钾长石和钠长石。不管用何种长石，能起到在釉料中的熔剂作用，能够获取适宜流动性、高温黏性，能够与硅铝成分有效熔融，就可使用。生产中使用一种长石的较多，也有的同时使用钾钠两种长石。

3.2.1.4　釉用方解石

方解石是石灰岩、大理岩的主要矿物，其理论组成为 CaO 56%、CO_2 44%，属三方晶系，晶体呈菱面体，有时呈粒状或板状。方解石纯净者无色，一般呈白色，含杂质时可呈灰色、黄色、浅红色、绿色、蓝色、紫色和黑色等，具玻璃光泽，解理面为珍珠光泽，性脆，莫氏硬度 3，密度 2.72 g/cm^3。在高温下（860～970℃）分解生成 CaO 及 CO_2 气体。在冷的稀盐酸中能剧烈反应起泡，放出 CO_2。方解石的结晶性质见表 3-32。

表 3-32　方解石的结晶性质

化学式	$CaCO_3$
化学组成/%	CaO56；$CO_2$44
晶系	三方晶系，晶形复杂
形态	晶簇状，致密粒状（大理石）；致密隐晶质（石灰岩）；鲕状集合体（鲕状灰岩）；钟乳状（钟乳石和石笋）；疏松多孔状（石灰华）；松软土状（白垩）
物性	质纯者为无色透明或白色，常染成各种颜色，具玻璃光泽，硬度为3，性脆，相对密度2.6～2.8
成因	沉积型，作为碎屑物或因生物化学作用沉积成石灰岩；热液型，金属矿床的脉石矿物或充填于喷出岩的气孔或裂隙中；风化型，$CaCO_3$ 溶解形成 $Ca[HCO_3]_2$ 于溶液中，当 CO_2 逸出时，则 $CaCO_3$ 可再沉淀。常形成钟乳石，石笋。反应如下：$$Ca[HCO_3]_2 \longrightarrow CaCO_3 + H_2O + CO_2$$
鉴别	以解理、硬度、加冷的稀盐酸剧烈起泡为特征

方解石主要提供釉料中的 CaO，而 CaO 几乎在所有种类的陶瓷釉中都有使用，其在釉料中的作用为：

① 在釉中起助熔作用，缩短烧成时间，同时降低釉的高温黏度；

② 增强坯釉结合性；

③ 降低釉的高温黏度，提高釉面平滑度和光润感，减少釉面波纹缺陷的产生；

④ 能提高釉的折射率、光泽度，并能改善釉的透光性；

⑤ 能够降低釉的膨胀系数。

CaO 用量过多会使釉面变软，易出现划伤；耐水解性和耐化学腐蚀降低，产品使用中釉面耐久性差；结晶倾向增加，产生失透现象；易出后期炸釉。

3.2.1.5　釉用白云石

白云石主要提供釉料中 MgO、CaO，其中的 CaO 作用与方解石中的的 CaO 相同，MgO 的加入增加了调节手段。白云石在釉料中的作用如下。

① CaO：可增多配方调整空间，相较于方解石，其结晶形状不同，可以有效改善生釉性能，利于施釉。

② MgO：MgO 能降低釉层膨胀系数，提高弹性，促进中间层形成，减少釉的碎裂倾向，增宽熔融温度范围，对烧成气氛较不敏感，能够增加釉面光泽。

从一些实验结果看，白云石还能起到减少釉面龟裂的作用，是卫生陶瓷的必选原料。一般从外观颜色上就能够区分白云石的质量，白色或无色的杂质很少，可以放心使用，而黄色或褐色的矿，其中含有铁、锰等杂质，尽量不要使用。

3.2.1.6 釉用滑石

滑石在卫生陶瓷釉料中可以提供部分 MgO，但由于生滑石晶体形状特点，通常需要煅烧，用量适宜时，能够增加釉面光泽，但滑石的用量过多时，将降低其助熔作用而使釉面光泽变差甚至失透。目前在有些釉的配方中使用，添加量不大。

3.2.2 釉用化工原料

3.2.2.1 煅烧氧化铝

釉中的 Al_2O_3 成分除了由高岭土、长石等引入一部分外，主要由工业煅烧氧化铝引入，它的引入造成了釉与玻璃的最大区别，其在釉中的主要作用如下：

① 调节釉熔融性能；

② 提高釉的化学稳定性；

③ 增强釉附着坯体及形成中间层的能力；

④ 增加釉的硬度及机械强度；

⑤ 调节釉的膨胀系数，防止釉发生龟裂。

一般在确定了烧成温度后，氧化铝的含量只能在有限范围内变化，否则不能得到好的釉面，这在后面的釉配方计算中会提到。

氧化铝是一种白色粉末，颗粒是由许多粒径小于 $0.1\mu m$ 的 $\gamma\text{-}Al_2O_3$ 晶体组成的多孔球形聚集体，聚集体平均粒径为 $40\sim70\mu m$，晶格松散，相对密度 $3.42\sim3.62$，堆积密度小，比重也较小。在 $950\sim1500℃$ 下会转变为十分安定的 $\alpha\text{-}Al_2O_3$。在卫生瓷釉中若直接使用，易出现釉面不良；同时其吸水率大，对釉浆的流动性和收缩都不利，易出现釉面不良的缺陷。因此，工业氧化铝一定要经过 $1000\sim1200℃$ 的煅烧方可使用，经过煅烧后脱水成为 $\alpha\text{-}Al_2O_3$，性能稳定，适合卫生陶瓷釉料使用。

3.2.2.2 煅烧氧化锌

氧化锌化学式是 ZnO，分子量为 81.37，别名是锌白、锌氧粉，是一种两性化合物。氧化锌为白色六角晶体或粉末，无气味，熔点：1975℃，不溶于水、乙醇，溶于酸、氢氧化钠水溶液、氯化铵。

（1）氧化锌的生产方法　氧化锌的生产方法有间接法、直接法和湿法等几种。

① 间接法：将电解法制得的锌锭加热至 $600\sim700℃$ 熔融后，置于坩埚内，在 $1250\sim1300℃$ 高温下熔融汽化，导入热空气进行氧化，生成的氧化锌经冷却、旋风分离、捕集后，

即制得氧化锌成品。这种加工方法可以生产出含量在99.5%以上的高纯氧化锌。

② 直接法：将焙烧锌矿粉（或含锌物料）与无烟煤、石灰石按一定比例配制，在1300℃经还原冶炼，矿粉中氧化锌被还原成锌蒸气，再通入空气进行氧化，生成的氧化锌经捕集，制得氧化锌成品。这种加工方法生产的氧化锌纯度较低。

③ 湿法：用锌灰与硫酸反应生成硫酸锌，再将其分别与碳酸钠和氨水反应，以制得的碳酸锌和氢氧化锌为原料制氧化锌。

卫生陶瓷釉用氧化锌通常选用间接法生产的高纯产品，以确保釉面质量。

（2）氧化锌在釉料中的作用

① 氧化锌是釉料的强熔剂，与CaO组合后能够显著增加釉的熔融性能；

② 氧化锌能够降低釉的膨胀系数；

③ 氧化锌是最有效增加釉层弹性的氧化剂，对釉的机械强度、弹性、熔融性能和耐热稳定性均能起良好作用；

④ 氧化锌能增加釉的光泽、白度，并能使釉的成熟范围增大；

⑤ 大用量使用是生产结晶釉的有效方法。

应该注意氧化锌须经过高温煅烧再使用，煅烧温度在1200℃左右。如果不煅烧直接加入生釉中，将会影响釉料的工艺性能，造成缺油或釉秃缺陷，也会造成釉面出现针孔现象；氧化锌在釉料中用量过大将会影响釉面光泽，有可能不会增加釉层的熔融性能反而提高耐火度，当用量达到一定程度时，黏性会异常增大，但光泽度不会减少；氧化锌对某些色釉有不良影响，尤其是含铬的颜色釉。

若氧化锌的质量不好，会引发釉面针孔的缺陷，使用前判定氧化锌的质量十分重要。生产中，一是可以使用盐酸不溶物的多少来判定氧化锌质量，二是取样在窑内高火位煅烧，通过氧化锌的煅烧程度和烧失量判定氧化锌的质量。

3.2.3 乳浊剂

卫生陶瓷使用的是乳浊釉，釉料中的乳浊剂产生细小结晶体、气泡或熔析现象等，对光线产生散射作用，而获得的不透明的乳浊状釉面。乳浊剂是乳浊釉中最关键的成分。在现代陶瓷工业中乳浊剂有很多种，而在卫生陶瓷釉中主要采用硅酸锆（$ZrSiO_4$）与氧化锡（SnO_2）。

3.2.3.1 硅酸锆

硅酸锆也称为锆英石，具金属光泽，属四方晶系，晶体常呈四方柱及四方双锥的聚形，多与钛铁矿、金红石、独居石、磷钇矿等共生于海滨砂中，经水选、电选、磁选等选矿工艺分选后而得到。其理论组成为：ZrO_2 67.1%，SiO_2 32.9%。产品中常含有少量的Fe_2O_3、CaO、Al_2O_3等杂质。硅酸锆的结晶性质见表3-33。

表 3-33　硅酸锆的结晶性质

化学式	$ZrSiO_4$
化学组成/%	ZrO_2 67.1%；SiO_2 32.9%
晶系	四方晶系

形态	常呈四方柱和四方双锥的聚形，短柱至长柱状。晶体随成因而变化
物性	纯净者无色。常染成黄色、橙色、红色、褐色；具金刚光泽，有时具油脂光泽。硬度 7～8，相对密度 4.6～4.71，性脆
成因	各种岩浆岩、尤其是花岗岩、碱性岩的一种常见副矿物。因硬度大化学稳定性好，常转入砂中
用途	二氧化锆对降低热膨胀性效果显著，可以提高釉的热稳定性，还因它的化学惰性大，故能提高釉的化学稳定性，特别是耐酸能力。近年来硅酸锆微粉和超细粉广泛用于陶瓷釉乳浊剂

纯净的硅酸锆为无色透明的晶体，常因产地不同、含杂质的种类与含量不同而染成黄色、橙色、红色、褐色等色，硬度 7～8，相对密度 4.6～4.7，折射率 1.93～2.01，熔点为 2190～2550℃。硅酸锆在釉料中经高温熔融后分解，但在冷却过程中又生成 $ZrO_2 \cdot SiO_2$ 微晶体，使釉具有乳浊性。

硅酸锆在陶瓷釉料中具有多种作用。

① 硅酸锆使釉具有很强的乳浊性，从而具有很强的遮盖能力。使原料质量的使用范围更宽，降低原料成本。

② ZrO_2 对降低釉的热膨胀性效果显著，可以提高釉的热稳定性，从而提高制品的热稳定性。

③ 硅酸锆化学惰性大，能提高釉的化学稳定性，提高釉的耐碱、耐磨性能。

④ 引入硅酸锆的釉料，高温黏度大，可以扩大釉料的烧成温度范围。

硅酸锆的乳浊作用非常稳定，而且不受烧成气氛的影响，对硅酸锆乳浊作用影响最大的因素是其颗粒的细度，颗粒越细，乳浊作用越好。硅酸锆价格比氧化锡低，这是它能取代氧化锡的主要原因。卫生陶瓷釉中使用硅酸锆取代氧化锡是一个进步。

3.2.3.2　氧化锡

20 世纪 80 年代以前，氧化锡（SnO_2）是卫生陶瓷釉中最常用的乳浊剂。氧化锡外观为白色粉末，其密度为 6.95g/cm³，熔点在 1127℃，当温度升至 1800～1900℃时升华。氧化锡不溶于水，也不溶于稀酸与碱液，但可溶于加热浓盐酸与浓硫酸中。在工业氧化锡原料中，氧化锡的含量应大于 96%。氧化锡结晶的性质见表 3-34。

表 3-34　氧化锡结晶的性质

化学式	SnO_2
化学组成/%	Sn 78.8%；O_2 11.2%　成分中经常含有 Nb、Ta、Ti、Fe^{3+} 等混入物。钽锡石含 Ta_2O_5 达 9%
晶系	四方晶系
形态	晶体常呈四方柱和四方双锥聚形，通常为粒状
物性	通常为黄褐色、黄色，含 Nb、Ta 高者甚至为沥青黑色。透明至半透明。条痕白色至淡黄褐色。具金刚光泽，断口呈强油脂光泽。硬度 6～7，相对密度 6.8～7.0
成因	与酸性火成岩往往有联系，产于和花岗岩有关的伟晶岩和气成热液矿脉中
用途	陶瓷工业主要用锡石作为釉中的乳浊剂，以增加釉层对坯胎的覆盖能力

SnO_2 在釉中的溶解度很小，未溶解的晶粒悬浮在釉中，从而使釉产生乳浊效果，是一种适应范围广、乳浊效果强的乳浊剂。在釉料中，引入 4%～6% 的 SnO_2，即可制成发色均匀的

白色乳浊釉。如果加入到含硼的熔块釉中，其乳浊效果更佳。含 SnO_2 的釉料在氧化条件下烧成，乳浊均匀，光泽柔和。由于价格昂贵等原因，自 20 世纪 80 年代起，氧化锡已完全被硅酸锆所替代。

3.2.4　熔块

卫生陶瓷的釉料会使用少量的熔块（一般在 5% 以下），便于快速在小温度变化范围调节釉料的熔融性能。熔块在釉中的的主要作用如下：

① 使硼砂类可溶于水的原料变为不可溶；
② 替代氧化铅的使用，免除使用氧化铅产生的毒性；
③ 减少烧成时釉的分解化合反应量；
④ 作为助熔剂降低陶瓷的烧结温度，调节釉的熔融性能；
⑤ 提供更均匀、更稳定的熔融材料和失透材料。

3.2.5　色料

卫生陶瓷颜色釉是用含有着色金属元素的原料或陶瓷色料配制的釉料，它不仅具备一般釉料防污、不吸水等性能，还具有装饰作用。考虑到卫生陶瓷的生产工艺，颜色釉都是一次烧成。将陶瓷色料配入基础釉中，经混磨、过筛制成釉浆，施于陶瓷坯体上，经一次烧成就得到颜色釉。

3.2.5.1　色料所用发色元素及原料

陶瓷色料的呈色是以各种金属化合物产生的许多不同的颜色作为基础的，实际应用于陶瓷器的发色元素很少，它们大多汇集在元素周期表中第四周期从原子序数 23（钒）起到原子序数 29（铜）止。原子序数 57~71 的稀土元素（镧系）中有几个能发色的元素，如镨、钕、铈等，尤其是镨能配制出颜色鲜艳纯正的黄色料，已被广泛地应用于陶瓷色料生产中。常用的发色金属化合物如下。

① 铁的化合物。能配制红色、黄色、褐色、黑色等色料，常用的化合物有三氧化二铁、硫酸亚铁、氯化亚铁。

② 钴的化合物。能配制蓝色、绿色、黑色、褐色等色料。常用的化工原料有氧化钴、氧化亚钴、四氧化三钴、硝酸钴、碳酸钴、醋酸钴等。

③ 铬的化合物。能配制绿色、黄色、红色、褐色、棕黑色等色料。常用的化工原料有三氧化二铬、重铬酸钾、铬酸铅、醋酸铅等。

④ 铜的化合物。能配制红色、紫色、蓝色、黑色等色料。常用的化工原料有氧化铜、氧化亚铜、氯化铜、硫酸铜等。

⑤ 锰的化合物。能配制粉红色、紫色、褐色、黑色等色料。常用的化工原料有氧化锰、磷酸锰、碳酸锰、硫酸锰等。

⑥ 镍的化合物。能配制黄褐色、青灰色、绿色、紫色等色料。常用的化工原料有氧化镍、硫酸镍等。

⑦ 钒的化合物。能配制黄色、绿色、蓝色、黑色等色料。常用的化工原料有五氧化二钒和偏钒酸铵等。

⑧ 锑的化合物。能配制黄色、橙色、灰色等色料。常用的化工原料有三氧化二锑和五氧化二锑。

⑨ 镉的化合物。能配制黄色、红色等色料。常用的化工原料有碳酸镉和硫化镉。

⑩ 稀土金属氧化物。氧化镨（Pr_6O_{10}）用来配制黄色、褐色、绿色色料；氧化钕（Nd_2O_3）用来配制紫色料及变色釉；氧化铈（CeO_2）可用来配制黄色、红色、褐色等色料。

3.2.5.2 陶瓷色料的制备

陶瓷色料的制备有沿用多年的传统方法，也有最近发展起来的溶液法合成色料的新途径，合成出包晶的大红色料，但大部分仍采用固相反应的方法。这里仅介绍一般通用的制备方法及有关注意事项。

（1）原料及加工处理　目前，建筑卫生陶瓷色料所用原料一般都使用工业纯或化学纯的化工原料，主要质量控制指标是化学组成、矿物组成、原料细度和制造方法。

陶瓷色料用原料一般可分为着色剂、载色母体及矿化剂。着色剂是指色料中能发色的原料。常使用上述的着色氧化物及相应的氢氧化物、碳酸盐、硝酸盐及氯化物。有时也使用磷酸盐、硫酸盐、铬酸盐、重铬酸盐等着色盐类。着色原料的颗粒要求有一定的细度，细颗粒能使固相反应充分、色调均匀。根据生产工艺不同，其细度要求也不同，一般应在200～400目之间。

载色母体通常用无色氧化物、盐类或固溶体。其细度也应控制在200～400目之间。

矿化剂常用碱性氧化物、碱盐、硼酸、氟化物、钼酸铵或钼酸钠等。根据色料的种类与制造方法的不同选择使用相应不同的矿化剂。其细度要求在200～400目之间。

色料生产要在配料前对原料进行加工处理。传统的方法是采用球磨工艺，但球磨机能耗高。一般物料粉碎到60μm后，球磨效率很低。近年来开始使用振动磨、搅拌磨进行细磨。磨衬可使用聚氨酯、刚玉质、橡胶质。研磨体可使用玛瑙球和刚玉球等。

（2）原料的配合混合　色料的最终色调受加入色料中各种成分的影响，为了使每批色料显色相同，必须按照配方将质量相同的原料准确地混合。

混合方法有湿法和干法两种。湿法是把各种原料称量配合后装入湿式磨机（如球磨机、搅拌磨等）中粉碎并混合，然后干燥、过筛。湿法混合有继续磨细的作用，对原料的细度要求不高，且混合均匀，但混合后要干燥过筛，工序比较繁琐。

干法混合是将各种已加工好的原料准确配合后，放入干式混合机中混合。这种方法适合原料中有可溶性物质的混合，但对原料细度要求较高（最好99%过400目筛）。

（3）烧成　将混合均匀并干燥好的生料按色料的要求采用敞装、盖装、封装及松散、压实等方式装入耐火匣钵内煅烧，煅烧的目的是为了形成稳定的着色矿物。煅烧温度、烧成时间、烧成气氛是由色料的种类与配方决定的，且对色料的发色影响很大。

（4）细碎、洗涤与包装　煅烧后的色料要进行细碎。每种色料都有它最佳的呈色细度范围，一般平均粒度在 3～10μm（不同制品、不同要求，细度也不同）。色料太粗则呈色不均匀，随着细度增加发色能力增强，但太细了呈色能力又会下降。所以色料的细碎十分重要。

细碎可分为干法和湿法两种。干法粉碎适用于煅烧完全、硬度小和不含可溶性盐的色料。其特点是工艺简单、效率高、能耗低，粉碎设备一般使用锤式粉碎机，其细度要求全部过250目筛（最好过400目筛）。也有工厂采用球磨机进行干磨。合格的细料用真空吸走，保证细度。湿法粉碎是用湿式球磨机进行细磨，也可使用搅拌磨等，其细度同样要求全部过250目筛（最好过 400 目筛）。湿法粉碎后的色料应根据要求，如无可溶性盐即可进行干燥；有可溶性盐则根据可溶性盐的溶解性能，分别采用冷水、热水、稀盐酸进行反复洗涤，直到水清为止。一般将色料浆盛入搪瓷盘或不锈钢盘中，抽去料上的清水后送入干燥室干燥。干燥周期为 24h，然后打粉过筛。最后经配色包装得到成品。色料生产的工艺流程如图 3-18 所示。

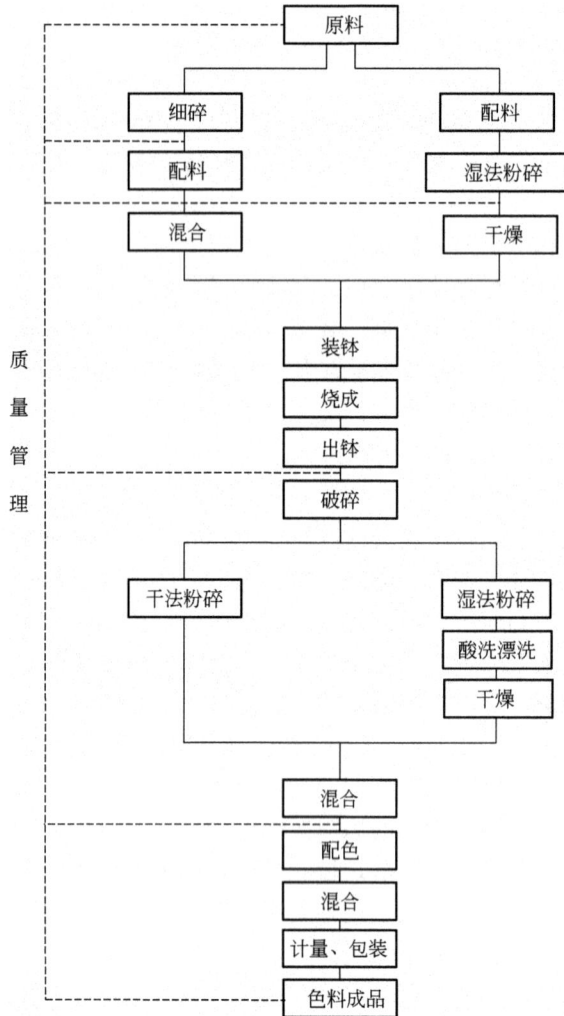

图 3-18　色料生产工艺流程

3.2.5.3　基础釉料的配合

基础釉料的组成对于釉的呈色效果有一定影响，同一种色料尽管加入量和工艺条件都相同，由于使用的基础釉料不同，会呈现不同的色调，因此，选用合适的色料及与之相适应的基础釉，在制作色釉成品中是十分重要的。

大中型色釉料生产厂家在出售色料时，也提供给用户一份本厂的产品使用技术指南，或在其产品目录上注明使用温度范围、加入量、气氛和有利及不利于呈色的元素，某生产厂的色料与釉的适应性指南见表 3-35。

表 3-35 色料与釉的适应性指南

颜色	体系	最高温度	气氛	Pb	B	Mg	Ba	Zn	Ca	Sn	Zr
孔雀绿	Al-Co-Cr	1300℃	5			->6%	-	-	- <6%		+ <3%
绿色	Al-Cr	1300℃	4								
V-蓝色	Zr-Si-V	1300℃	4	-		->6%	++				+
V-蓝色	Zr-Si-V	1300℃	4	-		->6%	++				+
Co-蓝色	Al-Zn-Si-Co	1300℃	5			->6%	-	-	- <6%		+ <3%
品蓝色	Si-Co	1300℃	4			->6%	+	+	+	—	—
蓝色	Al-Zn-Si-Co	1300℃	5								
蓝色	Al-Co-Cr	1300℃	5			->6%			->6%		+ <3%
孔雀蓝	Al-Co-Cr	1300℃	5			->6%	-	-	- <6%		+ <3%
Pr-黄色	Zr-Si-Pr	1300℃	2								++
Pr-黄色	Zr-Si-Pr	1220℃	2								++
V-黄色	Zr-V	1250℃	1	-	-				+		+
V-黄色	Zr-V	1250℃	5	-	-				+		+
黑色	Co-Cr-Fe-Mn	1300℃	3	+		->3%	-		-	-	+ <3%
黑色	Co-Cr-Fe-Mn	1300℃	3								
蓝灰色	Zr-Co-Ni	1300℃	4			+>6%	+>6%	+>6%			
棕灰色	Zr-Co-Ni	1300℃	2			+>6%	+>6%	+>6%			
灰色	Zr-Co-Ni	1300℃	4			+>6%	+>6%	+>6%			
橙棕色	Al-Zn-Cr-Fe	1250℃	2			->6%		++	-	+	
深棕色	Al-Zn-Cr-Fe	1250℃	2			->6%		++	-	+	
深棕色	Al-Zn-Cr-Fe	1250℃	2			->6%		++		+	
深棕色	Al-Zn-Cr-Fe	1250℃	2			->6%		++		+	
棕色	Al-Zn-Cr-Fe	1250℃	2			->6%		++	-	+	
铁红色	Zr-Si-Fe	1220℃	1		-	-	++	->3%			++
栗色	Sn-Ca-Cr	1250℃	1	++	-	-->1%		-->1%	++	++	+
粉红色	Sn-Ca-Cr	1250℃	1	++	-	-->1%		-->1%	++	++	+
栗色	Sn-Ca-Cr	1250℃	1	++	-	-->1%		-->1%	++	++	+
紫色	Sn-Ca-Ce	1250℃	1	++	++		--	-		+	

注：1. 1 为还原气氛，不能使用；2 为还原气氛，最好不用；3 为还原气氛，脱色；4 为还原气氛，稳定；5 为还原气氛，非常稳定。

2. ++非常有利；+适用；-最好不用；--非常有害。

卫生陶瓷多在隧道窑中烧成，烧成周期较长（14～20h），且窑内气氛也有变化，因此，特别对温度、气氛较为敏感的色釉，使用者应根据以上资料选择使用，先经过实验室小型试验后再用于生产。

3.3 添加剂

添加剂是指为提高产品质量和生产效率而少量添加的材料。卫生陶瓷配料生产中，添加剂在坯、釉都有应用，虽用量不大（通常在0.05%～1.0%），但可起到特殊的作用。一种是过程性添加剂，如改善加工条件、提高设备运行效率、简化工艺等，另一种是功能性添加剂，如加入后使产品具有一些特定的功能。正确选择和使用添加剂，已经成为提高产品质量的关键因素之一。多年以来，行业中一直在不断地研究陶瓷添加剂，其应用范围也越来越广。添加剂有解胶、解凝、悬浮、增强、增塑、减水、黏合、防腐、润湿、粉体表面改性、助磨助滤及抗菌等多种作用，按其使用功能，常用的添加剂可分类为分散减水剂、悬浮剂、助滤剂、增塑剂、解胶剂、防腐剂、抗菌剂等，按使用对象可分类为坯用添加剂、釉用添加剂，按材料性质又可分类为有机添加剂、无机添加剂。

3.3.1 坯用添加剂

常用的坯用添加剂有纯碱（碳酸钠）、水玻璃和腐殖酸钠。

3.3.1.1 纯碱（碳酸钠）

碳酸钠化学式为Na_2CO_3，俗名纯碱、苏打、碱面，普通情况下为白色粉末，为强电解质，密度为2.532g/cm³，熔点为851℃，易溶于水，具有盐的通性，是一种弱酸盐，微溶于无水乙醇，不溶于丙醇，溶于水后发生水解反应，使溶液显碱性，有一定的腐蚀性，能与酸进行中和反应，生成相应的盐并放出二氧化碳。纯碱高温下可分解，生成氧化钠和二氧化碳。吸湿性很强，长期暴露在空气中能吸收空气中的水分及二氧化碳，生成碳酸氢钠，并结成硬块。碳酸钠与水生成$Na_2CO_3 \cdot 10H_2O$、$Na_2CO_3 \cdot 7H_2O$、$Na_2CO_3 \cdot H_2O$三种水合物，其中$Na_2CO_3 \cdot 10H_2O$最为稳定，高温下不分解。

（1）纯碱的生产方法　目前我国均采用氨碱法或联碱法直接制造纯碱。

① 氨碱法。原盐（食盐）溶于水，加入适量的石灰乳以除镁，通入CO_2以除钙。经净化的食盐水通入氨气进行吸氨，吸氨母液中再通入CO_2进行碳化，析出碳酸氢钠，经过滤、煅烧得碳酸钠。母液中加入石灰乳，并将氨气蒸出供吸氨用。化学反应如下：

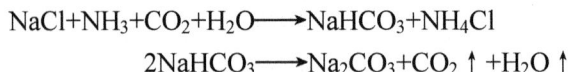

$$NaCl+NH_3+CO_2+H_2O \longrightarrow NaHCO_3+NH_4Cl$$

$$2NaHCO_3 \longrightarrow Na_2CO_3+CO_2 \uparrow +H_2O \uparrow$$

② 联碱法。将氨气通入盐析结晶的母液进行吸氨，吸氨母液再通入CO_2进行炭化，析出碳酸氢钠结晶，经过滤、煅烧得纯碱。母液再进行吸氨，析出氯化铵结晶，过滤后再加入食盐，进一步析出氯化铵结晶。过滤后母液重新去吸氨，如此不断地循环。反应式与氨碱法相同。

（2）纯碱的减水、解胶原理：

① 改变泥浆胶团粒子的ζ-电位，改善泥浆的悬浮性。

卫生陶瓷泥浆具备黏土-水系统的悬浮液特性，内在胶团粒子先天带有负电荷，对阳离子有吸附作用，黏土在自然界中大多混有H^+、Ca^{2+}、Mg^{2+}，通常称为钙-黏土（Ca-黏土）或镁-黏土（Mg-黏土），当纯碱类电解质加入时，会使ζ-电位升高（其原因是当Na^+填补H^+、Ca^{2+}、

Mg^{2+}等阳离子不足的电位位置，由于 Na^+ 所带水化分子多，占据空间大，以及一、二价之间的电荷平衡，双电层加厚，即扩散层变厚，相应 ζ-电位升高），同时，形成钙镁的难溶碳酸盐，反应式如下：

$$Ca^-黏土+Na_2CO_3 \longrightarrow 2Na^-黏土+CaCO_3\downarrow$$

$$Mg^-黏土+Na_2CO_3 \longrightarrow 2Na^-黏土+MgCO_3\downarrow$$

ζ-电位较高，黏土粒子间能保持一定距离，削弱和抵消范德华力，从而提高了溶胶系统的稳定性。

② 压缩粒子双电位层，释放层间束缚水，提高泥浆流动性。随纯碱加入量增大，泥浆中的 Na^+ 浓度继续增加，会使 ζ-电位降低、流动性增加（电解质浓度变大，吸附层的异号离子增多，胶核负电荷被中和，吸附能力下降，导致扩散层变薄，ζ-电位降低，扩散层的水分脱离束缚成为自由水，从而使泥浆稀释，流动性增加）。添加纯碱对泥浆胶团双电层的影响示意图如图 3-19 所示。

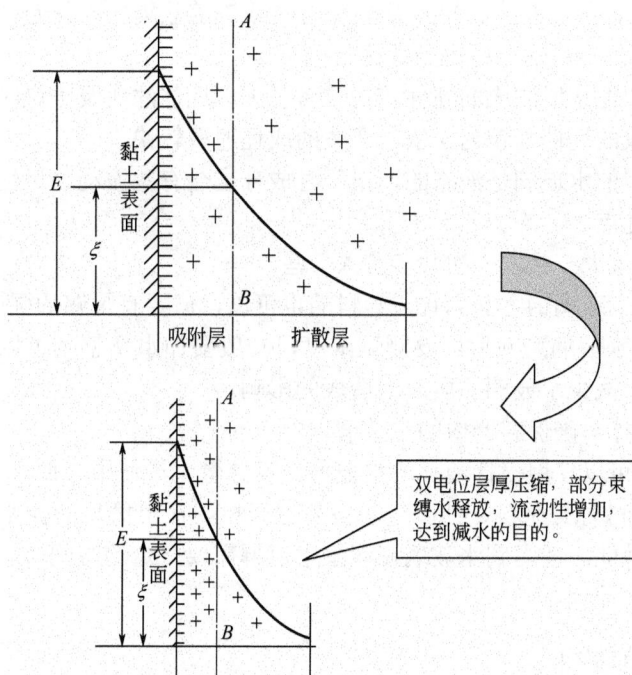

图 3-19　添加纯碱对泥浆胶团双电层的影响示意图

添加适量的纯碱，在卫生陶瓷泥浆中可以很好地起到上述两大作用，从而达到分散、减水、悬浮的作用，通常在实际生产中都是在配料时与其他原料一次性投入到球磨机中，因此还起到助磨剂的作用，是最受欢迎的添加剂。

纯碱受潮后会生成碳酸氢钠，对泥浆有凝絮作用，保存时要特别注意防潮。

因为纯碱的离子作用能力较强，要调节细致的流动性及解胶性时，大多同时使用作用略微柔和一些的水玻璃，这两种解胶减水剂的搭配使用效果很好。

3.3.1.2　水玻璃

水玻璃一般系指偏硅酸钠（$xNa_2O \cdot ySiO_2$），俗称泡花碱，因其溶解于水成玻璃状，故名水玻璃。水玻璃分为固体与液体两种，陶瓷中均使用液体。液体水玻璃外观无色或呈绿色或淡黄色，SiO_2 含量约为 32%～34.5%，Na_2O 含量约 11%～13.5%，其余为水和少量杂质。

在陶瓷生产中，水玻璃用作稀释剂时，其硅钠比（SiO_2/Na_2O 的比例）很重要。当稀释可塑性强的泥料时，可采用硅钠比较低的水玻璃；稀释瘠性料较多的泥料时，可采用硅钠比较高的水玻璃。

卫生陶瓷生产中使用的水玻璃要求具有较大的硅钠比值（亦称水玻璃模数，即 SiO_2 与 Na_2O 的分子比值），此值常选取 2.3～3.4。

其解胶机理是生成难溶盐沉淀，化学反应如下：

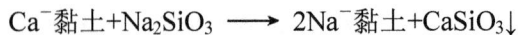

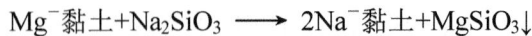

$$Ca^-黏土 + Na_2SiO_3 \longrightarrow 2Na^-黏土 + CaSiO_3\downarrow$$
$$Mg^-黏土 + Na_2SiO_3 \longrightarrow 2Na^-黏土 + MgSiO_3\downarrow$$

在这一点上，水玻璃分解出的 Na^+ 阳离子所起的作用从原理上与纯碱的作用是一样的，差别在于水玻璃的作用更为柔和一些，并且水玻璃本身就有溶胶的悬浮、缓冲作用，析出的 $[SiO_3]^{2-}$ 能与黏土-水系统的 Ca^{2+}、Mg^{2+} 形成化合物或难溶盐类，不仅起到通常的分散、减水作用，还起到溶胶辅助调节及保护泥浆颗粒的作用。

用水玻璃稀释的泥浆所注成的坯件较为致密坚硬，坯体注成及干燥时间均较长；而用纯碱稀释的泥浆所注成的坯件则较为松软，坯体的成坯速率较快。

陶瓷工业中常用的水玻璃是液态的，出厂时成分也会有些波动，运输、储存不方便，在使用时要注意以下几点。

① 存放容器应该大一些，一次性多购入一些。

② 使用不锈钢、玻璃钢容器为宜，塑料的也可以，但要有足够的强度。

③ 不同批次的水玻璃购入后，要测试浓度，一般要加水调整到可以稳定控制的状态，每周测试调整一次，减少水玻璃品质波动造成的影响。

④ 使用前要搅拌，确保容器内的水玻璃均匀。

⑤ 有条件时，可以使用搅拌池存放水玻璃，存储量大，使用方便。

⑥ 水玻璃在配料时与原料、纯碱一起投入球磨机，在出磨后的泥浆池中也可加入一部分水玻璃调节泥浆性能。考虑到水玻璃在泥浆中溶解需要一定的时间，有滞后性，所以在送泥池中尽量少添加水玻璃。

3.3.1.3 腐殖酸钠

腐殖酸钠又称胡敏酸（humic acid）钠，为黑褐色的无定形粉末，系腐殖酸的钠盐。腐殖酸为天然的高分子有机化合物，存在于腐殖质中，含有碳、氢、氧、氮等元素，由植物残体在空气和水分条件下经部分分解而成，可由泥炭、褐煤或某些土壤中提取制得。

对于一些希望提高泥浆可塑性的工厂，在坯料中加入少量的腐殖酸钠，可显著提高其可塑性，增加坯体强度，减少制品变型和开裂，但同时会明显降低泥浆的吸浆速率，影响注浆效率，并且干燥周期加长。腐殖酸钠在实际生产中使用不多，对于一些特殊产品可以考虑少量使用。

3.3.2 釉用添加剂

釉用添加剂有以下几种。

3.3.2.1　釉用纯碱（碳酸钠）

釉用纯碱在釉浆中起到分散、减水的作用，其作用原理与前述坯用添加剂是一样的，生产中一般固定添加比例，在配料时与釉原料一起入磨，既提高釉浆浓度，也可提高球磨效率。

3.3.2.2　羧甲基纤维素钠（CMC）

CMC 外观为白色或微黄色纤维状粉末或白色粉末，无味，由天然纤维素合成，安全环保，对人体无害，性能稳定，易溶于水。其水溶液为中性或碱性透明黏稠液体，可溶于其他水溶性胶及树脂，不溶于乙醇等有机溶剂。羧甲基纤维素钠可形成高黏度的胶体、溶液，有黏着、增稠、流动、乳化分散、赋形、保水、保护胶体、薄膜成形、耐酸、耐盐、悬浊等特性。

卫生陶瓷的釉浆中瘠性料占 90% 以上，如果不加其他添加剂，一旦停止搅拌，往往在重力的作用下釉浆就会沉淀，失去正常的流动性、黏性，必须要加入类似于 CMC 的具备分散悬浮性能的材料。CMC 是良好的增稠、悬浮、分散剂，属阴离子表面活性剂，同时具备网状分子结构，具有良好的黏结性和薄膜形成性。其形成的网状结构支撑釉浆颗粒重力，形成的薄膜胶体在釉浆中占据一定空间，防止釉浆颗粒相互接触。所以，它能增强釉药和陶瓷的结合力防止釉药脱落，并能促进釉药扩散。在卫生陶瓷釉料生产中起到很好的调节黏性、釉浆干燥速率、增加釉层强度、改善喷釉性能的作用。

实际生产中，质量好的 CMC 可以直接溶解到釉浆中，但到多数的 CMC 的溶解度不高，特别是高黏的 CMC 直接投入会造成结团现象，需要提前在水中溶解。

使用时，先在带有搅拌装置的配料缸内加入一定量的干净的水，在开启搅拌装置的情况下，将 CMC 缓慢均匀地撒到配料缸内，不停搅拌，防止 CMC 与水相遇时发生结团，最终使 CMC 能够充分溶化。

确定 CMC 完全溶化的依据：

① CMC 和水完全融合，二者之间不存在固-液分离现象；

② 混合糊胶呈均匀一致的状态，表面平整光滑；

③ 混合糊胶色泽接近无色透明，糊胶中没有颗粒状物体。

影响 CMC 黏度的因素如下。

① pH 值对 CMC 黏度的影响。pH 在 5～9 范围内，对黏度没有影响，当 pH≤3.5 时，CMC 逐渐形成 CMC 酸沉淀下来。卫生陶瓷釉浆的酸碱度对 CMC 黏度没有影响。

② 温度对 CMC 黏度的影响。随着溶液温度的升高，分子间热运动加剧，使得 CMC 分子链间距扩大，分子间阻力减小，即黏度降低。黏度随温度的变化基本上呈线性变化。

③ 浓度对 CMC 黏度的影响。黏度与浓度近似成对数关系，黏度随着溶液浓度的增加而急剧上升。

提前用有一定温度的热水稀释 CMC，使用时比较方便。在生产中可选择高黏及中黏两种规格的 CMC 共用，其中高黏度的 CMC 大多投入球磨机中随釉原料一起破碎溶解，后期调整釉浆时使用能够快速溶解的中黏度的 CMC。

CMC 投入球磨机中随釉原料一并破碎溶解会对釉浆的球磨效率造成一定影响，同时，CMC 与所有釉料组成一起加到球磨中研磨会使长链纤维遭到破坏，黏结性能减弱，出磨时过筛困难。如果有高质量的 CMC，就不必在球磨机中加入 CMC，全部在后期釉浆中添加，效果最好。

3.3.2.3 防腐剂

出于性能调整的需要，釉浆中会加入 CMC 等添加剂，生产中，釉浆会有一定的存储时间，在存储的这段时间内，尤其是在气温较高的环境下，CMC 类添加剂就会出现递降分解作用，由于真菌和细菌侵蚀的结果，釉浆会发生腐败和性能变化的情况。为防止发生这种情况，生产会加入防腐剂延长釉浆的保存时间，抑制釉浆腐败的发生。常用的防腐剂有苯甲酸、苯甲酸钠、山梨酸、山梨酸钾、丙酸钙、福尔马林、异噻唑啉酮类、苯并咪唑类。为安全起见，大多选用食品防腐剂。生产中应该引起注意的是，这类釉料防腐剂使用一段时间后，某些细菌与真菌也会获得抗药性，因此需要定期更换防腐剂的品种，减少产生抗药性的影响。

3.3.2.4 抗菌剂

抗菌釉是一种功能釉料，在卫生陶瓷中占据一定地位。抗菌釉生产技术主要有三种。一次烧成抗菌釉面：将该抗菌剂加入陶瓷釉料中，施于坯体上，或施于施过底釉的陶瓷釉面之上，经一次烧成得到抗菌釉。二次烧成抗菌釉面：将含有抗菌金属离子的化合物制备成溶液，用旋转法、提拉法、喷涂法、移液法等方法在已经烧成过的陶瓷产品表面涂覆一层金属氧化物，该涂层在 600~800℃ 温度下焙烧，得到抗菌釉面。免烧抗菌釉面：采用氟聚素或聚合硅等纳米材料在洁具产品表面低温镀膜，这种方法的镀膜和釉层黏结的牢固程度不高，在使用过程中容易脱落。

由于一次烧成抗菌釉面不仅效果好、持久，而且生产工艺相对容易控制，因此一次烧成抗菌釉面生产技术采用得最多。其中的抗菌剂起到重要作用。抗菌剂的种类较多，有稀土元素抗菌、光触媒抗菌以及 Ag、Zn、Cu 等金属离子抗菌等。

几种抗菌剂的抗菌机理如下。

① TiO_2 光触媒机理。TiO_2 在光照条件下，可使空气中的水发生分解，使其表面生成 OH^-、H_2O_2、O^{2-} 等反应活性强的物质，它们对细菌有杀灭作用，生成的 H_2O_2 有较强的杀菌消毒作用。如采用纳米 TiO_2 等半导体光催化材料薄膜为抗菌材料载体，TiO_2 膜的光催化作用需在紫外光照射条件下才能发生，从而大大限制了这类材料在室内卫生间里的使用。

② 银等金属离子抗菌。含金属粒子的无机抗菌剂种类很多，金属离子杀灭、抑制病原体的活性按下列顺序递减：Ag>Hg>Cu>Cd>Cr>Ni>Pb>Co>Au>Zn>Fe>Mn>Mo>Sn，由于 Hg、Cd、Cr、Pb 的毒性较大，经过实验筛选，实际在卫生陶瓷釉中用作抗菌剂的金属主要为 Ag、Zn 及其二者的复合。

a. Ag^+ 抗菌机理。在水中可溶性硅酸盐玻璃缓慢释放出 Ag^+，由于细菌的细胞膜带有负电荷，微量 Ag^+ 依靠库仑引力牢固地吸附到细胞膜上，并进一步穿透细胞壁，和细菌体中酶蛋白的巯基反应，迅速结合在一起，使细菌蛋白质凝固，降低细胞原生质酶蛋白的活性，使细胞丧失分裂增殖能力而死亡。此外，Ag^+ 还能破坏微生物电子传输系统、呼吸系统、物质传输系统。因而通过缓释 Ag^+，无机抗菌剂可发挥持久的抗菌效果。Ag^+ 和酶蛋白的巯基反应过程如下：

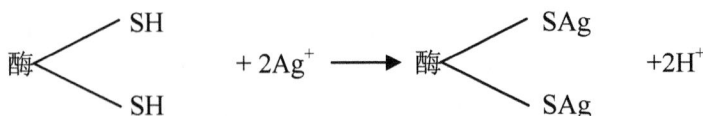

$$\text{酶} \diagdown_{\text{SH}}^{\text{SH}} \quad + 2Ag^+ \longrightarrow \text{酶} \diagdown_{\text{SAg}}^{\text{SAg}} \quad +2H^+$$

b. Ag^+Zn^{2+} 的缓释作用的控制。纳米 Ag_2O 和 ZnO 复合抗菌材料的载体为可溶性硅酸盐釉玻璃，通过控制釉玻璃的酸碱度可以控制玻璃的溶解性，使水中溶出的 Ag^+、Zn^{2+} 浓度在适宜的范围内，既能保证高效抗菌，又能延长缓释期的时间，保证抗菌效果的持久性。

3.3.3 其他陶瓷添加剂

3.3.3.1 助滤剂

低压快排水成形技术以及高压注浆成形技术对泥浆的吸浆速率有别于传统石膏注浆，这类 24 小时连续生产的模式要求在保证一定可塑性、干燥强度的基础上，还要求泥浆的吸浆速率明显加快。助滤剂的使用可以加快泥浆的吸浆速率。

在浆料中，细颗粒的粒子对注浆速率起着决定性的作用。通常，细颗粒会提高坯件的湿坯强度和可塑性，但由于细颗粒具有很高的迁移速度，如其含量高会形成致密的外壳，这一外壳会阻碍水分的进一步过滤，使水分子不容易迁移到模具中，最终影响到吸浆速率。

使用助滤剂会使细颗粒聚集起来，形成颗粒软团聚，毛细孔增大，过滤效率提高。即使在细颗粒含量较高的前提下也不会影响注浆速率，并可在其他参数如黏土含量、细颗粒含量、压力、浆料温度及解凝剂的种类和添加量不变的情况下，提高泥浆吸浆速率。助滤剂在传统的泥浆也可使用，可提高坯体的强度，易脱模，减少大件注浆产品出现表面裂纹。

目前，聚丙烯酰胺、聚乙烯亚胺、胶体二氧化硅阳离子淀粉聚合物等，是较为常用的助滤剂。

3.3.3.2 其他添加剂

① 焦磷酸钠。化学式为 $Na_4P_2O_7$，为白色粉末或结晶，易溶于水，20℃时 100g 水中的溶解度为 6.23，其水溶液呈碱性。因其有别于一般磷酸盐水溶性小的性能，还能再溶解钙、镁的不溶性盐类，具有反絮凝作用，所以在坯体中也作为一种分散解胶剂使用。在石膏模型的生产中用于提高石膏浆的初凝时间，提高石膏浆的流动性。

② 鞣性减水剂。鞣性减水剂简称 AST，属新型表面活性物质，以鞣科植物（如橡碗等）作为原料，在碱性介质中经蒸煮（190℃）和磺化后制得的棕色固体粉末，可溶于水。AST 作为泥浆稀释剂，具有分散、减水、缓凝等作用。当作为注浆泥中的解凝剂，或与纯碱、水玻璃合用时，可降低泥浆含水率，改善泥浆性能，提高坯体质量；用于球磨原料时，可提高球磨效率；用于调制石膏浆时，可以提高石膏模具强度，延长使用寿命。

③ 丹宁酸与橡碗烤胶。丹宁酸通常为丹宁碗烟叶、盐肤木鞣料与其主植物提取的混合物。丹宁酸主要成分是葡萄糖、五信子酸及鞣酸形成的脂类物质，为黄褐色或深棕色无定形粉末。可在 210～215℃时分解成焦性五信子酸和 CO_2 气体。丹宁酸作为减水剂通常与纯碱、水玻璃等混合使用，可以提高稀释效果。

橡碗烤胶是橡实外壳提取物，呈黑色粉末状，主要成分也是丹宁酸，也可用于泥浆稀释，在陶瓷原料加工中的用途越来越大。

3.4 标准化原料

原料经过破碎、淘洗、配料等方法的加工，制成成分和性能比较稳定的原料，称为标准化原料。制作标准化原料必须具备以下条件：原矿储量大，质量比较稳定，具有一定的加工设备和加工技术水平。下面是几种标准化原料。

3.4.1 苏州土

苏州土产于江苏省苏州市阳山。矿床分布于阳山东、阳山西，分别定名为阳东矿、阳西矿。矿体呈不规则带状，储量约 4600 万吨，经过选矿后分为优质瓷土和普通瓷土两大类。苏州土的外观及化学成分如下。

① 苏州土外观及 1350℃烧后外观特征见表 3-36。

表 3-36 苏州土外观及 1350℃烧后外观特征

样品品级	烧　前	烧　后
二号土	白色块状为主，有浅灰黑色云状混合层，部分破裂后很光滑，在水中部分水化	雪白有裂纹，吸水性强
三号土	多数为淡灰黑色及灰白色块，部分为紫红块及夹层，水化微弱	白—雪白，淡紫红，部分呈白—微黄，有裂纹，吸水强
四号土	紫红及浅紫红块，部分有少量赭黄色夹层，部分水化	白—浅黄，深紫部分烧后呈深黄色，赭黄夹层则呈铸铁状融化物，有大裂纹，吸水

② 苏州土的化学成分见表 3-37。

表 3-37 苏州土的化学成分　　　　　单位：%

名称\成分		SiO_2含量	Al_2O_3含量	Fe_2O_3含量	CaO含量	MgO含量	K_2O含量	Na_2O含量	TiO_2含量	SO_3含量	MnO_2含量	烧失量
苏州土	二号土	47.69	37.60	0.31	0.19	0.06	痕	0.03	痕	—	—	14.06
	三号土	44.98	39.54	0.28	0.15	0.06	0.21	0.16	0.18	—	—	14.86
	四号土	37.40	39.58	1.10	0.57	0.31	未定	未定	0.58	5.37	—	20.09

3.4.2 界牌土

界牌土产于湖南省省衡阳县界牌乡。储量大，易于开采，矿石质量好。原矿为粉红色、白色，半软质土块状，含有明显的游离石英。1300℃烧后呈洁白色，质地疏松，吸水性强。化学成分及各种性能如下。

① 矿石化学成分见表 3-38。

表 3-38 矿石化学成分　　　　　单位：%

名称\成分	SiO_2含量	Al_2O_3含量	Fe_2O_3含量	CaO含量	MgO含量	K_2O含量	Na_2O含量	TiO_2含量	SO_3含量	MnO_2含量	烧失量
界牌土	70.34	22.00	0.30	0.27	0.10	0.03	0.03	—	—	—	7.92

② 矿石可塑性能见表 3-39。

表 3-39 矿石可塑性能

液限水分/%	最大分子吸水值/%	可塑性指数	可塑性指标	相应含水率/%
42.55	21.72	20.83	2.05	39.05

③ 矿石结合性能见表 3-40。

表 3-40 矿石结合性能

土/砂	100/0	80/20	60/40	40/60	20/80
结合强度/（×10⁵Pa）	9.85	8.26	7.84	5.28	4.57

④ 矿石干燥性能见表 3-41。

表 3-41 矿石干燥性能

成形水分/%	线收缩/%	体收缩/%	气孔率/%
28.03	4.55	16.98	40.70

⑤ 矿石 1300℃烧后性能见表 3-42。

表 3-42 矿石 1300℃烧后性能

线收缩/%	总线收缩/%	体收缩/%	总体收缩/%	体比重/g/cm³	吸水率/%
2.95	7.68	9.00	24.41	2.52	27.11

根据化学分析，差热、脱水、X 射线及电镜等分析结果，界牌土属于杆状高岭石与石英的混合物，其中游离石英含量为 40%～45%。

3.4.3 广东省某公司系列黏土产品

3.4.3.1 HBC 系列

适用于对白度有很高要求的抛光砖坯体。

① HBC 系列的物理性能见表 3-43。

表 3-43 HBC 系列的物理性能

性　　能	HBC　024	HBC　035
水分/%	≤28	≤28
干燥收缩/%	5.79	6.00
干燥抗折强度/MPa	4.20	2.79
烧成收缩/%	8.26	7.52
吸水率/%	11.03	14.02
白度/%	＞80	＞84
黏度/mPa·s	—	220

注：烧成收缩、吸水率、白度的测试条件为 1200℃，保温 30min。

② HBC 系列的化学成分见表 3-44。

表 3-44 HBC 系列的化学成分　　　　单位：%

化学成分	HBC 024	HBC 035
SiO_2	51.74	53.32
AL_2O_3	32.64	32.58
Fe_2O_3	0.70	0.50
TiO_2	0.27	0.15
CaO	0.09	0.08
MgO	0.21	0.20
K_2O	1.48	1.49
Na_2O	0.18	0.19
LOI	12.37	11.24

3.4.3.2　SC 系列

适合于高档卫生陶瓷，具有低的烧失、良好的流动性、强度、注浆性能和烧成性能。

① SC 系列的物理性能见表 3-45。

表 3-45 SC 系列的物理性能

性　能	SC 049	Dream Cast
水分/%	≤25	≤25
筛余/%	7.30	—
干燥收缩/%	7.60	6.43
干燥抗折强度/MPa	6.20	8.20
烧成收缩/%	10.55	9.75
吸水率/%	0.94	0.90
白度/%	53.80	54
注浆模数	7.50	7.50

② SC 系列的化学成分见表 3-46。

表 3-46 SC 系列的化学成分　　　　单位：%

化学成分	SC 049	Dream Cast
SiO_2	57.27	52.20
AL_2O_3	27.43	30.11
Fe_2O_3	1.71	1.49
TiO_2	0.69	0.67
CaO	0.16	0.22
MgO	0.41	0.42
K_2O	1.10	1.96
Na_2O	0.07	0.17
LOI	11.71	12.63

③ SC 系列的矿物组成见表 3-47。

表 3-47 SC 系列的矿物组成　　　　　　　　　　　　　　　　单位：%

型　　号	高岭石含量	石英含量	云母含量	长石含量	三水铝石含量	混层矿物含量
SC 049	65	21	10	1	1	2
Dream Cast	84	11	0.50	1	1	2.50

3.4.4　广东省另一公司系列黏土产品

3.4.4.1　浮选高岭土

适合于釉料，化妆土及高级陶瓷坯体。

① 浮选高岭土的物理性能见表 3-48。

表 3-48 浮选高岭土的物理性能

型号	黏度 /dPa·s	酸碱度 pH	干燥强度 /MPa	白度/%		收缩率/%		吸水率/%	
				1180℃	1250℃	1180℃	1250℃	1180℃	1250℃
GF-K15	45	6.5	1.1	89	89	3.6	7.0	29.7	21.8
GF-K18	45	6.8	1.1	90.5	90.5	5.1	10.0	25.4	16.7

② 浮选高岭土的化学成分见表 3-49。

表 3-49 浮选高岭土的化学成分　　　　　　　　　　　　　　　　单位：%

型号	SiO_2 含量	Al_2O_3 含量	Fe_2O_3 含量	TiO_2 含量	CaO 含量	MgO 含量	K_2O 含量	Na_2O 含量	烧矢量
GF-K15	49.1	35.5	0.4	0.1	0.2	0.2	1.0	0.3	13.0
GF-K18	48.6	36.0	0.3	0.1	0.2	0.2	1.0	0.2	13.0

3.4.4.2　超白／聚晶微分球土

适合于超白砖坯体。

① 超白/聚晶微分球土的物理性能见表 3-50。

表 3-50 超白/聚晶微分球土的物理性能

型号	黏度 /dPa·s	酸碱度 pH	干燥强度 /MPa	白度/%		收缩率/%		吸水率/%	
				1070 ℃	1180℃	1070℃	1180℃	1070℃	1180℃
雪白2号	30	6.5	4.0	87	88	4.4	8.5	22.0	13.7
雪白9号	50	6.6	4.2	84	85	4.4	8.5	19.5	12.2
雪白8号	30	5.8	4.1	80	80	5.9	10.5	18.4	9.2
GF-78 强塑球土	50	6.1	4.8	78	78	5.3	9.5	17.0	9.0

② 超白/聚晶微分球土的化学成分见表 3-51。

表 3-51　超白／聚晶微分球土的化学成分　　　　单位：%

型号	SiO$_2$含量	Al$_2$O$_3$含量	Fe$_2$O$_3$含量	TiO$_2$含量	CaO含量	MgO含量	K$_2$O含量	Na$_2$O含量	烧失量
雪白 2 号	51.3	33.0	0.5	0.3	0.2	0.2	0.7	0.2	13.5
雪白 9 号	52.0	32.0	0.56	0.3	0.2	0.2	0.8	0.2	13.5
雪白 8 号	48.5	33.0	0.8	0.4	0.3	0.2	0.7	0.2	14.0
GF-78 强塑球土	52.0	32.0	0.95	0.45	0.2	0.2	0.8	0.2	13.5

3.4.4.3　洁具球土和高岭土

适合于高级洁具坯体。

① 高洁球土和高岭土的物理性能见表 3-52。

表 3-52　洁具球土和高岭土的物理性能

型号	流动性 >/度	干燥强度 >/MPa	白度 >/%	收缩率</%	吸水率 </%
			1250 ℃	1250℃	1250℃
Excel Cast	315	6.5	45	11.0	3.0
11 S	325	5.5	55	10.0	3.0
GF-SCM20	335	6.5	60	10.0	3.0
GFK-20	350	0.5	80	9.0	22.0

② 高洁球土和高岭土的化学成分见表 3-53。

表 3-53　洁具球土和高岭土的化学成分　　　　单位：%

型号	SiO$_2$含量	Al$_2$O$_3$含量 >	Fe$_2$O$_3$含量 <	TiO$_2$含量	CaO含量	MgO含量	K$_2$O含量	Na$_2$O含量 <	烧失量
Excel Cast	53.0~57.0	27.0	2.0	0.6~0.8	0.1~0.3	0.2~0.5	1.5~2.0	0.5	10.5~13.0
11 S	55.0~60.0	26.0	1.7	0.5~0.7	0.1~0.5	0.2~0.5	1.5~2.2	0.6	9.5~12.0
GF-SCM20	53.0~57.0	28.5	1.5	0.5~0.7	0.1~0.3	0.2~0.5	1.5~2.0	0.6	1.10~12.5
GFK-20	49.0	35	1.0	<0.7	0.1	0.2	1.2	0.1	12.5~13.5

3.5　低质原料的开发利用

多年来，已经很难发现优质的、储藏量大的卫生陶瓷原料，而每年都在消耗数百万吨的原料，卫生陶瓷原料的供应日趋紧张，尤其是含铝量高、可塑性强、干燥抗折强度高的原料。新的压力成形和低压快排水工艺要求吸浆速率快的原料，具有这些特点的原料或标准化原料越来越短缺。解决这些问题的一种方法是开发各种添加剂，另一种方法是开发利用低质原料。开发利用低质原料主要是指开发利用一些质量低、原先一直没有使用或没有大量使用的原料；开发利用开采矿物时产生的废渣；开发利用工业生产中产生的废渣。下面提供一个开发利用低质原料介福土的实例。

3.5.1 介福土现状

3.5.1.1 位置

介福土矿区位于福建省泉州市永春县介福乡，距县道 4km，距永春县城 24km，距德化县城 13km，距泉州港约 100km。矿区地处亚热带。矿区海拔高度为 600～700m，矿区由若干连续的山丘组成（见图 3-20）。当地人很早就知道这个矿区，但由于其含铁量高，一般在 1%～1.5%，最少在 0.8%，在当地的日用瓷生产中没有大的使用价值。长期以来，只有少量零星开采，矿区基本保持完整。

图 3-20 介福土矿区

3.5.1.2 地质勘探情况

相关技术人员对矿区的部分地区进行了详细的地质勘探工作，地质勘探阶段称之为高岭土矿。同时，对矿物进行了 X 衍射鉴定、电镜鉴定、差热分析、红外吸收光谱分析、自然白度测定、粒度分析、化学成分分析、淘洗实验、除铁实验及矿石体重、湿度、松散系数测定等工作。

（1）矿床状况　本矿区资源为风化残余型矿床，按其成矿原岩不同可分为花岗斑岩残余型和火山碎屑岩风化残余型两种类型矿体。部分矿区断续分布长 3900m 以上，宽约 200～500m，厚 1.5～35m，呈平缓帽状随地形起伏盖于原岩之上。根据成矿原岩、风化程度、矿石矿物组成、结构构造等差异，人们把矿区矿石划分为四个自然类型：松散状残晶高岭土、块状残斑高岭土、松散状碎屑角砾高岭土、块状碎屑角砾高岭土，见表 3-54。

表 3-54　介福土矿石四个自然类型

类型	颜色	结构、构造及其他物理性质	剖面位置
松散状残晶高岭土	灰白色、白色，当含杂质时呈淡黄色、灰绿色等杂色，常见紫红色铁锈斑块，干后颜色变浅	保留部分原岩残余结构，长石已完全解体成高岭石类矿物，尚可见残余长石斑晶外形，而石英斑晶保存完好。矿石呈土块状，手捻成粉，有滑感，遇水后有可塑性。体积密度（干重）1.4g/cm³	处在剖面上部，常见厚度 5～15m，局部达 30m
块状残斑高岭土	灰白色，略带淡绿色，局部被铁质污染成紫红色，干后颜色变浅	保留有原岩少斑状-斑状结构。长石斑晶已解体成高岭石类矿物，但残留有长石残骸。基质中微粒石英部分或基本保存，矿石呈较致密块状产出，手捻难碎，锤击易碎，断口成参差片状。体积密度（干重）1.8g/cm³	处在剖面下部，常见厚度 2～9m，局部达 14m

类型	颜　　色	结构、构造及其他物理性质	剖面位置
松散状碎屑角砾高岭土	淡绿色，绿色为主，被铁质污染成淡黄色、灰褐色，干后多为白色、灰白色	部分残留残余结构，尚可见高岭石化的角砾外形，石英晶屑保留完整。矿石呈松散状，手捻成粉，遇水后具有可塑性，但不膨胀。体积密度（干重）1.4g/cm³	处在剖面上部，常见厚度3～5m，局部达9m
块状碎屑角砾高岭土	淡绿色、浅绿色、灰绿色，局部见铁质沿裂隙面污染呈灰黑色，干后颜色变浅为白色或灰白色	残余原岩晶屑凝灰结构明显，矿石呈致密块状，手捻难碎，锤击易碎，参差状断口。体积密度（干重）1.8g/cm³	处在剖面下部，厚度变化大，1.49～20.05m，局部尖灭

其矿物成分主要为高岭石、伊利石和石英，次要成分为钾长石。平均化学成分：SiO_2 71%～76%、Al_2O_3 14%～18%、Fe_2O_3 1%～1.5%、$TiO_2 \leqslant 0.5\%$、$CaO+MgO \leqslant 0.5\%$、K_2O 2.3%～3.3%；Na_2O：$\leqslant 0.2\%$、烧失量3%～5%。

该矿区明显属于"风化残积型高岭土的地质特征"，其依据如下。

矿体与原岩之间无明显界限，皆呈过渡关系。矿体呈帽状风化壳盖在成矿原岩之上，矿体平面分布严格受成矿原岩及地形地貌控制，矿体厚度与地形和地下水关系密切，处在山脊部位的厚度较大，反之，处在山坡，沟谷部位厚度明显变薄，以致陡峭山坡上的矿体被剥蚀殆尽。

从原岩到矿体，矿物成分除长石已风化解体成黏土矿物（见图 3-21 和图 3-22），在矿体中常保留原岩"残余"结构、构造特征，而且越往下部越明显。

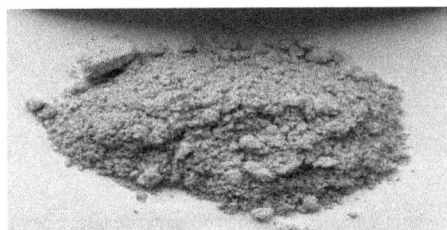

图 3-21　完全风化的介福土

图 3-22　半完全风化的介福土

在化学成分上看，从原岩到矿体除碱金属盐基 K、Na 及一少部分 SiO_2 被运移带走减少，使 Al_2O_3 相对富集外，其余基本一致。

（2）储量　局部地区勘探储量为1021.5万吨。整个矿区远景储量估计为数千万吨。

（3）开采条件　表土厚度为 0.3～1.5m，易于剥离，可露天开采。在水文地质上，矿体大部分在地下水位线以上，地下水较贫乏，含水层富水性弱，无大的地面水流，自然排水条件良好。水文地质条件简单，岩层含水性微弱，地下水对未来矿体露天开采不致发生大的影响。

开采边坡角可为 45°，安全可靠。矿区年降水量平均为 1700mm，可为加工生产提供充足水源。

（4）结论　此矿区属风化残积型黏土，为伊利石型黏土，最终定名为介福瓷土（简称介福土）。

介福土由于原矿含铁量高、含铝量较低，属于低质原料，只能作一般陶瓷砖的原料，销售地区狭窄。这也是它长期未被开发利用的主要原因。

介福土的长处是储量大，可以长期开采。距海港比较近，可通过海运运输到沿海地区。

3.5.2 应用研究与开发

相关人员对介福土进行了以下应用研究与开发。

3.5.2.1 介福原土的应用研究

相关人员对介福土作为陶瓷砖的坯料的原料进行了研究。研究表明，其添加量可达 50%，产品质量合格。介福原土在配方中的性能表现一般。相关人员对介福土作为卫生陶瓷的坯料的原料进行了研究。研究表明，其添加量可达 20%，产品质量合格。介福原土在配方中的性能表现一般。

3.5.2.2 介福水洗瓷土的研究

由于介福原土在配方中的性能表现一般，只有挖掘它的潜在价值才有可能使之得到开发利用。通过将介福原土破碎、淘洗、压滤，得到介福水洗瓷土。介福水洗瓷土和介福原土矿物成分见表 3-55。

表 3-55 介福水洗瓷土和介福原土矿物成分 单位：%

名称	石英含量	伊利石含量	高岭石含量	长石含量
水洗瓷土	26.3	46.1	26.2	1.4
介福原土	47.6	36.1	15.5	0.5

与介福原土相比，介福水洗瓷土的石英含量明显降低，伊利石和高岭石含量明显提高。矿物成分中伊利石约占一半，伊利石的粒度与一般的水洗高岭土相近，因此，介福水洗瓷土可称为伊利石型黏土。

介福水洗瓷土的化学成分如下：

SiO_2 62%～66%；Al_2O_3 21%～25%；Fe_2O_3 ≤1.4%；TiO_2≤0.2%；$CaO+MgO$≤0.8%；K_2O3.5%～4.8%；Na_2O≤0.5 %；烧失量 5.5%～7.5%。

可以看出，介福水洗瓷土的化学成分与一般卫生陶瓷的坯体的化学成分近似。

介福水洗瓷土的主要物理性能见表 3-56。

表 3-56 介福水洗瓷土的主要物理性能

项目	1200℃烧后白度	250 目筛余	干燥强度	吃浆速率/（mm/45min）	釉面砖针孔数/个	粒度
参数	>40	<0.3%	>3.2MPa	5.0～6.3	<5	$D50$ 4.0～5.5μm；<10μm 的颗粒占 71%～80%

注：釉面砖针孔数是指该单料所做的方砖（规格 160mm×160mm）单面使用生产用的釉浆，放在生产窑炉中烧成后，方砖釉面出现针孔的数量。

介福水洗瓷土与高岭土（水洗）的对比情况见表 3-57。

表 3-57 介福水洗瓷土与高岭土（水洗）的对比情况

项　目			介福水洗瓷土	高岭土（水洗）
物理性能	粒度	$D50/\mu m$	4.22	5.74
		$<10\mu n/\%$	78.5	67.08
	干燥抗折强度/MPa		3.36	1.08
	出裂时间/min		65	21
	解胶剂（水玻璃）用量/%		0.67	1.32
	干燥收缩/%		5.07	5.4
	1200℃烧后 烧成收缩/%		7.4	8.53
化学性能	$Fe_2O_3/\%$（质量分数）		1.16	0.81
	$K_2O/\%$（质量分数）		4.09	0.51
	烧失量/%（质量分数）		6.08	14.21

可以看出，介福水洗瓷土与高岭土（水洗）相比，具有以下长处：

粒度细；干燥抗折强度高；易解胶，尤其是其矿物成分中不含蒙脱石，这就为在配方中的大量使用创造了条件；出裂时间长，可塑性好，可使注浆、修整工序不易开裂；干燥收缩小，烧失量小，烧成收缩小，这在黏土类原料中很突出，可使坯体干燥阶段不易开裂，烧成阶段不易开裂和发生变形；含一定量的氧化钾，在配方中可以少用一部分钾长石。

介福水洗瓷土也有一些缺点：吃浆厚度不如高岭土（水洗），居中等水平；氧化铁含量较高；氧化铝含量不如高岭土（水洗），相当或略高于通常的坯料配方中氧化铝的含量。

可以看出，介福原土经过淘洗后得到的介福水洗瓷土是一个全新的原料，具有伊利石型黏土的性能。

3.5.2.3　介福水洗瓷土应用的研究

相关人员进行了在介福水洗瓷土在卫生陶瓷坯料配方中的应用实验。实验表明，介福水洗瓷土的在配方中的用量可为 10%～50%，在此范围内，用量越大，其性能的优点表现得越明显。用量在 40%～50% 的范围内，配方的各项指标最优，配方的化学成分及泥浆性状见表 3-58 和表 3-59。

表 3-58　配方的化学成分

项目	SiO_2 含量	Al_2O_3 含量	Fe_2O_3 含量	TiO_2 含量	CaO、MgO 含量之和	K_2O、Na_2O 含量之和	烧失量
含量/%	62～65	21～23	< 1.1	< 0.2	0.5～1.8	3.5～5	6～7.5

表 3-59　配方的泥浆性状

项　目	参　数
浓度/（g/200mL）	350～356
温度/℃	29～33
V_0/（s/100mL）	35～50

项　目	参数
V_{30}/（s/100mL）	65～85
吃浆速率（mm/45min）	5.6～6.3
屈服值/dyn	15～20
325 目筛余/%	3～5
粒度（<10μm 的占比）	62%～68%
干燥抗折强度/MPa	3.8～4.3
干燥收缩/%	3.5～4
烧成抗折收缩/%	9～10.5
总收缩/%	12～13.2
烧成弯曲/%	18～22
吸水率/%	0.05～0.3
烧成强度/MPa	75～82

某新建卫生陶瓷生产线使用了此坯料配方生产全包连体坐便器，投产一个月后，注浆合格率为 93%，半成品合格率为 95%，烧成合格率为 84%。投产两个月后，注浆合格率为 95%，半成品合格率为 96%，烧成合格率为 89%。投产三个月后，注浆合格率为 96%，半成品合格率为 96%，烧成合格率为 91%。

介福水洗瓷土应用在卫生陶瓷坯料配方中表现出了优良的性能。

3.5.3　建设水洗瓷土生产线

对介福土的应用研究工作表明，介福水洗瓷土是卫生陶瓷坯料的优良原料，将介福土加工成水洗瓷土具有广阔的市场前景。在此基础上，人们进行了介福水洗瓷土生产线的建设工作。

相关技术人员进行了建设项目的可行性研究，确定了建设总体规划，完成了介福水洗瓷土加工工艺的研究与设计，确定了生产工艺流程和基本工艺参数，确定了加工设备、装置和技术参数，开发和协作生产了生产线专用的四轮对辊机、笼式破碎机等设备。

相关人员筹措了建设资金，取得了采矿证、建设规划许可证等批准文件，与设计院合作，进行施工图设计，完成了生产线的建设。

在开发利用介福瓷土的同时还注意做好保护环境工作，主要是如下。

① 瓷土开采过程中不产生废物，开采出的矿物全部加以利用。

② 瓷土加工过程中产生的瓷渣作为陶瓷砖的原料使用。

③ 生产线用水重复使用，无工业废水排出。

④ 破碎工艺加入适当水分避免粉尘的产生。

⑤ 开采后的矿山地面坡度与原来相比趋于平缓，覆盖土层后植树种草，全部绿化。当地的气候温暖，降水量充沛，为绿化工作创造了有利条件。

3.5.4　实现多赢

介福水洗瓷土生产线的建设完成后，顺利投产，生产出的介福水洗瓷土用于卫生陶瓷的坯体中性能优良，得到用户的欢迎，供不应求。开发利用低质原料介福土的工作取得了成功。

介福土由于质量低下被放置了几十年，一直没有得到有效利用。该开发利用项目在地方政府的支持下，做了深入的研究和大量的技术工作，完成了生产线的建设，使这个资源开始成为优良的陶瓷原料，可以长期为卫生陶瓷行业提供稳定的原料供应。生产企业使用这个新的具有优良品质的原料后提高了企业的经济效益；矿区所在的地方政府增加了税收；矿区周围的居民得到了实惠。生产线建设项目的投资可以得到长期的回报；矿区的环境同时得到很好的保护。介福土的开发利用实现了多赢。

3.6 各产瓷区原料

主要卫生陶瓷产区使用的主要原料化学成分如下。

3.6.1 唐山瓷区

唐山瓷区主要原料化学成分见表3-60。

表 3-60 唐山瓷区主要原料化学成分　　单位：%

原料名称	SiO$_2$含量	Al$_2$O$_3$含量	Fe$_2$O$_3$含量	TiO$_2$含量	CaO含量	MgO含量	K$_2$O含量	Na$_2$O含量	烧失量	合计
苏州土	48.92	35.48	0.78	0.08	0.43	0.30	0.31	0.25	13.97	100.52
湛江原矿	66.92	22.72	0.48	0.29	0.14	0.26	1.40	0.00	7.29	99.50
湛江水洗土	50.07	35.92	0.69	0.23	0.13	0.13	0.81	0.00	12.01	99.99
龙岩土	48.11	37.42	0.00	0.21	0.13	0.24	2.03	0.00	11.85	99.99
徐水土	72.60	16.84	0.86	0.00	0.94	0.74	0.94	0.50	6.36	99.78
左云土	61.86	24.49	0.58	0.57	1.10	0.36	1.28	0.39	8.93	99.56
沁阳土	46.42	34.78	1.62	1.31	0.80	0.98	0.91	0.62	12.08	99.52
余江高岭土	48.60	34.94	1.64	0.02	0.55	0.60	2.65	0.27	10.73	100.00
星子高岭	51.26	33.05	1.38	0.10	0.01	0.18	2.48	0.01	11.46	99.93
清远土	53.26	28.71	1.72	0.54	0.50	1.02	1.80	0.48	12.20	100.23
高明土	56.13	27.11	1.89	0.83	0.12	0.32	1.63	0.13	11.80	99.96
东莞土	53.90	27.48	1.95	0.91	0.04	0.42	2.66	0.01	15.94	103.31
漳州黑泥	59.69	23.89	1.70	1.09	0.07	0.28	1.20	0.01	12.02	99.95
揭阳黑泥	53.44	29.33	0.89	0.36	0.22	0.22	1.76	0.10	13.27	99.59
陆丰黑泥	55.79	24.00	1.01	0.41	0.05	0.32	1.21	0.20	16.69	99.68
水曲柳黏土	55.47	26.03	1.01	0.64	0.72	0.70	1.67	0.89	12.72	99.85
阳泉土	44.16	37.18	0.79	0.92	0.75	0.17	0.09	0.00	15.94	100.00
唐山紫木节	48.93	33.47	2.14	1.07	0.60	1.12	0.44	0.21	12.75	100.73
山西平阴土	43.22	38.05	2.05	1.34	0.75	0.82	0.20	0.16	14.55	101.14
法库土	78.02	13.16	0.56		0.39	0.50	4.18	0.77	2.30	99.88
围场土	77.13	13.65	1.15		0.20	0.73	4.50	0.54	2.51	100.41
彰武土	75.92	15.77	0.52	0.17	0.16	0.24	4.06	0.20	4.45	101.48

原料名称	SiO₂ 含量	Al₂O₃ 含量	Fe₂O₃ 含量	TiO₂ 含量	CaO 含量	MgO 含量	K₂O 含量	Na₂O 含量	烧失量	合计
宣化土	75.94	15.15	0.82		0.99	0.69	3.22	0.17	2.89	99.87
飞天燕瓷土	66.43	20.98	1.39	0.12	0.06	0.12	3.92	1.00	5.96	99.98
永春土	65.59	22.15	1.02	0.18	0.27	0.26	3.65	0.21	6.22	99.55
宣化瓷石	77.42	13.87	0.31	0.07	1.12	0.41	3.62	0.35	3.16	100.33
抚宁瓷石	76.87	13.51	0.67	0.08	0.72	0.21	4.48	1.18	1.92	99.64
章村土	46.23	36.24	0.50	0.55	0.52	0.64	8.88	1.65	4.94	100.15
焦作瓷石	42.71	37.14	1.72	1.39	0.59	0.99	7.85	0.56	6.77	99.72
玉田瓷石	76.80	13.70	0.50	0.05	0.40	0.00	3.80	1.50	2.50	99.25
迁西瓷石	77.51	14.10	0.52	0.08	0.24	0.30	4.50	0.40	1.95	99.60
庐江地开石	69.20	20.13	0.13	0.56	0.33	0.28	0.25	0.35	8.46	99.69
松阳石	79.23	15.14	0.14	0.08	0.15	0.21	0.11	0.18	4.79	100.03
唐山碱矸	47.19	34.44	1.71	1.29	0.87	0.62	0.68	0.05	13.68	100.53
唐山碱石	47.88	36.58	0.95	0.54	0.43	0.33	0.24	0.13	13.28	100.36
唐山长石	70.08	16.85	0.27	0.06	0.59	0.12	6.16	5.44	0.45	100.02
绥中长石	66.32	19.23	0.15	0.03	0.43	0.21	8.88	4.62	0.41	100.28
灵寿长石	64.23	19.22	0.63	0.06	0.35	0.19	12.50	2.41	0.71	100.30
邢台长石	69.68	17.92	0.00	0.22	1.02	0.04	5.52	5.22	0.37	99.99
莱阳长石	67.81	17.26	0.13	0.05	0.22	0.12	11.03	2.65	0.51	99.78
丰润砂岩	85.10	7.81	0.00	0.33	0.21	0.53	4.39	0.60	0.85	99.81
滦县砂岩	98.20	1.50		0.40					0.15	100.25

3.6.2 广东佛山瓷区

广东佛山瓷区主要原料化学成分见表 3-61。

表 3-61 广东佛山瓷区主要原料化学成分　　　　单位：%

原料名称	SiO₂ 含量	Al₂O₃ 含量	Fe₂O₃ 含量	TiO₂ 含量	CaO 含量	MgO 含量	K₂O 含量	Na₂O 含量	烧失量	合计
苏州土	48.92	35.48	0.78	0.08	0.43	0.30	0.31	0.25	13.97	100.52
湛江土	50.07	35.92	0.69	0.23	0.13	0.13	0.81	0.00	12.01	99.99
龙岩土	48.11	37.42	0.00	0.21	0.13	0.24	2.03	0.00	11.85	99.99
漳州土	48.54	36.24	0.64	0.05	0.38	0.10	1.80	0.01	11.89	99.65
揭阳黏土	58.20	26.37	0.91	1.62	0.01	0.17	1.20	0.01	11.43	99.92
廉江高岭	50.85	32.66	1.46	0.36	1.04	0.27	2.97	0.11	10.73	100.45
清远土	53.26	28.71	1.72	0.54	0.50	1.02	1.80	0.48	12.20	100.23
江门土	52.49	28.06	1.82	0.42	0.28	0.71	1.75	0.51	13.80	99.84
立安土	45.13	36.64	1.77	0.66	0.24	0.40	1.14	0.00	14.03	100.01
高明土	56.13	27.11	1.89	0.83	0.12	0.32	1.63	0.13	11.80	99.96

原料名称	SiO₂含量	Al₂O₃含量	Fe₂O₃含量	TiO₂含量	CaO含量	MgO含量	K₂O含量	Na₂O含量	烧失量	合计
东莞土	53.90	27.48	1.95	0.91	0.04	0.42	2.66	0.01	15.94	103.31
增城黑泥	57.33	23.21	0.71	0.83	0.73	0.21	1.59	0.09	14.80	99.50
清远花泥	56.78	26.72	1.80	0.85	0.82	0.08	2.83	1.93	9.12	100.93
飞天燕原矿	77.03	14.63	0.85	0.28	0.14	0.12	3.45	1.02	2.78	100.30
飞天燕瓷土	66.43	20.98	1.39	0.12	0.06	0.12	3.92	1.00	5.96	99.98
永春土	65.59	22.15	1.02	0.18	0.27	0.26	3.65	0.21	6.22	99.55
江西瓷石	76.42	15.87	0.31	0.07	0.72	0.41	3.42	0.31	3.18	100.71
高州瓷石	64.67	22.84	1.70	0.17	0.30	0.32	6.78	0.05	3.23	100.06
江西长石	69.12	16.54	0.27	0.06	0.11	0.06	10.73	1.29	1.78	99.96
梅县长石	70.16	18.00	0.12	0.02	0.01	0.10	4.83	4.64	1.68	99.56

3.6.3 广东潮州瓷区

广东潮州瓷区主要原料化学成分见表 3-62。

表 3-62 广东潮州瓷区主要原料化学成分 单位：%

原料名称	SiO₂含量	Al₂O₃含量	Fe₂O₃含量	TiO₂含量	CaO含量	MgO含量	K₂O含量	Na₂O含量	烧失量	合计
苏州土	48.92	35.48	0.78	0.08	0.43	0.30	0.31	0.25	13.97	100.52
龙岩土	48.11	37.42	0.00	0.21	0.13	0.24	2.03	0.00	11.85	99.99
揭阳黏土	58.20	26.37	0.91	1.62	0.01	0.17	1.20	0.01	11.43	99.92
廉江高岭	50.85	32.66	1.46	0.36	1.04	0.27	2.97	0.11	10.73	100.45
潮安黏土	56	29	1.07	0.6	0.01	0.27	1.98	0.01	11.07	100.01
东莞土	53.90	27.48	1.95	0.91	0.04	0.42	2.66	0.01	15.94	103.31
揭阳黑泥	53.44	29.33	0.89	0.36	0.22	0.22	1.76	0.10	13.27	99.59
陆丰黑泥	55.79	24.00	1.01	0.41	0.05	0.32	1.21	0.20	16.69	99.68
增城黑泥	57.33	23.21	0.71	0.83	0.73	0.21	1.59	0.09	14.80	99.50
清远花泥	56.78	26.72	1.80	0.85	0.82	0.08	2.83	1.93	9.12	100.93
飞天燕原矿	77.03	14.63	0.85	0.28	0.14	0.12	3.45	1.02	2.78	100.30
飞天燕瓷土	66.43	20.98	1.39	0.12	0.06	0.12	3.92	1.00	5.96	99.98
陆丰长石	70.00	18.30	0.15	0.04	0.06	0.02	7.02	4.05	0.56	100.20
梅县长石	70.16	18.00	0.12	0.02	0.01	0.10	4.83	4.64	1.68	99.56

3.6.4 福建瓷区

福建瓷区主要原料化学成分见表 3-63。

表 3-63			福建瓷区主要原料化学成分						单位：%	
原料名称	SiO₂ 含量	Al₂O₃ 含量	Fe₂O₃ 含量	TiO₂ 含量	CaO 含量	MgO 含量	K₂O 含量	Na₂O 含量	烧失量	合计
湛江土	50.07	35.92	0.69	0.23	0.13	0.13	0.81	0.00	12.01	99.99
龙岩土	48.11	37.42	0.00	0.21	0.13	0.24	2.03	0.00	11.85	99.99
闽清土	72.07	18.33	0.44	0.16	0.16	0.09	0.16	0.05	8.01	99.47
南安土	74.07	18.24	0.59	0.12	0.14	0.08	0.19	0.03	6.54	100.00
漳州土	48.54	36.24	0.64	0.05	0.38	0.10	1.80	0.01	11.89	99.65
同安土	47.79	36.62	1.12	0.09	0.00	0.05	0.58	0.34	13.46	100.05
星子高岭	51.26	33.05	1.38	0.10	0.01	0.18	2.48	0.01	11.46	99.93
立安土	45.13	36.64	1.77	0.66	0.24	0.40	1.14	0.00	14.03	100.01
高明土	56.13	27.11	1.89	0.83	0.12	0.32	1.63	0.13	11.80	99.96
漳州黑泥	59.69	23.89	1.70	1.09	0.07	0.28	1.20	0.01	12.02	99.95
漳州灰泥	53.46	30.96	1.13	0.49	0.01	0.23	1.94	0.01	11.73	99.96
漳州白泥	60.88	27.34	1.01	0.61	0.24	0.16	1.62	0.01	8.09	99.96
彰武土	75.92	15.77	0.52	0.17	0.16	0.24	4.06	0.20	4.45	101.48
飞天燕瓷土	66.43	20.98	1.39	0.12	0.06	0.12	3.92	1.00	5.96	99.98
永春土	65.59	22.15	1.02	0.18	0.27	0.26	3.65	0.21	6.22	99.55
萧山瓷石	75.40	14.87	0.51	0.10	1.55	0.67	3.90	0.58	2.37	99.95
庐江地开石	69.20	20.13	0.13	0.56	0.33	0.28	0.25	0.35	8.46	99.69
松阳石	79.23	15.14	0.14	0.08	0.15	0.21	0.11	0.18	4.79	100.03
德化叶蜡石	72.90	22.69	0.12	0.35	0.05	0.07	0.00	0.00	3.80	99.98
长泰叶蜡石	72.28	21.09	0.57	0.19	0.01	0.09	0.35	0.19	4.50	99.27
永安钠长石	62.05	24.62	0.34	0.16	0.14	0.15	0.82	8.95	2.40	99.63
邵武长石	67.95	16.93	0.25	0.12	0.05	0.03	11.87	1.78	0.80	99.78
德化长石	69.56	17.23	0.34	0.06	0.06	0.02	9.86	1.26	1.20	99.59
大田长石	68.67	16.24	0.06	0.01	0.01	0.02	14.20	0.38	0.30	99.89
长汀长石	69.22	16.04	0.27	0.03	0.13	0.03	10.53	1.49	1.80	99.54

3.6.5　河南瓷区

河南瓷区主要原料化学成分见表 3-64。

表 3-64			河南瓷区主要原料化学成分						单位：%	
原料名称	SiO₂ 含量	Al₂O₃ 含量	Fe₂O₃ 含量	TiO₂ 含量	CaO 含量	MgO 含量	K₂O 含量	Na₂O 含量	烧失量	合计
苏州土	48.92	35.48	0.78	0.08	0.43	0.30	0.31	0.25	13.97	100.52
龙岩土	48.11	37.42	0.00	0.21	0.13	0.24	2.03	0.00	11.85	99.99
左云土	61.86	24.49	0.58	0.57	1.10	0.36	1.28	0.39	8.93	99.56
沁阳土	46.42	34.78	1.62	1.31	0.80	0.98	0.91	0.62	12.08	99.52

原料名称	SiO₂ 含量	Al₂O₃ 含量	Fe₂O₃ 含量	TiO₂ 含量	CaO 含量	MgO 含量	K₂O 含量	Na₂O 含量	烧失量	合计
揭阳黑泥	53.44	29.33	0.89	0.36	0.22	0.22	1.76	0.10	13.27	99.59
陆丰黑泥	55.79	24.00	1.01	0.41	0.05	0.32	1.21	0.20	16.69	99.68
阳泉土	44.16	37.18	0.79	0.92	0.75	0.17	0.09	0.00	15.94	100.00
博爱土	44.15	35.47	1.83	0.15	0.22	0.15	3.36	0.38	13.34	99.05
禹州毛土	45.26	31.85	1.45	1.1	3.82	0.23	0.34	0.29	16.34	100.68
焦作瓷石	42.71	37.14	1.72	1.39	0.59	0.99	7.85	0.56	6.77	99.72
朔州青矸	55.20	29.62	0.65	0.55	1.08	0.82	0.68	0.22	10.92	99.74
焦作青矸	62.56	25.45	1.07	0.92	0.86	0.50	2.07	1.23	5.42	100.08
博爱灰矸	46.15	35.47	1.83	0.25	0.01	0.44	1.35	0.34	12.58	98.42
禹州碱石	46.09	35.67	1.62	0.46	0.39	0.18	0.63	0.46	14.15	99.65
焦作碱石	44.21	39.63	1.29	0.78	0.35	0.22	0.52	0.16	12.58	99.74
伊川长石	68.24	16.68	0.22	0.05	0.43	0.22	10.89	3.24	0.55	100.52

3.6.6 代表原料的主要物理性能

代表原料主要物理性能见表 3-65。

表 3-65 代表原料主要物理性能

原料名称	干燥性能		烧成性能		
	干燥收缩 /%	干燥抗折强度 /（kg/cm²）	烧成收缩 /%	烧成弯曲 /mm	烧后颜色
沁阳土	5.5	1.4	9.2	11	灰白色
山西紫木节	5.8	2.9	8.9	10.2	灰白色
湛江原矿	3.8	1.7	3.8	5	灰白色
高州土	3.9	1.3	7.2	12.8	灰白色
法库土	5	5.5	8.9	37	青灰色
围场土	5.8	6.5	10.2	39	青灰色
潮州水洗泥	5.1	2.1	7.3	11	土黄色
球土	4.8	8.1	6	5	灰黄色
抚宁瓷石	3.1	0.5	11.2	43	青灰色
宣化瓷石	4.9	3.5	8.7	33	青灰色
焦作瓷石	4.3	1.5	10.9	33	青灰色
潮安黏土	6.5	1.53	10	5	灰白色
揭阳黏土	6	1.3	9.5	6	灰白色
飞天燕瓷土	5.8	1.3	7.5	8	灰白色
揭阳黑泥	4	2.3	9.5	5	灰白色
陆丰黑泥	6.5	2.4	9.8	4	灰白色

原料名称	干燥性能		烧成性能		
	干燥收缩/%	干燥抗折强度/（kg/cm²）	烧成收缩/%	烧成弯曲/mm	烧后颜色
增城黑泥	4.5	2.2	7.5	9	灰白色
惠州花泥	4.5	1.2	11.5	3	灰白色
立安土	4.53	6.38	10.77	2.51	浅白色
高明球土	4.97	5.92	8.14	4.49	灰白色
新科美球土	5.47	4.91	7.97	5.03	浅白色
同安土	3.41	—	8.88	7.04	白色
星子高岭土	3.66	—	8.84	17	浅白色
萧山石	2.8	—	11.4	59	浅灰色
松阳石	2.2	0.99	2.94	8.87	白色
德化叶蜡石	2.44	—	2.44	15.2	浅白色
永春土	4.54	2.52	8.74	11.3	黄白色

4

试验测定

卫生陶瓷生产中必须进行许多试验测定工作，本章介绍所涉及的试验测定项目。

4.1 化学分析

4.1.1 化学组成分析

陶瓷化学分析的目的是分析测定出原料、辅料、成品、半成品的化学组成。通常的测定项目为：SiO_2、Al_2O_3、Fe_2O_3、T_iO_2、CaO、MgO、K_2O、Na_2O 和烧失量（也称灼烧减量，I.L.），但对陶瓷色釉料除上述项目外，还须分析 ZrO_2、MnO、CuO、CoO、Cr_2O_3、NiO、ZnO、PbO、SnO_2、BaO、P_2O_5、Li_2O、B_2O_3 等，有时还需分析 S 和 F 等微量元素。

这里介绍常用的四种化学组成分析方法。

4.1.1.1 陶瓷材料及制品化学分析方法

（1）试样制备　试样应按产品标准中的规定或技术要求抽样，使其对全体具有代表性。卫生陶瓷一般使用同批次多点取样混合后按四分法或八分法分样。

试样应按经验公式分取样品量，计算公式如下：

$$Q = kd^2$$

式中　Q——处理后具有代表性的最低重量，kg；

k——特性常数，本标准中定为 0.2；

d——处理后的最大粒径，mm。

将送检样粉碎、过筛、缩分处理成分析试样，使其不失去原送检样的代表性。

分析试样最大粒径小于 0.09mm，最低重量不小于 50g，分析试样在各组分测定之前，须经过 105～110℃ 恒温干燥 2～3h。

① 碱熔试样的制备。称取试样 0.5g，精确至 0.0001g，置于铂坩埚中，取碳酸钠 4g（或混合熔剂 3g），将熔剂的三分之二与试样混匀，剩下的三分之一覆盖于上面，先低温加热，逐渐升高至 1000℃，熔融 10～15min，取出冷却后，将熔块用热水浸出于 500mL 烧杯中，加入盐酸（密度 1.19g/cm³）20mL，盖上表面皿，待反应停止后用盐酸（1+1）及热水洗净坩埚、坩埚盖及表面皿，将烧杯移至沸水浴上，浓缩至硅酸胶体析出仅带少量液体为止（约 10mL）；取下，冷却至室温，加入丙三醇 10mL 以除硼，摇匀，再加入聚环氧乙烷溶液（0.05%）10mL，

搅匀，放置 5min，加沸水 10mL 使盐类溶解；然后使用慢速定量滤纸过滤于 250mL 容量瓶中，用热盐酸（1+19）洗涤 5～6 次；最后用一小片滤纸及带胶头的玻璃棒擦洗烧杯，使沉淀转移完全；再用热水洗涤沉淀至无氯离子，将沉淀移入已恒重的铂坩埚中，加硫酸（1+1）1 滴，加盖并留一缝隙，先炭化再灰化至白色，然后放入高温炉内于 950～1000℃灼烧 1h，移入干燥器中冷却至室温，反复操作至恒重，记为 m_1。润湿上述沉淀后，加入硫酸（1+1）5 滴和氢氟酸（密度 1.14g/cm^3）10mL，先小火逐渐升温蒸至开始冒白烟，取下冷却再加硫酸（1+1）3 滴，氢氟酸 5mL，蒸至白烟逸尽，移入 950～1000℃高温炉中灼烧 1h，移入干燥器中冷却至室温，称量，反复操作直至恒重，记为 m_2（如果残渣超出 10mg 须重新称样返工重做）；用焦硫酸钾 1g 在 500～600℃熔融残渣，冷却后用几滴盐酸（1+1）和少量水加热溶解，并入滤液，稀释至刻度，此溶液称为试液 A。此溶液供残留 SiO$_2$、Al$_2$O$_3$、Fe$_2$O$_3$、TiO$_2$、CaO、MgO 含量的测定。

② 酸溶试样的制备。当 SiO$_2$ 含量在 98%以上时，可用此法制备试液。称取试样 1g，精确至 0.0001g，置于铂坩埚中，加水湿润，加入 1mL 高氯酸（密度 1.75g/cm^3）、10mL 氢氟酸（密度 1.14g/cm^3），盖上坩埚盖并使之留有空隙；在不沸腾的情况下加热约 15min，打开坩埚盖用少量水洗两遍（洗液并入坩埚内）；在普通电热器上小心蒸发至近干，取下坩埚；稍冷后用少量水冲洗坩埚壁，再加 3mL 氢氟酸并蒸发至近干；稍冷后加 4 滴高氯酸，继续蒸发至干；稍冷后加入盐酸（1+1）10mL，放在普通电热器上加热分解至溶液澄清；用热水将溶液洗至烧杯内，冷却后移至 250mL 容量瓶中，用水稀释至刻度，摇匀。此溶液称为试液 B，以上溶液供 Al$_2$O$_3$、Fe$_2$O$_3$、TiO$_2$、CaO、MgO、K$_2$O、Na$_2$O 含量的测定。

（2）仪器、设备

① 原子吸收分光光度计。铁在波长 248.3nm 处的灵敏度应高于 0.1μg/mL（1%吸收），钙在波长 422.7nm 处的灵敏度应高于 0.1μg/mL（1%吸收），镁在波长 285.2nm 处的灵敏度应高于 0.1μg/mL（1%吸收）。

② 火焰光度计。以石油气、液化石油气或煤气为燃气。其灵敏度对氧化钾或氧化钠均应高于每分度 0.05μg/mL。

③ 分光光度计。符合 GB/T 9721—2006 规定。

（3）方法提要

① 灼烧减量（烧失量）测定。经过（105±5）℃干燥的试料经（1000±25）℃灼烧，所损失的质量为灼烧减量（烧失量）。

② 二氧化硅测定。

a．普通滴定法。

ⓐ 称量经（105±5）℃烘干 2h 的试样约 0.5000g，置于预先铺有一层无水碳酸钠的铂坩埚中，放置马弗炉中。（注意无水碳酸钠与试样混匀后，再加 2g～3g 无水碳酸钠于表面。）

ⓑ 从低温升起（避免温度过高使二氧化碳气泡逸出过快，引起样品的损失）至 950～1000℃熔融 10～15min，直到熔体呈透明状。旋转使熔体均匀地附在坩埚内壁，用热水浸出，再移至马弗炉内灼烧至暗红色（为使熔体易于脱落），冷却熔块置于 250mL 蒸发皿中，加入盐酸于水浴上蒸发至干，注意蒸发至近干时，四壁上会形成一层硬壳，应小心压碎，以加速脱水。

（注：测定方解石、白云石的 SiO$_2$ 时，直接用盐酸溶样、过滤，沉淀物经灼烧后称量，即为其 SiO$_2$ 的含量，滤液收集于 250mL 容量瓶中，定为试液甲）

ⓒ 在（105±5）℃的烘箱中烘 1h 冷却，加入盐酸，放 5min，加入 50mL 热水搅动使盐类溶解，放置片刻用慢速滤纸过滤，注意以热的 5:95 盐酸水溶液洗 6～8 次，再用热水洗至无氯离子。滤液收集于 250mL 的容量瓶中，供测 CaO、MgO、Fe₂O₃、TiO₂、Al₂O₃ 用，定为溶液甲。

ⓓ 将沉淀和滤纸一并置于瓷坩埚中，烘干，灰化，于 950～1000℃高温中灼烧 30min，冷却，称量，反复灼烧至恒重 G_1。

ⓔ 计算结果。二氧化硅的计算公式如下：

$$SiO_2\% = (G_1 - G_2)/G \times 100\%$$

式中　G_1——沉淀加坩埚的质量；
　　　G_2——瓷坩埚的质量；
　　　G——称取试样的质量。

b. 聚环氧乙烷凝聚与硅钼蓝光度联用法。试料用碳酸钠（或混合熔剂）熔融，在盐酸介质中，用聚环氧乙烷使硅酸凝聚析出，灼烧沉淀，称量。用氢氟酸使二氧化硅挥发，再灼烧、称量，由其减量求出主二氧化硅含量。分取滤液，用硅钼蓝光度法测出滤液中残留二氧化硅含量，二者之和则为试样的二氧化硅含量。

c. 氢氟酸法。在测定灼烧减量后的试料中，加入氢氟酸使二氧化硅挥发，再灼烧，称量，由其减量求出二氧化硅含量。

③ 三氧化二铝测定。

a. 铜铁试剂—三氯甲烷萃取分离，EDTA 络合滴定法。分取分离硅后的滤液（或氢氟酸去硅后，溶解残渣的溶液），调节溶液酸度为 2.5mol/L，用铜铁试剂和三氯甲烷萃取分离铁、钛等干扰元素，在过量 EDTA 标准溶液中，以二甲酚橙作指示剂，用乙酸锌返滴过量 EDTA。

b. 氟化物取代，EDTA 配位滴定法。分取分离硅后的滤液（或氢氟酸去硅后，用盐酸溶解残渣的滤液），加入过量的 EDTA，调节 pH≈4，使之与铝、钛等离子完全配位，以二甲酚橙为指示剂，以乙酸锌标准溶液回滴过量的 EDTA，再加氟化钠置换出铝、钛络合的 EDTA，然后继续用乙酸锌标准溶液滴定铝、钛含量。

④ 三氧化二铁测定。

a. 邻菲罗啉光度法。分取碱熔的滤液或酸溶的溶液，用柠檬酸掩蔽共存干扰离子，以抗坏血酸将三价铁还原成二价后，在 pH≈3 的溶液中，加邻菲罗啉使之与 Fe²⁺ 共成橘红色配位物，在分光光度计上于 510nm 处测吸光度。

b. 火焰原子吸收分光光度法。将试料用氢氟酸和高氯酸分解，蒸干后溶于盐酸，用原子吸收分光光度计在 248.3nm 处测定铁的吸光度。

⑤ 二氧化钛测定。使用二安替比林甲烷分光光度法。四价钛离子与二安替比林甲烷，在盐酸酸度为 1.2～2.5mol/L 之间形成稳定的黄色配位物。用抗坏血酸消除铁的干扰，在分光光度计上于波长 390nm 处测钛黄色配位物的吸光度。

⑥ 氧化钙和氧化镁测定。

a. EDTA 络合滴定法。分取碱熔的滤液或酸溶的溶液两份，其中一份加三乙醇胺掩蔽铁、铝、钛，在强碱性溶液中，加钙黄绿素与百里酚酞混合指示剂，用 EDTA 标准溶液滴定钙；另一份同样以三乙醇胺作掩蔽剂，在氨性溶液中，加甲基百里酚蓝指示剂，用 EDTA 标准溶液滴定钙、镁合量，用差减法求出氧化镁的含量。

b．火焰原子吸收分光光度法。将试液在原子吸收分光光度计上，以钙空心阴极灯于波长 422.7nm 处，镁空心阴极灯于波长 285.2nm 处分别测定钙、镁的吸光度。

⑦ 氧化钾及氧化钠测定。使用火焰光度法。将试液与标准溶液同时在火焰光度计上分别测定其相对辐射强度，以计算氧化钾或氧化钠的含量。

⑧ 一氧化锰。试料以硫酸-氢氟酸分解，在磷酸介质中，用高碘酸钾将低价锰氧化成紫红色高锰酸，用分光光度计于波长 530nm 处测定溶液的吸光度。

⑨ 五氧化二磷测定。试料以硝酸-氢氟酸分解，在硝酸介质中，磷酸与钒酸盐和钼酸盐生成黄色络合物，用分光光度计于 390nm 处测定溶液的吸光度。

⑩ 三氧化硫测定。试料用碳酸钠-氧化镁混合熔剂熔融，将硫全部转化成可溶性硫酸盐后，在盐酸介质中，加入氯化钡，使硫生成硫酸钡沉淀，经 800℃灼烧，称量，计算三氧化硫百分含量。

4.1.1.2 多元素快速分析

采用重量法、容量法、分光光度法、火焰光度法及原子吸收光度法进行材料的化学分析时，耗费时间比较长，有时不能满足生产工艺控制的要求。多元素快速分析方法可在数小时内完成一个样品的全分析。此方法适用于陶瓷、耐火材料、无机非金属矿产的化学分析。

（1）工作原理　本方法以光度分析为基础，通过采用以微电流向左扩展标尺、光电流向右扩展标尺，实现了大范围的线性化，避免了在光度法分析中浓度较大的溶液偏离比尔定律、线性差、分析结果误差较大的缺陷。在本分析方法中采用了稳定的、快速准确的显色体系和系统分析流程，解决了多元素间的相互干扰问题，分析结果准确可靠。

（2）测定范围及项目

① 测定成分及范围如下。

SiO_2：0.10%～99%	K_2O：0.10%～15%	Al_2O_3：0.10%～99%	Na_2O：0.10%～15%	Fe_2O_3：0.10%～15%
CaO：0.10%～60%	TiO_2：0.10%～15%	MgO：0.10%～60%	Li_2O：0.10%～15%	ZrO_2：0.1%～99%
CoO：0.1%～10%	P_2O_5：0.1%～30%	B_2O_3：0.1%～30%	SnO：0.1%～99%	PbO：0.1%～20%
ZnO：0.1%～15%	BaO：0.1%～10%	NiO：0.1%～15%	MnO：0.1%～15%	Cr_2O_3：0.1%～15%

② 测定项目如下。

长石、黏石、高岭土、石灰石、白云石、方解石、矾土、石英等陶瓷原材料的全分析；石英（SiO_2＞98.00%）；锆英石中锆、硅、铁、钛；熔块釉中 8 个常规元素以及锆、钴、铅、硼、钡、锌、铬等；锂辉石、锂长石中 8 个常规元素及锂；钛白粉中钛；陶瓷原材料中 P_2O_5；氧化锰化工原料；氧化钴化工原料；化镍化工原料；氧化锌化工原料（ZnO＞90%）；氧化钡化工原料；电瓷、玻璃行业中低含量组分：Fe_2O_3（0.005%），K_2O（0.02%），Na_2O（0.02%），P_2O_5（0.02%），MnO（0.02%），CoO（0.10%），Cr_2O_3（0.10%）。

（3）操作过程　称取一定量试样于银坩埚中，加熔剂（1.35±0.01）g，用小玻璃棒搅匀，刷净玻璃棒。于 750℃马弗炉中熔融 15～25min（对于不含碳质的黏土、长石、高岭土，熔样时间可以短一点，以能彻底熔开试样为准，可根据分析对象自行掌握），取出坩埚稍冷后，按下列方法处理。

将熔好的试样放入 600mL 干燥的烧杯中，用 500mL 容量瓶定量加入 500mL 浸取液［浸取液为含 HCl（1+1）35mL 的二次水］，边搅边在超声波上浸出试样后，再倒回原容量瓶中，摇匀供测定各元素使用。

分析过程为：样品→试样→称量→熔样→浸取→显色→测定→数据处理→结果打印。

从称样开始，2~3h 完成 8 个常规项目的化学成分分析全过程。4h 完成所有项目的分析。一次最多检测样品数为 10 个。

4.1.1.3　X 射线荧光光谱分析

（1）简介　X 射线荧光光谱分析利用初级 X 射线光子或其他微观离子激发待测物质中的原子，使之产生荧光（次级 X 射线）而进行物质成分分析和化学态研究的方法。按激发、色散和探测方法的不同，分为 X 射线光谱法（波长色散）和 X 射线能谱法（能量色散）。

当原子受到 X 射线光子（原级 X 射线）或其他微观粒子的激发时，内层电子电离而出现空位，原子内层电子重新配位，较外层的电子跃迁到内层电子空位，并同时放射出次级 X 射线光子，此即 X 射线荧光。较外层电子跃迁到内层电子空位所释放的能量等于两电子能量级的能量差，因此，X 射线荧光的波长对不同元素是特征的。

X 射线荧光光谱仪和 X 射线荧光能谱仪各有优缺点。前者分辨率高，对轻、重元素测定的适应性广。对高低含量的元素测定灵敏度均能满足要求。后者的 X 射线探测的几何效率可提高 2~3 数量级，灵敏度高。可以对能量范围很宽的 X 射线同时进行能量分辨（定性分析）和定量测定。对于能量小于 2 万电子伏特左右的能谱的分辨率差。

X 射线荧光分析法，除用于物质成分分析外，还可用于原子的基本性质如氧化数、离子电荷、电负性和化学键等的研究。

（2）操作过程

① 试样制备。称取细度大于 200 目有代表性试样 2g 左右，与不小于 8g 的专有熔剂混合，放入铂金坩埚中，于 1050℃熔制，待完全熔化后自然冷却。制成的样品大约为 $D \times H = 30mm \times 3mm$ 玻璃状圆饼。

② 测试。每台仪器试样架可放置约 60 个样品，测定时间为 2~3min/样品。

4.1.1.4　原子吸收光谱分析法

原子吸收光谱分析法又称原子吸收分光光度分析法，简称原子吸收分析法。它是基于试样中待测原子蒸气对该元素原子特征谱线的吸收程度进行定量分析的一种方法。

（1）操作过程　先将试样制成溶液或直接置于原子化器中，在高温下进行原子化。将试样中待测元素转变成原子蒸气。让元素灯发射的特征光谱线穿过有一定厚度的原子蒸气，该特征光谱线部分被原子蒸气中待测元素的基态原子所吸收，强度减弱，经分光系统后照射在检测器上，再经放大后读数并记录。

（2）原子吸收分析的特点　该方法的优点是灵敏度高，分析速率快。火焰原子化法绝对检出限达 $10^{-10}g$，无火焰原子化法可达 $10^{-14}g$；选择性好，对于元素特征光谱线吸收的测量干扰成分少，同一试样可不经分离可直接测定多种元素；准确度高，火焰原子吸收光谱分析法的相对误差可达 0.1%~0.5%；适用范围广，既适用于常量元素分析，也适用于微量元素分析，分析元素的面较宽。该方法的缺点是分析一个元素就要换一支元素灯，不大方便，多数非金属元素不能直接测定，另外，对于高含量成分的测定误差较大。此方法灵敏度高，分析速率快，对低含量元素是很好的分析方法。

4.1.2　工业用水分析

陶瓷工业生产中所使用水的硬度、水中含有的硫酸盐、钙离子、铁离子等对泥浆性能、产品质量及水管道等都会产生影响。应根据实际需求，指定企业的水质量的指标。企业可参照以下国家标准对生产用水进行分析测定。

标准号	标准名称	内容
GB 6907—2005	锅炉用水和冷却水分析方法	水样的采集方法
GB/T 14427—2017	锅炉用水和冷却水分析方法	铁的测定　分光光度计法
GB/T 6910—2006	锅炉用水和冷却水分析方法	钙的测定　络合滴定法
GB/T 6911—2007	锅炉用水和冷却水分析方法	硫酸盐的测定　重量法
GB/T 6909.2—2008	锅炉用水和冷却水分析方法	低硬的测定　低硬度

4.2　矿物组成分析和显微结构的观察

4.2.1　偏光显微镜分析

偏光显微镜是研究陶瓷材料（矿物）晶体薄片光学性质的重要仪器。主要由镜架、载物台、下偏光镜（起偏镜）、上偏光镜（分析镜）和镜筒组成。

试样薄片磨制法简介：用切片机从试样上切下一小块，先把一面磨平，用加拿大树胶把一平面粘在载玻璃上（其大小为 25mm×50mm，厚约 1mm）。再磨另一面，磨至厚度为 0.03mm，用树胶把盖玻璃粘在它的表面（盖玻璃大小为 15mm×15mm 至 20mm×20mm，厚度为 0.1～0.2mm）。

透明矿物薄片系统鉴定的内容如下。

① 单偏光镜下的观察。

晶形：观察晶体的完整程度，结晶习性。根据各方向切面形态，初步判断晶体形状及可能属于哪一个晶系。

解理：观察解理的完全程度，根据不同方向切面上的解理，判断解理的组数。如为两组解理，需要测定解理夹角，尽可能确定解理与结晶轴之间的关系。

突起：观察矿片的边缘、糙面及突起明显程度，结合贝克线移动规律确定其突起等级，估计矿物折射率的大致范围。

颜色、多色性：观察矿片有无颜色，如有颜色，则观察有无多色性，多色性变化情况，并在定向切片上测定多色性公式及吸收公式。

此外，还应观察有无包裹体，其排列与分布情况；有无次生变化，其变化程度及变化产物。

② 正交偏光镜下的观察。

干涉色：观察矿片的最高干涉色级序，在平行光轴或光轴面切片上详细测定干涉色级序，有无异常干涉色，其特点如何。

测定双折射率：根据矿片的最高干涉色级序（定光程差）、薄片厚度，确定双折射率值。

消光类型：根据不同方向切片上的消光情况，确定矿物的消光类型。

测定消光角：对斜消光的矿物，在定向切片上测定消光角。

测定延性符号：对一向延长的矿物，测定其延长方向的光率体椭圆半径名称，确定延性符号。

双晶：观察矿物有无双晶，确定双晶类型。

③ 锥光镜下的观察。根据有无干涉图区分均质体与非均质体。根据干涉图特征确定轴性（区分一轴晶与二轴晶）、切片方向。测定光性符号、光轴角大小。观察色散类型、强弱及紫光与红光光轴角的相对大小。

4.2.2 电子显微镜分析

4.2.2.1 透射式电子显微镜（TEM）

利用从电子枪发射出的具有一定波长的高速电子流，轰击在很薄的样品上，产生明区和暗区，然后经过物镜、中间镜、投影镜逐级放大、并把图像投影到荧光屏上进行观察、照相。其特点是分辨率极高，放大倍数可达 80 万倍以上，线分辨可达 1.44Å，可直接观察到某些重要元素的原子在点阵中的排列。

（1）试样制备　透射电镜样品通常放在一个带有支持膜的格网上。通用的是直径约 3mm 的圆形铜制格网。样品通常需放在附着于铜网上的支持膜上；膜要薄，一般厚度不大于 100～150Å。这样既能充分透过电子，又能良好地附着于铜网上。支持膜应是非晶质的，广泛采用的是塑料和蒸发碳膜。

① 粉末样品的分散和固定方法。粉末样品的分散和固定方法分湿法和干法两种。湿法是用蒸馏水、酒精或两者的混合液作分散剂（或悬浮剂），把粉末试样制成适当浓度的悬浮液或糊糊，再固定在支持膜上。干法则是把试样粉末直接散布在支持膜上，但它容易脱落，因此一般高性能电镜不允许干法分散固定。

② 块状试样的制备方法。透射电镜用的块状样品必须制备成能透过电子的薄膜，其厚度需控制在数微米范围内，常采用离子减薄法。当氩离子束轰击样品表面时，试样表层原子一个一个地被弹出，这就是试样的薄化过程或腐蚀过程。

③ 复型膜的制备方法。对陶瓷制品而言，常采用制作表面复型的方法以观察其显微结构特征。按操作程序不同可分为一级复型法、二级复型法和多级复型法。

一级复型法是把复型物质直接覆盖或沉淀到样品表面上，然后把复型膜（印上样品表面形貌的复型物质）和试样分开。在透射电镜中直接观察复型膜，而不是试样本身。这种一级复型的凹凸形貌与试样相反，它适合于具有光滑表面的试样，粗糙表面的试样常采用二级或多级复型法。

（2）透射电子显微镜在陶瓷研究领域中的应用

① 用于陶瓷原料的研究。陶瓷制品的许多性质在很大程度上依赖于所用原料的特性。氧化物粉末和黏土等原料，就可用透射电镜进行分析鉴定。如用来观察颗粒的形状、大小和分布，通过电子衍射，可分析相组成和其他结构要素。

② 用于陶瓷制品的研究。陶瓷制品的性质与它的显微结构有直接关系，对于这类块状材料，除可制成薄膜样品外，更多地制作表面复型薄膜，以观察其显微结构特征，如：素瓷、

瓷釉及各种特种陶瓷的显微结构。

4.2.2.2 扫描电子显微镜（SEM）

扫描电镜是一种快速、直观、综合的分析仪器。与透射电镜比较，它的放大倍数较小但样品室大。它的优点是：适合观察大块试样；景深大，图像立体感强；试样制备简单；在观察扫描形貌的同时可作试样微区元素分析；利用电子通道效应，可作晶体结构微区分析等。

SEM 的成像原理与 TEM 的完全不同。TEM 是用成像电磁透镜将试样图像一次呈现在镜体内的荧光屏上（同时成像），而 SEM 则不需要成像透镜。它按一定时间、空间顺序在镜外显像管荧光屏上用扫描的方法呈现试样的像（逐点成像）。

（1）试样制备

① 试样必须是干净的固体（块状、粉末或沉积物），在真空中能保持稳定。含有水分的试样应先进行脱水处理，并要采取措施防止试样因脱水而变形。有些试样因表面生锈或被尘埃污染而影响观察，对此必须进行适当清洗后再观察。沾有油污的试样必须先用丙酮等溶剂仔细清洗。

② 试样应有良好的导电性。导电不好或不导电的试样如陶瓷坯、釉等，在入射电子照射时，表面易积累电荷，严重影响图像质量，因此必须对这些试样被覆导电膜。通常用真空镀膜机在试样表面蒸镀一层几十埃厚的金属膜或碳膜，以避免荷电现象。

③ 试样尺寸不能过大，必须能放置在试样台上。

（2）SEM 的应用

① 对陶瓷产品表面缺陷的研究，可定量地分析针孔附近的组成和结构，找出形成的原因，从而指出减少针孔的方法。对铁点可进行定量分析。

② 提供准确清晰的形貌字信息　诸如陶瓷表面的形貌、晶粒大小和形状、晶粒间相互结合的状况、晶粒间或晶粒内气孔的形状与分布，以及断口的形貌等。

③ 可对界面进行观察，如对坯釉结合层、瓷坯中的玻璃相以及耐火材料中颗粒间的黏合剂层等进行观察和研究。

④ 对试样的成分分析，当配有不同形式能谱仪时，在观察试样的同时可对微区进行化学元素的定性和定量分析（原子序数 $Z \geqslant 11$）。

⑤ 对试样的晶体结构分析，利用电子通道效应，当入射电子束与样品的平面夹角，大于布拉格方程式 $2d\sin\theta = n\lambda$ 中的 θ 角时，由于被散射的电子量少，进入电子接收器的电子数量就少，反映到显像管上呈暗条带，反之则呈亮条带。

4.2.3　热分析

物质随着温度的变化，其物理和化学性质也会发生变化，并伴随有能量的吸收和放出、体积和质量的改变等。热分析法就是关于物质物理性质（能量、质量、尺寸大小等）依赖于温度变化而进行测量的一项技术。通过分析物质在加热过程中产生吸热、放热的热效应、质量和体积的改变等特征，可对矿物晶系进行定性和定量分析，为生产提供重要依据。

热分析的方法很多，有差热分析、失重分析、热膨胀和收缩的测定及组合在一起的综合热分析。其中用差热分析（DTA）和失重分析（TG）对原料的测定，对陶瓷的烧成制度有重要的指导作用。不同方法适用的测试性能不同，热分析方法与其适用的测试性能见表 4-1。

物理特性及化学特性与热效应的关系见表 4-2。

表 4-1　热分析方法与其适用的测试性能

测试性能	DTA	TG	测试性能	DTA	TG
熔化、凝固	√	×	纯度鉴定	√	×
升华、挥发、吸收	√	△	软化	×	×
氧化、还原、脱水	√	△	结晶度	√	×
相图	△	×	升华反应和挥发速度	√	△

注：△表示最适用；√表示可用；×表示不能用。

表 4-2　物理特性及化学特性与热效应的关系（打√代表有关联）

物理特性	热效应		化学特性	热效应	
	吸热	放热		吸热	放热
晶型转化	√	√	化学吸附		√
溶化	√		去水	√	
蒸发	√		分解	√	√
升华	√		氧化性降解		√
吸附		√	气态氧化		√
解吸	√		气态还原	√	
吸收	√		氧化还原	√	
凝聚		√	固态反应	√	

4.2.3.1　差热分析

（1）概述　陶瓷矿物原料或坯料在受热或冷却过程中，随着温度的变化，产生物理化学变化，如分解或化合、氧化或还原、晶型转变、固相反应、结晶或析晶、熔融或凝固等。这些变化往往都伴随着热效应，即以吸热或放热的形式表现出来，其物理特性及化学特性与热效应的关系见表 4-2。测定热效应值的简便而准确的方法是差热分析法。差热分析（DTA）是测定矿物在不同温度下，伴随物理-化学变化所产生的热效应，从而得到该矿物的加热（冷却）曲线的一种方法。它是最基本、最通用的一种热分析方法。几种试样的差热分析图谱如图 4-1 所示。

所用试样的量要在仪器灵敏度许可范围内尽量小，一般用量在 10mg，粒度在 200～300 目筛。

（2）差热分析的应用　由于矿物在各自特定的温度范围内产生相应的热效应值，通过测定矿物这些热效应值，就可以了解各种矿物受热变化的特征及变化

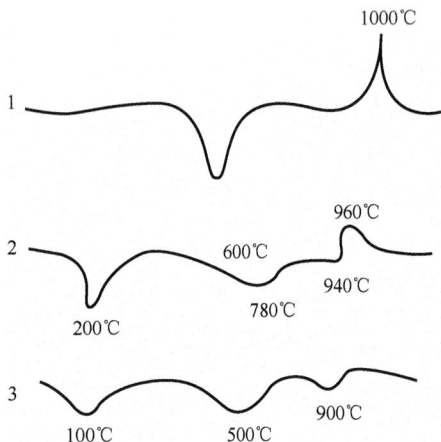

图 4-1　几种试样的差热分析图谱

的实质，作为定性鉴定矿物类型的依据。在一定条件下，可根据热效应曲线中的峰谷面积与

生产这一效应的作用物质的质量之间的比例关系进行定量分析。

由于差热分析不仅能鉴定矿物种类，而且能掌握它们在加热过程中的变化，测定坯料的差热曲线，可为生产中改进配方和制定合理的烧成制度等工作提供依据。

4.2.3.2 失重分析

（1）概述　生产陶瓷所用的许多矿物原料如黏土矿物，在加热时，会排除吸附水、结晶水、结构水等；分解释放出二氧化碳等各种气体，还有升华等反应，使质量减少。而某些矿物，由于加热中的氧化，又使质量有所增加。失重分析法就是在程序控制温度下，测量物质的质量随温度变化的一种试验技术。

（2）计算　在某温度下试样的失重计算公式如下：

$$B = \frac{m_0 - m_T}{m_0} \times 100$$

式中　B——试样失重百分数，%；

m_0——试样的初始质量，g；

m_T——某温度下试样的质量，g。

以温度为横坐标、失重百分数为纵坐标，即可绘制出试样热失重曲线。

（3）失重分析的应用　利用失重分析可以研究物质热变化过程中试样的组成、热稳定性、热分解温度、热分解产物及推知反应机理等内容。实验证明，在加热过程中，不同的原料由于物质的化学组成和结构的不同，都具有各自的热失重特征，这也是失重分析的基础。如果测定出被测原料的热失重曲线，与有关的矿物典型热失重曲线（可从有关资料中获得或实际测出）进行比较，可以鉴别该原料的矿物类型。但是必须指出，在许多情况下，黏土或矿岩往往不只含有一种矿物，而有些矿物的失重温度常常相差不大或基本一样，这就给单凭失重曲线鉴定矿物组成带来困难，因此确定矿物组成还须和其他研究方法相配合，才能获得可靠的结果。

（4）综合热分析　分析方法要求在相同的试样条件下，尽可能多地获得表征试样特征的各种信息，以便于分析、比较，从而对所测试样做出比较正确的判断。因此仪器的综合化是分析仪器发展的方向。为适应科学研究和生产的需要，热分析法也有必要把各个单独的仪器组合在一起，使之在相同的试样条件下，得到关于试样热变化的各种信息的数据，这就是综合热分析仪。综合热分析仪把差热分析、失重分析、线膨胀系数分析组合在一起，在相同的试验条件下得到差热曲线、失重曲线、体积变化曲线以及升温曲线。

利用综合热分析试验可做如下分析。

① 当有吸热效应并伴有质量损失时，可能是物质脱水或分解；有放热反应，伴有质量增加时为氧化过程。

② 当有热效应而无质量变化时，为晶型转变所致，同时伴有体积变化。

③ 当有放热效应，并伴有体积收缩时，表示有新物质形成。

④ 当没有明显的热效应，开始收缩或以膨胀转为收缩时，表示烧结开始，收缩越大，表示烧结进行得越剧烈。高压电瓷坯料的综合热谱图如图 4-2 所示。

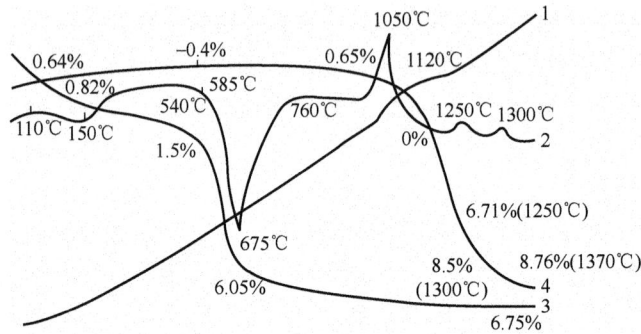

图 4-2　高压电瓷坯料的综合热谱图

1—升温曲线；2—差热曲线；3—体积变化曲线；4—失重曲线

4.2.4　X 射线衍射分析

晶体的空间格子构造可以成为 X 射线的光栅。当 X 射线穿过晶体后可以发生衍射。且符合布拉格公式 $d_{(hkl)} = \dfrac{n\lambda}{2\sin\theta}$。式中 θ 是入射线与反射面网间的夹角，称为掠射角或布拉格角；n 为一整数，称为反射级数；$d_{(hkl)}$ 为面间距，λ 为波长。由于 n 为整数，因而 θ 值必然是某几个不连续的确定值。因此晶体对 X 射线的衍射（在形式上可看成是面网对 X 射线的反射）的衍射线的方向仅与晶体结构中单位晶胞的形状和大小有关，衍射线的相对强度则取决于所包含的原子的种类和它们在晶胞中的相互配置。据此可以鉴定结晶物质的物相组成及其内部原子（或离子）间的距离和排列结合方式。

（1）X 射线物相分析　X 射线物相分析是根据晶体对 X 射线的衍射方向和强度来鉴定物相的方法。它采用粉末状多晶样品，用照相法或计数器衍射仪法来获得其粉末衍射图样。前者称为 X 射线粉晶（照相）法，后者称为 X 射线衍射（仪）法。这两种方法的分析结果，都是用晶体面网间距 $d_{(hkl)}$ 和相对强度 I/I_0 来表示矿物的许多衍射特征的。所不同的是：粉晶法一般采用圆柱形样品，入射的 X 射线束的轴线与样品柱的轴线始终保持垂直，用底片记录衍射线，称之为粉晶图或德拜图。衍射仪法一般采用的是平板样品，入射线与样品平面的交角连续梯度变化，用计数器在记录纸上记录衍射线。目前广泛应用的是 X 射线衍射仪法，因为它是以计数器记录衍射的方向和强度以获得数据的。其记录的分辨率高，时间也短，具有速度快、精度高和低角度盲区小等优点，但所需试样比粉晶照相法所需的要多。

（2）X 射线结构分析　X 射线结构分析是利用 X 衍射线的衍射效应来测定晶体的晶胞参数、格子类型、空间群和各个原子（或离子）在晶胞内的排列位置的一种方法。通常分下列步骤进行。

① 在对晶体进行几何结晶学研究的基础上，取定向的单晶体用劳厄法、回摆法或运动底片法等获得衍射图样。对于比较简单的晶体结构，也可用粉晶衍射图样来测定。

② 确定各衍射点（或衍射线）的衍射指标，即衍射线所对应的反射面网指数 h、k、l。

③ 根据晶体的对称型和衍射指标，计算晶胞参数，并定出空间群。

④ 由晶胞参数、试样的化学成分和测得的比重，计算出单位晶胞中各种原子的原子数，并根据晶体化学原理，假设一个可能的晶体结构模型。

⑤ 最后再根据各衍射线的强度，经过计算和对比，对上述模型进行修正，最终定出原子（或离子）在单位晶胞中的位置。

陶瓷原料通常通过 X 射线衍射法进行物相分析鉴定矿物组成。

4.2.5 红外光谱分析

红外吸收光谱简称红外光谱，即物质在红外线照射下引起分子中振动能级（电偶极矩）的跃迁而产生的一种吸收光谱。被吸收的特征频率取决于被照射物质分子的原子质量、键力以及分子中原子分布的几何特点，即取决于物质的化学成分和内部结构。因此每一种物质都具有各自特征的红外吸收光谱，包括谱带位置、谱带数目、带宽及强度。借此可对不同物质进行鉴定，特别对于确定结晶水或化合水、研究阳离子置换造成的类质同象系列、物质的相变以及非晶质矿物等方面有其独到之处。

测定物质红外光谱的仪器是红外光度计。它设有一个红外光源，以产生连续的红外辐射。仪器的关键部件是单色器，它的功能是将通过样品槽和参比槽进入入射狭缝的复色光分成"单色光"，即按波长（或波数）分离开来，以实现红外辐射的分光。此外它还配有红外检测器，以检测透过物质的辐射在不同波长的透过率。由红外光源、单色器和红外检测器等构成了红外分光光度计的光学系统。红外光度计的电子学系统由电子放大器和自动平衡记录器构成。其机械系统由波长扫描机构和狭缝程序机构构成。这三个系统构成了整个红外光度计。

在陶瓷原料测量中，通过判定红外光谱的吸收位置来判定其原料中所含的阴离子基团种类。常见陶瓷原料阴离子基团在中红外区的吸收情况见表 4-3。

表 4-3　常见陶瓷原料阴离子基团在中红外区的吸收情况

基　团	吸收峰位置/cm^{-1}
SiO_3^{2-}	1010~970（强，宽）
SiO_4^{4-}	1175~860（强，宽）
CO_3^{2-}	1530~1320（强，宽），1100~1040（弱），890~800，745~670（弱）
$B_2O_7^{2-}$	1480~1340（强，宽），1150~1100，1050~1000，950~900，~825
PO_3^{-}	1350~1200（强，宽），1150~1040（强），800~650（常出现多个峰）
SO_3^{2-}	980~910 [强，$(NH_4)_2SO_3$ 无此峰]，660~615
SO_4^{2-}	1210~1040（强，宽），1036~960（弱，尖），680~580
TiO_3^{2-}	700~500（强，宽）
ZrO_3^{2-}	790~700（弱），600~500（强，宽）
SnO_3^{2-}	700~600（强，宽）
HPO_3^{2-}	2400~2340（强），1120~1070（强，宽），1020~1005（强，尖），1000~970
VO_4^{3-}	900~700（强，宽）
$Cr_2O_7^{2-}$	990~880（强，常在 920~800 出现 1~2 个尖峰），8400~720（强）
$Cr_2O_4^{2-}$	930~850（强，宽）
MnO^{-}	950~870（强，宽）
结晶水	3600~3000（强，宽），1670~1600

4.3 陶瓷材料性能的测试

4.3.1 光学性能的测定

陶瓷材料的光学性能测定包括白度、光泽度、透光度、颜色四个方面。

4.3.1.1 白度、光泽度、透光度的测定

（1）定义　可见光照射在瓷片试样上，会产生镜面反射与漫反射。漫反射决定了陶瓷表面的白度；镜面反射决定了陶瓷表面的光泽度；镜面透射决定了陶瓷的透光度。

白度是用仪器在额定波长下（使用不同波长的滤色片）测得的与标准样品比较后所得的相对漫反射（散射）率。

透光度是用透过一定厚度瓷坯的透射光强度与其入射光强度之比的相对百分率来表示的。

光泽度是将折射率 N_b=1.567 的黑色玻璃的镜面反射极小的反光量作为 100%（实际上黑色玻璃镜面反射的反光量＜1%）。将被测瓷片的反光能力与此黑色玻璃的反光能力相比较所得的数据。由于瓷釉表面的反光能力比黑色玻璃强，所以瓷釉表面的光泽度往往大于 100。

（2）测定

① 白度的测定。瓷片试样应平整无彩饰，无明显缺陷、表面施釉，样品尺寸不得小于 20mm×20mm。标准白板以优级氧化镁粉压制而成，其光谱漫反射率以 98% 计。

测试仪器为白度计（具有主波长 420nm、520nm、620nm 三块滤色片），也可以用色差计测得 L 值。将样本置于白度计或色差计感光触头下，按动按钮，直接读出结果。

② 透光度的测定。测试仪器为透光度仪。试样为长方形（20mm×25mm）或圆形（ϕ20mm），厚度为 2mm、1.5mm、1 mm、0.5mm 四种不同规格的薄片。制备时应从同一部位切取，要求平整、光洁、研磨后烘干，精确测量厚度。

③ 光泽度的测定。测试仪器采用电光光泽计。试样表面应平滑，无彩饰及明显的凹凸不平，应有足够的平面范围以供测试。具体尺寸按仪器而定，厚度不小于 3 mm。

4.3.1.2 颜色的测定

（1）颜色及表示方式　人的视觉可辨别的颜色多达百种，已知每种颜色在一定光源下都有其特有的光谱特性曲线，它可以定量地用两种方式来表示。

① 孟塞尔色标系（Munsell color system）。它是目前国际上通用的一种颜色表示方式。即用颜色的三个基础属性：色调 H（Hue）、高度 V（Value，又称明度）、色度 C（Colour，又称色饱和度或彩度）来表示颜色。具体方法是将色调分成十类：即红（R）、橙（YR）、黄（Y）、草绿（GY）、绿（G）、青（BG）、蓝（B）、紫蓝（PB）、紫（P）、紫红（RP）。每类又分为 2 个（或 4 个）计 20（或 40）种色调。

② CIE 色标系和 CIE 色图。国际照明委员会（CIE）制定了 CIE 色标系。规定红（R）、绿（G）、蓝（B）为三原色。这三原色相应单色光的波长分别为 700nm、546 nm 和 436 nm。其余色可由三原色合成。CIE 在三原色的基础上引出 X、Y、Z "三刺激值" 的概念。以 X、Y、

Z 三点为顶点的等腰直角三角形刚好可将所有颜色都包含进去，组成 CIE 色图。

（2）颜色的测定方法　颜色的测定方法有视感法、照相法和仪器分析法三大类。视感法就是在日光或标准光源下，通过人的视觉与色谱进行对照后确定。照相法则是在上述光源下，将试样拍成彩色照片，再与色谱进行对照后确定。以上两种方法受鉴别人的视觉、胶卷等多种因素的影响，使结果有一定偏差。最准确的方法是采用仪器分析。常用的仪器是分光光度仪，它有多种类别。

仪器分析用样品要求如下：

粉末状样品经模压后，应紧密并保持光滑。块状样品应烧成符合测试设备要求的片状。如 30mm×5mm 的圆片试样。

4.3.2　力学性能的测定

陶瓷材料常用的力学性能测定内容有：强度（包括弯曲、抗压、抗拉、冲击弯曲强度）、弹性模量、硬度（包括莫氏、维氏和显微硬度）。

下面是几种常用的力学性能的测定方法。

4.3.2.1　强度的测定

材料的强度是抵抗各种外界机械应力作用的能力。根据陶瓷材料所承受的负荷的性质，其机械强度可分为弯曲强度（抗折强度）、抗压强度、抗拉强度、冲击弯曲强度等。

（1）弯曲强度　弯曲强度是试样受到静弯曲力作用破坏时，单位面积上的最大应力。弯曲强度的名称还有抗折强度、断裂模数与抗弯强度，经常使用的名称是抗折强度，使用抗折强度仪（也称为万能材料试验机）进行测定，抗折强度仪如图 4-3 所示。按负荷支点数大致可分为 3 点弯曲法与 4 点弯曲法。测试方法如图 4-4 所示。试样形状可使用圆柱形或棱柱形。

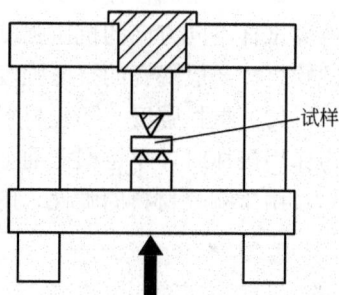

图 4-3　万能材料试验机简图

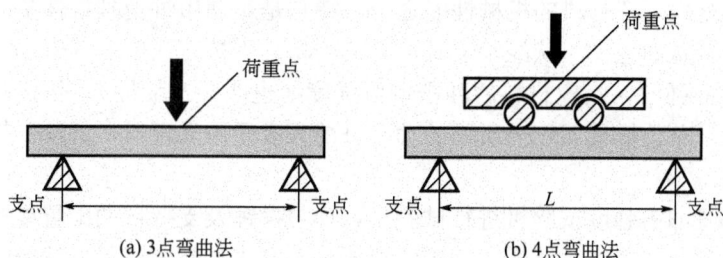

图 4-4　弯曲强度的测试方法

计算公式如下。

圆截面试样：

$$\sigma_{\mathrm{f}} = \frac{8FL}{\pi d^3}$$

方形截面试样：

$$\sigma_f = \frac{3FL}{2bh^2}$$

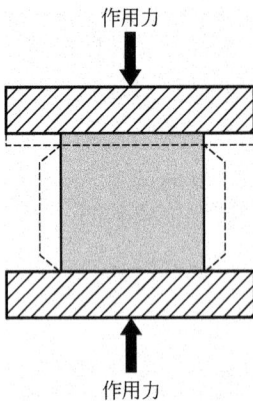

式中　σ_f——试样的弯曲强度，N/mm；

　　　F——试样弯曲破坏负荷，N；

　　　L——两支架间的距离，mm；

　　　d——试样断口处的直径，mm；

　　　b——试样断口处的宽度，mm；

　　　h——试样断口处的高度，mm。

（2）抗压强度　抗压强度是材料受到压缩（或挤压）力作用而破损时的最大应力。如图 4-5 所示，试样两端加压，测定破坏试样的最大负荷 P，抗压强度用 P 值除以受压面积 A 的商来表示。

计算公式如下：

$$\sigma_c = \frac{P}{A}$$

图 4-5　抗压强度测试简图

式中　σ_c——抗压强度，MPa 或 $10^6 N/m^2$。

试样可用圆柱体、立方体和棱柱体等各种形状，圆柱体内部的应力较其他形状均匀，立方体试样不同方向的抗压强度有差异，因此一般最好选用圆柱体试样。测试设备为万能材料试验机。一般陶瓷的抗压强度比抗拉强度要大 10 倍以上。

（3）抗拉强度　陶瓷材料的抗拉强度（又称抗张强度或拉伸强度）是试样两端受到拉伸力作用破坏时，单位横截面上所承受的最大应力值。

由于陶瓷材料的脆性，其拉伸变形很小，所以只要不是在高温下测定，可采用下式计算：

$$\sigma_t = \frac{P}{A}$$

式中　P——拉断负荷，N；

　　　A——试样的断面积，mm^2。

抗拉强度也是表示瓷材料的机械性能之一，特别是对使用时受到拉伸负荷作用的瓷材料进行测定，具有特殊的意义。从经验上看，其值约相当于抗弯强度的 0.5～0.7。

（4）冲击弯曲强度　陶瓷材料的冲击弯曲强度（也叫冲击韧性），是试样受到冲击弯曲力作用而断裂时，单位横截面积上所需的功。目前大多采用陶瓷材料的冲击韧性来衡量陶瓷材料的冲击强度。

用微型摆锤式冲击强度试验机进行试验，试样与摆锤及支持台的配置如图 4-6 所示。试样在试验机上的配置如图 4-7 所示。摆锤的原始势能减去冲断试样后的残余势能为试样所消耗的冲击功。测定时，试样置于一定距离的两支架上，用摆锤冲击试样，使之弯曲破坏，计算破坏时所消耗的冲击功与破坏处横截面积的比值，该值表示瓷材料的冲击弯曲强度。

试样的冲击弯曲强度计算公式如下：

$$\sigma_R = \frac{A}{bh}$$

式中　σ_R——试样的冲击弯曲强度，N·mm/mm²；

　　　A——击断试样所消耗的冲击功，N·mm；

b——试样宽度，mm；

h——试样高度，mm。

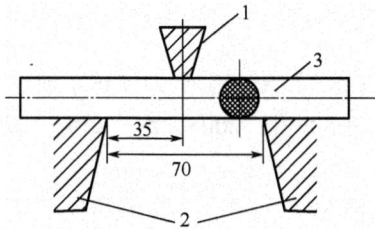

图 4-6 试样与摆锤及支持台的配置
1—摆锤；2—支持台；3—试样

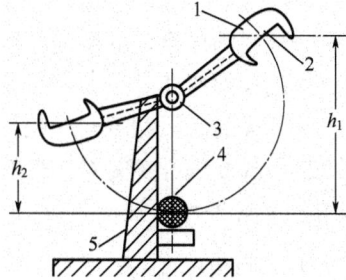

图 4-7 试样在试验机上的位置
1—摆锤；2—刀口；3—轴心；4—试样；5—支持台架

（5）强度数据的评价 影响强度的因素大致可以分为两种：一种是由显微结构和组成引起的材料固有因素，例如，晶粒尺寸和气孔大小及其分布状态等，均属于材料固有的值，这些值的大小对强度的影响很大；另一种是与材料本身没有直接关系的外部因素，由于影响强度的外部因素很多，因此只有在相同的测试条件和试样制备条件下，测试出的强度才有可比性。

4.3.2.2 弹性模量测定

根据虎克定律，引起物体单位长度改变所需的应力，称为弹性模量。它是反映陶瓷材料力学性能的主要指标之一，在弹性范围内，也是反映固体材料质点间结合力大小的一个物理量。可采用动态法中的脉冲激振法测试仪进行测定。

（1）试样规格 试样的要求是边角要整齐，试样要平直光滑，采用直径（20.0±0.5）mm、长（200±2）mm 的圆柱形试样，或尺寸为 150mm×25mm×5mm 的长条试样。

（2）计算 根据试样弯曲振动的固有共振频率计算弹性模量。

圆柱形试样的计算公式如下：

$$E = 0.946\ 5\left(\frac{mf_1^2}{b}\right)\left(\frac{L^3}{t^3}\right)T_1$$

式中 E——杨氏模量，Pa；

m——试样的质量，g；

b——试样的宽度，mm；

L——试样的长度，mm；

t——试样的厚度，mm；

f_1——试样的弯曲基谐共振频率，Hz；

T_1——试样的有限宽度与泊松比等因素对弯曲基谐振动模式影响的校正系数。

长条状试样的计算公式如下：

$$E = 0.946\ 5\left(\frac{mf_1^2}{b}\right)\left(\frac{L^3}{t^3}\right)T_1$$

式中 E——杨氏模量，Pa；

m —— 试样的质量，g；

b —— 试样的宽度，mm；

L —— 试样的长度，mm；

t —— 试样的厚度，mm；

f_1 —— 试样的弯曲基谐共振频率，Hz；

T_1 —— 试样的有限宽度与泊松比等因素对弯曲基谐振动模式影响的校正系数。

详细的测试方法可参阅 GB/T 30758—2014/ISO 12680—1：2005 耐火材料 动态杨氏模量试验方法（脉冲激振法）。

4.3.2.3 硬度的测定

硬度是材料抵抗弹性变形、塑性变形或破坏，或者抵抗其中两种或三种情况同时发生的能力，是材料的一种重要力学性能。陶瓷材料的硬度常用维氏硬度、莫氏硬度、显微硬度来评价。

（1）莫氏硬度 陶瓷及矿物材料常用的划痕硬度叫做莫氏硬度，它只表示硬度由小到大的顺序，不表示软硬的程度。后面的矿物可划破前面的矿物表面。一般莫氏硬度按 10 级标准的莫氏硬度计确定，后来因为出现了一些人工合成的硬度大的材料，又将莫氏硬度分为 15 级。表 4-4 为莫氏硬度两种分级的顺序。

表 4-4 莫氏硬度两种分级的顺序

10 级标准的顺序	材　料	15 级标准的顺序	材　料
1	滑石	1	滑石
2	石膏	2	石膏
3	方解石	3	方解石
4	萤石	4	萤石
5	磷灰石	5	磷灰石
6	正长石	6	正长石
7	石英	7	SiO_2 玻璃
8	黄玉	8	石英
9	刚玉	9	黄玉
10	金刚石	10	石榴石
		11	熔融氧化锆
		12	刚玉
		13	碳化硅
		14	碳化硼
		15	金刚石

（2）维氏硬度 在陶瓷材料的研究中，精确测定材料的硬度，通常在维氏显微硬度计上进行。

维氏硬度试验法是两相对面间的夹角为136°的正四棱锥形金刚石压头，如图4-8所示，在一定的负荷作用下压入试样表面，经规定的负荷保持时间后，卸除负荷，在试样的表面上压出一个正方形的压痕，以所采用的负荷除以压痕的表面积所得的商（N/mm^2）来表示硬度值。维氏硬度用符号 HV 表示。

测量点压痕对角线长的计算公式如下：

$$d = \frac{1}{2}(d_1 + d_2)$$

式中　d——压痕对角线长，mm；

　　　d_1——压痕一条对角线长，mm；

　　　d_2——压痕另一条对角线长，mm。

根据每一个测量点的维氏硬度（N/mm^2）根据负荷 F（N）和压痕对角线长 d（mm），维氏硬度的计算公式如下：

$$HV = 1.854 \times 10^{-6} \times \frac{F}{d^2}$$

在测试时，负荷的大小可根据试样的大小、厚度和其他条件不同而定，一般陶瓷材料从 9.807～294.21N 中选择。

图 4-8　维氏硬度试验法原理

（3）显微硬度　其原理与维氏硬度的测试一样，只是由于使用的负荷小于 9.8N，且压痕以微米（μm）为单位，故称为显微硬度。其压痕对角线尺寸需通过仪器中的光学放大系统（用读数显微镜）测出。计算公式与维氏硬度的相同。

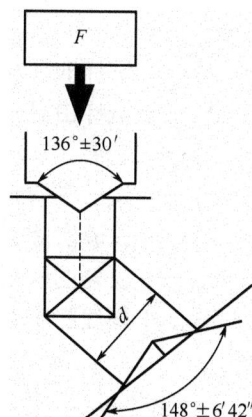

4.3.3　热学性能的测定

卫生陶瓷陶瓷材料的热学性能的测定包括平均线膨胀系数、热导率、热稳定性的测定。

4.3.3.1　平均线膨胀系数的测定

（1）定义　陶瓷材料在加热时，体积产生膨胀。在某一温度区间内，温度升高 1℃，试样单位长度的平均伸长量，称为该温度区间的平均线膨胀系数。有时也用平均线膨胀率表示，这时不是指某一温度下的绝对增加值。某一温度区间的平均线膨胀率以百分率表示，它实际上也就是该温度区间平均线膨胀系数与温度的乘积。

（2）测试　平均线膨胀系数的测定方法是在程序控制温度下，测量物质的体积或长度随温度变化的一种实验技术。仪器采用各种类型的热膨胀仪。它们主要由两部分组成，即温度控制系统和位移测量系统。位移测定有多种方法，通常采用推杆膨胀仪法。它利用某种稳定材料制成杆（如石英玻璃棒），把试样的膨胀从加热区传递到伸长区。

陶瓷试验研究中平均线膨胀系数的测定温度区间一般为 20～600℃，20～900℃，20～1000℃，550～600℃，有时也测定 20～1300℃，也有更高的测定温度区间，这主要由材料的性质决定。测定卫生陶瓷泥浆和釉浆的膨胀系数主要测定区间为：烧膨胀 20～600℃，550～600℃；生膨胀 20～900℃。

试样的规格应符合使用仪器的要求。陶瓷材料试样，按照试样规格，用弯曲强度试样方法制备；釉试样用釉粉干压成形，埋入装有氧化铝粉或石英粉的匣钵内，按照相应坯料的烧成温度烧成。瓷和釉的试样烧成后，在平板玻璃上，用细金刚砂粉，采用湿法，将试样两端仔细磨平，使其尺寸符合试样规格要求。

（3）计算　试样的平均线膨胀系数计算公式如下：

$$a = \frac{\Delta L}{L_0} \times \frac{1}{T_h - T_0} + a_0$$

式中　a——试样的（$T_h - T_0$）平均线膨胀系数，℃$^{-1}$；

　　　ΔL——试样由温度 T_0 升至 T_h 的长度伸长量，mm；

　　　L_0——室温（T_0）下试样的长度，mm；

　　　T_0——试验时的起始温度，℃；

　　　T_h——试验实际加热温度，℃；

　　　a_0——仪器的校正系数，℃$^{-1}$。

试样的平均线膨胀率计算公式如下：

$$A = \frac{\Delta L}{L} \times 100 + a_0(T_h - T_0) \times 100$$

式中　A——试样的平均线膨胀率，%。

釉平均线膨胀系数的计算方法：

釉的平均线膨胀系数除可用仪器测量外，也可利用釉的化学成分进行计算，阿宾推荐的公式如下：

$$a = \frac{\sum x_i \bar{a}_i}{\sum x_i}$$

式中　a——线膨胀系数，×10^{-7}℃$^{-1}$；

　　　x_i——各氧化物成分的摩尔分数；

　　　$\bar{a}_i$——釉玻璃中各氧化物线膨胀系数的平均计算分因数。

在硅酸盐中氧化物和氟化物线膨胀系数的平均计算分因数 $\bar{a}_i$ 见表 4-5。表中 SiO_2、B_2O_3、TiO_2 和 PbO 的 $\bar{a}_i$ 值是变化的，应由下述方法计算得出。

表 4-5　氧化物和氟化物的 $\bar{a}_i$

组　分	$\bar{a}_i$ (20~100℃)/×10^{-7}℃$^{-1}$	分子量	组　分	$\bar{a}_i$ (20~100℃)/×10^{-7}℃$^{-1}$	分子量
SiO_2	5~38	60.06	CoO	50	74.9
Li_2O	270	29.9	NiO	50	74.7
Na_2O	395	62.0	CuO	30	79.6
K_2O	465	94.2	Al_2O_3	−30	101.9
BeO	45	25.0	B_2O_3	0~50	69.6
MgO	60	40.3	Sb_2O_3	75	291
CaO	130	56.1	TiO_2	+30~−15	79.9
SrO	160	103.6	ZrO_2	−60	123.2
BaO	200	153.4	SnO_2	−45	150.7
ZnO	50	81.4	P_2O_5	140	142
CdO	115	128.4	CaF_2	180	78.1
PbO	130~190	223.2	Na_3AlF_6	480	210.0
MnO, $MnO_{1.5}$	105	70.9, 78.9	Na_2SiF_6	340	188.1
FeO, $FeO_{1.5}$	55	21.8, 79.8			

SiO_2 的 $\bar{a}_i$ 计算公式如下：

$$\bar{a}_i = 38 - 1.0（A-67）$$

式中　　A——釉的化学成分中的 SiO_2 分子分数。

上式只适用于 SiO_2 的分子分数大于 67%。当 SiO_2 的分子分数小于 67%时为常数，即 $\bar{a}_i = 38 \times 10^{-7} ℃^{-1}$。

B_2O_3 的 $\bar{a}_i$ 计算公式如下：

$$\bar{a}_i = 12.5(4 - \phi)50$$

式中　　ϕ——Li_2O、Na_2O、K_2O、CaO、BaO 氧化物的分子总数对 B_2O_3 分子数之比。

如果 ϕ 大于 4，则 $\bar{a}_i$ 为常数（等于 50）。在计算 ϕ 时，釉玻璃中所含氧化物 MgO、ZnO 与 PbO 不必加以注意。在釉玻璃中有硼酐与氧化铝共存时，ϕ 的系数可根据下式确定：

$$\phi = \frac{x(Me_2O) + x(MeO) - x(Al_2O_3)}{x(B_2O_3)}$$

式中　　x——不同氧化物的摩尔分数；

Me_2O，MeO——一价和二价金属氧化物。

TiO_2 的 $\bar{a}_i$ 计算公式如下：

$$\bar{a}_i = 30 - 1.5[x(SiO_2)-50]$$

式中　　$x(SiO_2)$——SiO_2 的分子分数。

PbO 的 $\bar{a}_i$ 计算公式如下：

$$\bar{a}_i = 30 - 1.5[x(SiO_2)-50]$$

$\bar{a}_i$ 为负值不应理解为相应的氧化物在玻璃中加热时在"收缩"，而是表示该氧化物引入釉玻璃，能大大地降低釉玻璃的热膨胀系数。

4.3.3.2　热导率的测定

（1）概述　当固体材料一端的温度比另一端高时，热量就会自动地从热端传导到另一端（即冷端），或热量从一个物体传导到相接触的另一物体上，这个现象称为热传导。

材料的导热能力用热导率来表示。热导率的物理意义是截面积为 $1cm^2$、长为 $1cm$ 的导热体，在两端温度差为 1℃时，在 1s 内通过的热量。

（2）测试　①热线法的基本原理。在恒定均匀温度场中，一个理想直线形热源向一个无限的物体输入一恒定热流，根据热线温度的升高来计算物体的热导率。

热线法测定热导率主要有 6 种方法，本文仅介绍 Mittonbuhler 法。在足够大的两块试样之间埋置一细真空电热丝，通过恒定电流或交流电流，作为直线形热源。电热丝中部焊接热电偶以测定热线温度。被测材料热导率的 Mittonbuhler 法计算式如下：

$$\lambda = \frac{Q}{4\pi(T_2 - T_1)}\ln\frac{\tau_2}{\tau_1}$$

式中　λ——试样的热导率，W/（m·℃）；

　　　Q——热线单位长度的热输出，$Q=IE$，W/m；

　　　I——电流，A；

　　　E——每米电压降，$E=V/I$，V/m；

τ_1，τ_2——第一、第二计算时刻，s；

T_1，T_2——第一、第二计算时刻的热线温度，℃。

由于热线与热电偶接点本身蓄热及试样尺寸因素的影响，最小允许计算时刻和最大允许计算时刻受到限制。该法用直流电源时，仅适合于测热导率$\lambda\leqslant1.5$W/（m·℃）的材料；用交流电可消除焊点不对称性的影响，可测$\lambda\leqslant1.5$W/（m·℃）的材料。

② 试样制备。取两块尺寸为 114mm×114mm×65mm（长×宽×高）相同的材料，以 114mm×114mm 面叠合在一起，组成一个完整的测试试样。叠合面必须磨平以保证接触良好。在试样接触面间置入热线、热电偶线及测压降线。

③ 线路布置方式。如图 4-9 所示，对于硬质材料，试样接面上铣出宽深与线径相同的细沟，以安放各线，线置入后用相同材料的细粉添平。热线采用ϕ0.4mm 的镍铬-镍铝热电偶线，测压降则用相同的线材。热电偶采用ϕ0.4mm 的镍铬-镍铝热电偶。

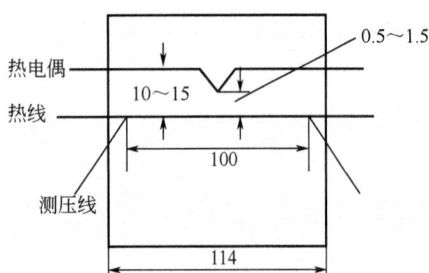

图 4-9　试样的线路布置方式（单位：mm）

4.3.3.3　热稳定性的测定

通常固态物质受热膨胀，受冷收缩。当规则形状的物体受到外界温度迅速升温时，外表温度比中心部分的温度高，从中心到外表有一个温度梯度，由此出现暂态应力。陶瓷材料的热稳定性是指陶瓷材料抵抗温度剧变而不破坏的性能。热稳定性又称抗热震性、耐急冷急热性。陶瓷制品的热稳定性在很大的程度上取决于坯、釉的适应性，特别是二者的热膨胀系数的适应性。热稳定性可用来判断陶瓷产品抗后期龟裂性的性能。

试样规格：可塑法挤制成形的瓷材料的规格为圆柱体直径（20.0±0.5）mm、高（20.0±0.5）mm，每次试验需要 5 个试样；压制法成形的瓷材料与弯曲强度测定中的方形截面长条试样相同，每次试验至少需要制备 4 组共 5 根试样。

比较简单的试验方法有两种。

（1）直观开裂法　直观开裂法也称为急冷急热循环法。试验方法如下：

① 测定流动冷却水的温度，其温度一般应在 10～20℃之内。以冷却水的实测温度加上 100℃（即试验温差 100℃）为起始温度，将加热装置升至此温度保温。

② 将试样放入搪瓷盘或铁丝网篮内，迅速放入加热装置内，其温度应在 5min 内达到试验温度点，并在此温度保温 30min。

③ 将达到保温时间的试样迅速投入到冷却水中，此时冷却水的量要尽量多，确保温度不上升，冷却 5min，取出试样，用布抹干，通过在试样表面上黏上一层粉末、或染色法观察试样表面是否有开裂。

④ 没有开裂的试样进行下一个增大温差的热冷循环试验，每次增加的温差为 10℃，加热温度为 200℃时，每次增加温差为 20℃。直至 5 个试样中出现 2 个及 2 个以上的开裂试样为止。

直观开裂法试验结果，以出现或累计出现 2 个及 2 个以上开裂试样时的加热与冷却水的温度差，表示该瓷材料的冷热急变性。

（2）弯曲强度降低法　这种方法也称为急冷强度测定方法，大多用于裂纹的产生构成问题的致密陶瓷的热冲击试验。是将在高温下保温的棒状试样（圆棒或方棒）放至室温的水中（或油中）进行急冷，测定冷却后试样的抗弯强度。试验方法如下。

将三组共 15 根试样按上述直观开裂法的起始试验温度、保温时间及要求，进行热冷循环试验，每次循环增加的温度差的间隔 50℃。每次循环后取出一组 5 根试样，抹干水分，在 105～110℃温度下烘干 2h，然后测定其抗弯强度，直至三组试样全部试验完毕。同时测定一组 5 根未经热冷循环试验试样的弯曲强度。

4.3.4　化学稳定性能的测定

陶瓷材料的化学稳定性是指瓷或釉抵抗各种化学试剂侵蚀的能力。测定陶瓷化学稳定性主要是测定其耐酸性和耐碱性。

4.3.4.1　耐酸性测试

（1）测试　耐酸性的检测应在通风橱内进行。将干燥至恒重并称量精度达 0.0002g 的 1g 试料颗粒放于容积为 250mL 的圆锥形烧瓶内，并倒入 25mL70% 的硫酸或 25mL20% 的盐酸溶液。然后将烧瓶与冷凝器相连，放入砂浴，加热至沸腾 1h。在沸腾时不允许有颗粒碰上烧瓶的壁。沸腾一开始就在酸的表面出现小气泡，而试样微粒则在酸液中运动。然后将烧瓶大约冷却 30min，直至在烧瓶和冷凝器中白色气泡完全消失为止。

将冷凝器断开，注入 50mL 的水，并洗去冷凝器内壁和塞了的残余酸，将冲洗水收集在原烧瓶内。将烧瓶的内容物倒入过滤器，用加热至 50～60℃ 的水冲洗颗粒，直至硝酸银（或甲基橙）试验对酸呈负反应为止。

最后，将颗粒连同滤纸干燥，放入预先煅烧和称量过的瓷质坩埚内，在 1000℃ 下煅烧至恒重，在干燥器中冷却并称量，精度为 0.0002g。

（2）计算　耐酸性的计算公式如下：

$$\chi(\%) = \frac{G - G_1}{G} \times 100$$

式中　G——试验之前陶瓷材料颗粒的质量，g；

G_1——试验之后陶瓷材料颗粒的质量，g。

结果采用两次重复测定结果的算术平均数，其间的偏差不应超过绝对值的 0.5%。

4.3.4.2　耐碱性测试

（1）测试　将干燥至恒重并称量精度达 0.0002g 的 1g 试料颗粒放于容积为 250mL 的圆锥形烧瓶内，并倒入 100mL 1% 的氢氧化钠溶液。然后将烧瓶与冷凝器相连，放入砂浴，加热到沸腾 1h。在沸腾时不允许有颗粒碰上烧瓶的壁。沸腾一开始就在碱溶液的表面出现小气泡，而试样微粒则在酸液中运动。然后将烧瓶大约冷却 10min，达到约 50℃ 的温度，将冷器断开，注入 50mL 的水，并洗去冷凝器内壁和塞子的残余碱，将冲洗水收集在原烧瓶内。将烧瓶的内容物倒入过滤器，用加热至 50～60℃ 的水和加热至 50～60℃ 的 30mL 的盐酸溶液冲洗颗粒，将全部冲洗用水倒入同一过滤器中。

用热水冲洗颗粒，直至以硝酸银（或甲基橙）试验对酸呈负反应为止。

最后，将颗粒连同滤纸干燥，放入预先煅烧和称量过的瓷质坩埚内，在 1000℃ 下煅烧至恒重，在干燥器中冷却并称量，精度为 0.0002g。

（2）计算　耐碱性计算公式如下：

$$\chi(\%) = \frac{G - G_1}{G} \times 100$$

式中　G——试验之前陶瓷材料颗粒的质量，g；

　　　G_1——试验之后陶瓷材料颗粒的质量，g。

结果采用两次重复测定结果的算术平均数，其间的偏差不应超绝对值的 0.5%。

4.3.5　吸水率的测定

4.3.5.1　陶瓷砖吸水率的测定

国家标准 GB/T 3810—2006《陶瓷砖吸水率》的测定中的测定方法如下。

（1）试样制备

① 每种类型取 10 块整砖进行测试。

② 如每块砖的表面积大于 0.04m^2，只需用 5 块整砖进行测试。

③ 如每块砖的质量小于 50g，则需足够数量的砖使每个试样质量达到 50～100g。

④ 砖的边长大于 200mm 且小于 400mm 时，可割成小块，但切割下的每一块应计入测量值内，多边形和其他非矩形砖，其长和宽均按外接矩形计算。若砖的边长大于 400mm，至少在 3 块整砖的中间部位切取最小边长为 100mm 的 5 块试样。

（2）步骤　将砖放在（110±5）℃的烘箱中干燥至恒重 m_1，即每隔 24h 的两次连续质量之差小于 0.1%。砖放在有硅胶或其他干燥剂的干燥器内冷却到室温（不能使用酸性干燥剂），每块砖按表 4-6 的测量精度称量和记录。

表 4-6　砖的质量和测量精度　　　　　　　　　单位：g

砖的质量	测量精度
50≤m≤100	0.02
100<m≤500	0.05
500<m≤1000	0.25
1000<m≤3000	0.50
m>3000	1.00

① 水的饱和

a．煮沸法。将砖竖直地放在盛有去离子水的加热器中，使砖互不接触。砖的上部的下部应保持有 5cm 深度的水。在整个试验中都应保持高于砖 5cm 的水面。将水加热至沸腾并保持煮沸 2h，然后切断热源，使砖完全浸泡在水中冷却至室温，并保持（4±0.25）h。也可用常温下的水或制冷器将样品冷却至室温。将一块浸湿过的麂皮用手拧干，并将麂皮放在平台上轻轻地依次擦干每块砖的表面。对于凹凸或有浮雕的表面应用麂皮轻快地擦去表面水分，然后称重 m_{2b}，记录每块试样的称量结果。保持与干燥状态下的相同精度（见表 4-6）。

b. 真空法。将砖竖直放入真空容器中，使砖互不接触。抽真空至（10 ± 1）kPa，并保持 30min，在保持真空的同时，加入足够的水将砖覆盖并高出 5cm。停止抽真空，让砖浸泡 15min 后取出。将一块浸湿过的麂皮用手拧干。将麂皮放在平台上依次轻轻擦干每块砖的表面，对于凹凸或有浮雕的表面应用麂皮轻快地擦去表面水分，然后立即称重并记录 m_{2v}，与干砖的称量精度相同（见表 4-6）。

② 悬挂称量。试样在真空下吸水后，称量试样悬挂在水中的质量（m_3），精确至 0.01g。称量时，将样品挂在天平一臂的吊环、绳索或篮子上。实际称量前，将安装好并浸入水中的吊环、绳索或篮子放在天平上，使天平处于平衡位置。吊环、绳索或篮子在水中的深度与放试样称量时相同。

③ 结果表示。m_1 表示干砖的质量，g；m_{2b} 表示砖在沸水中吸水饱和的质量，g；m_{2v} 表示砖在真空下吸水饱和的质量，g；m_3 表示真空法吸水饱和后悬挂在水中的砖的质量，g。

在下面的计算中，假设 1cm³ 水重 1g，此假设在室温下误差在 0.3% 以内。

计算每一块砖的吸水率 $E_{(b,v)}$，用干砖的质量分数（%）表示，计算公式如下：

$$E_{(b,v)} = \frac{m_{2(b,v)} - m_1}{m_1} \times 100$$

式中　m_1——干砖的质量，g；

m_2——湿砖的质量，g。

E_b 表示用 m_{2b} 测定的吸水率，E_v 表示用 m_{2v} 测定的吸水率。

4.3.5.2　卫生瓷陶吸水率试验方法

国家标准 GB/6952—2015 中的"卫生陶瓷吸水率试验方法"如下。

① 试样制备。由同一件产品的三个不同部位上敲取一面带釉或无釉的面积约为 3200mm²、厚度不大于 16mm 的一组试样，每块试片的表面都应包含与窑具接触过的点，试样也可在相同品种的破损产品上敲取。

② 试验步骤。将试样置于（110 ± 5）℃的烘箱内烘干至恒重（m_0），即两次连续称量之差小于 0.1%，称量精确至 0.01g。将已恒重试样竖放在盛有蒸馏水的煮沸容器内，且使试样与加热容器底部及试样之间互不接触，试验过程中应保持水面高出试样 50mm。加热至沸，并保持 2h 后停止加热，在原蒸馏水中浸泡 20h，取出试样，用拧干的湿毛巾擦干试样表面的附着水后，立刻称量每块试样的质量（m_1）。

③ 计算。吸水率的计算公式如下：

$$E = \frac{m_1 - m_0}{m_0} \times 100$$

式中　E——试样吸水率，%；

m_1——吸水饱和后的试样质量，g；

m_0——干燥试样的质量，g。

④ 试验结果。以所测三块试样吸水率的算术平均值作为试验结果，修约至小数点后一位。

4.3.5.3　墨水浸透度试验

用测定成瓷上敲取的试样对墨水的浸透深度，判断其吸水率。

① 试样制备样。由同一件烧成后的卫生陶瓷产品的三个不同部位上敲取一面带釉或无釉的面积为 $50\sim100mm^2$、厚度不大于 16mm 的一组试样，每块试片的表面都应包含与窑具接触过的点。

② 试验步骤。留试样一面作检测面，其余三面涂蜡处理，将试样检测面朝下浸泡在事先准备好的红墨水当中，并保持检测面浸入 1cm 左右。浸泡 1h 后取出试样，用干布擦去多余的墨水，将试样沿垂直于检测面的角度敲断，测量断面红墨水的最大浸透深度（测量至 0.1mm），此数值即为墨水浸透率。

4.3.6　耐污染性能的测定

① 试样制备。从当日成瓷废品中选择不同品种的产品，从每一个产品的 A 面（正可视面）敲出大小为 100mm×100mm 的带釉平面各三块。不同釉色也同时选取样品同时试验。

② 步骤。

a．选用黑墨水、蓝墨水、甲基蓝水溶液分别作为污染物样品。

b．相同釉面分别使用海绵蘸取污染物反复擦拭 1～2min，然后放置 5min，等待污染物干燥。

c．用干净海绵擦掉釉面的残留污染物，并用清水反复冲洗釉面直到釉面无残留表面附着物。

d．确认渗入釉面的污染物状态。以 10mm×10mm 范围内的染色点数为基准。

③ 评价。因不同的污染物渗透性不一样，大概顺序如下：黑墨水<蓝墨水<甲基蓝水溶液。这里定义一般白釉釉面耐污染性如下（以黑墨水污染物测试为条件）：10mm×10mm 的釉面范围内染色点小于 2 点为优级，大于 2 点小于 5 点为良，大于 5 点小于 10 点为勉强合格，大于 10 点的为差。

釉面耐污染性如果在合格或差的状态，成瓷产品在储存时如不能及时包装或保护不当，在棱角或表面则容易沾污变黑，影响外观质量。

4.4　坯釉原料性能的测试

4.4.1　坯用原料及泥浆性能测定

坯用原料及泥浆性能可以进行以下项目的测定。

4.4.1.1　可塑性的测定

由于黏土加入适量的水后，其颗粒之间具有吸引力和相对滑动的能力。因此，黏土与适量的水调和或混炼以后，能捏成所需的形状，但不开裂，当外力除去后，仍然保持该形状，黏土的这种性质称为黏土的可塑性。

陶瓷生产中黏土的可塑性能常用塑性限度（塑限）、液性限度（液限）、可塑性指数、可塑性指标和相应含水率等参数来表示。

（1）可塑性指数的测定 可塑性指数是表示黏土和坯料呈可塑状态时含水量上限和下限之间的范围，也就是可成形的水分范围，具体用液性限度（液限）含水率和塑性限度（塑限）含水率之差来表示。

① 液性限度

a．概述。液性限度是黏土或坯料呈可塑状态时的上限含水率。若超过此含水率，黏土即进入半流动状态，此时承受剪切应力的能力急剧下降。因此液性限度也是黏土（或坯料）由流动状态进入了塑性状态时的含水量。

b．测试。测定液性限度，一般采用 A.M 华西里耶夫平衡锥法（简称华氏平衡锥法），它是用质量为 76g、圆锥顶角为 30°的锥体自由而缓慢地沉入试样中 10mm 深时，其试样的含水率，即为液性限度。华氏平衡锥如图 4-10 所示。

称取通过网孔尺寸为 0.15mm 分析筛的黏土或坯料 200～300g，放入搪瓷盘中，缓慢加水调和，直到泥料呈液限状态（凭经验判断）时，将泥料倒在湿布上揉练均匀，并隔着布用手捏成泥团，用华氏平衡锥初步试一试泥料是否接近液性限度，即锥体是否自由沉入坯料 10mm 深左右。若泥料太稀，沉入深度超过 10mm，可在干布上揉练片刻，以吸除水分；若泥料太干，沉入深度小于 10mm，则加入少量的水，继续在湿布上揉练。这样反复操作，

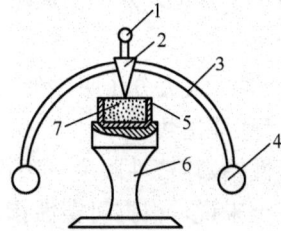

图 4-10 华氏平稳锥
1—手柄；2—圆锥体；3—弧形钢丝；4—平衡球；
5—试样杯；6—底座；7—试样

直至泥料接近液性限度含水率后，用塑料布将泥料包好，陈腐 24h，使水分进一步均匀。

将制备好的试样用布包着再揉练一次，用华氏平衡锥预测其液相限度。若锥体下沉的深度刚好为 10mm，即表示试样恰好达到液性限度，否则按试样制备方法调整试样的含水量，直至达到液性限度为止。将接近锥体下沉标准高度的试样装入试样杯中，在不同的部位进行测试（共 5 次）。用烘干称量法测定达到液性限度试样的含水率。

c．计算。液性限度含水率的计算公式如下：

$$试样液性限度含水率(\%)=\frac{m_1-m_2}{m_2}\times100$$

式中 m_1——湿试样的质量，g；

m_2——干试样的质量，g。

② 塑性限度

a．概述。塑性限度（简称塑限）是黏土或坯料呈可塑状态时的下限含水率，若低于此含水率，黏土和坯料丧失可塑性而呈半固体状态。即塑限系黏土（或坯料）由固相状态进入塑性状态时的含水量。

b．测试。塑性限度的测定有滚搓法。滚搓法是按可塑性指标测定中制备试样方法制备泥料试样，然后将泥料用双手搓成椭圆形，再用手掌在毛玻璃板上轻轻滚搓至泥料直径约为3mm，并断裂成长约 10mm 互不相连的泥条为止。用烘干称量法测定其水分，表示塑性限度。

滚搓时应注意不使泥条空心和扭断。由于此方法全系手工操作，人为的误差大，结果不易准确，同时对可塑性过高或过低的黏土不太适用，因此已不常用。一般采用测定最大分子吸水值代替。

最大分子吸水值是受黏土颗粒吸引而牢固地保持在颗粒表面的水化膜，表征黏土中不受重力作用的吸附水量。经过试验验证，最大分子吸水值与塑限含水率相当。因此，用最大分子吸水值代替黏土或坯料的塑性限度含水量。最大分子吸水值测定方法简单，平行试验误差小。

由于直接取刚好为液性限度含水率的试样测定最大分子吸水值，因此一般是液性限度试验后，紧接着进行最大分子吸水值的测定。

最大分子吸水值的测定是将刚好为液性限度含水率的试样由金属模环（内直径为50mm，厚度为2mm）成形，然后在液压式或机械式材料试验机上施加压力，当施加的力达到12847N时，保持10min，解除压力。在上述两个过程中，要除去重力作用的吸附水，需在试样的上下表面放一块丝绸布和一定厚度的滤纸。最后称量除去重力作用吸附水试样的质量及干燥至恒重的质量。

c. 计算。最大分子吸水值的计算与液性限度含水率的计算公式相同。

③ 可塑性指数

可塑性指数=液性限度－塑性限度

对黏土来说，根据可塑性指数的大小，一般可以把它分为4类：指数大于15为高可塑性黏土；指数7～15为中等可塑性黏土；指数1～7为低可塑性黏土；指数小于1为非可塑性黏土。应当指出，这种分法在实际工作中有时只能作为参考。

（2）可塑性指标的测定

① 概述。根据可塑性的含义，可塑性指数并不是评定黏土和坯料可塑性能好坏的直接方法，它只表示具有可塑性能时含水率的高低和范围，而可塑性指标系指在工作水分下，黏土受外力作用最初出现裂纹时应力与应变的乘积及此时的相应含水率。因此可塑性指标较直观地反映了黏土或坯料的可塑性能。

根据可塑性指标值的大小，可以简单地把黏土分为三类：指标大于3.6为高可塑性黏土；指标2.5～3.6为中等可塑性黏土；指标小于2.4为低可塑性黏土。

② 测试。可塑性指标的测定仪器是捷米亚禅斯基可塑性指标仪，如图4-11所示。

将一定细度的试样（通过网孔尺寸为0.15mm筛的试样）放入搪瓷盘，缓慢加水拌和成可塑状态（正常操作水分），并充分揉练排除空气，尽量使其达到致密，用塑料布包好陈腐24h，将经过充分揉练的试样，切成直径×高为45mm×45mm的圆柱体，放在玻璃板上，修整成圆形锥形，用双手将其搓成

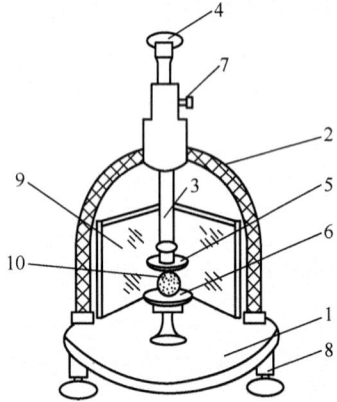

图4-11 捷米亚禅斯基可塑性指标仪

1—机座；2—机架；3—金属压杆
（带有刻度，能自由上下移动）；4—金属平盘；
5，6—金属上、下压盘；7—制动螺丝；
8—调整水平；9—观察镜；10—试样

表面光滑、无折纹的直径为45mm左右的圆球，共10个，用湿布盖好。逐个用可塑性指标

仪进行测试，获得试样变形后有微裂纹出现时的高度及所加负荷（盛有铅丸的容器的质量）。同时将测试过的试样分别切取约 20g 的样品，进行含水率的测试。

③ 计算。试样可塑性指标的计算公式如下：

$$可塑性指标=(d-h)\times F$$

式中　d——试样的直径，mm；

h——试样受压后的高度，mm；

F——试样起始开裂时重力负荷，N。

可塑性指标的相应含水率计算按液限含水率的计算公式进行。

（3）可塑性 J 值　测定可塑性还有多种方法，这里介绍一种卫生陶瓷生产厂使用的直观的检测方法。

① 试样制备。将测试泥浆（单品原料需单独调成泥浆）注入专用模型中，并由对应的圆型实验观测吃浆速率，计算出吃浆时间和脱模时间。同期注浆的测试圆型表观厚度达到 8mm 的时间计为吃浆时间 t，实际测得圆形的吃浆厚度 h。计算脱模时间 T，计算公式如下：

$$T = t \times \left(\frac{7.5}{h}\right)^2 \times 1.5$$

脱模后，立即刮掉突缘，用塑料布把试样一个一个地密封起来。一共 10 个，$n=10$，放置一昼夜。

② 测定。用万能试验机测断裂强度和变形量。样品支点跨距 L 设定为 10cm，试验机的尖角下降速率设为 2.5mm/min。

③ 计算。可塑性指数 J 值计算公式如下：

$$St = 765.30612 \times \frac{P}{AH^2}$$

$$J = \frac{D}{\dfrac{1.43}{St - 0.89} + 0.53}$$

式中　St——强度，kgf（9.80665×10⁴Pa）；

　P——断裂负荷，kgf（9.80665N）；

　A——梯形腰长，cm；

　H——厚度，cm；

　D——变形量。

J 值越大，可塑性越强。

4.4.1.2　泥浆成形性能测定

泥浆成形性能测定包括细度（残渣率）、浓度（比重）、温度、泥浆含水率，黏性（流动性）、屈服值（触变性）和吸浆速率（吸浆厚度）、出裂时间、保型性能（挺型性）及坯体内外水分差的测定。

（1）细度的测定　细度是指组成粉料的颗粒尺寸大小。粒度、颗粒组成、颗粒分散度是指粉料中各种不同粒径颗粒的相对含量，如粒径分布、各种粒径的累计百分数等。

常用下述方法测定细度和粒度。

① 筛分析法。筛分析法常采用手动或振动筛组。用选定的筛子或选定的若干筛子所组成的一套筛组，经过一定时间振动筛分后，测定筛子或筛组上的筛余量。测定粉料的颗粒分布，可用一系列不同孔径的标准筛，依孔径的大小顺序进行筛分。然后以每只筛上的筛余来表示颗粒分布情况。由此可作出分级筛析曲线，利用分级筛析曲线可以清楚地看出粒度分布情况。筛分析法分干法和湿法两大类。其测定范围粒度大于 30μm（相当于 500 目筛）。

卫生陶瓷生产厂常用的筛分法是使用 250 目筛和 325 目筛的筛余量来表示细度。

② 激光法测定。采用激光衍射粒度分析仪。

测定原理：将一只傅里叶透镜置于一束平行激光束前，把这束平行光束聚焦在一个焦平面上。在焦平面上放置一只平面光电探测器。如果激光束没有遇到颗粒，或没有被颗粒散射，则该束平行激光将被傅里叶透镜聚焦在激光束的轴线与焦平面的交点上，也就是说聚焦在光电探测器中心处。该光电探测器的中心位置有一个小孔，正好让未被散射的激光束穿过，从而光电探测器就接收不到信号。反之如有任何颗粒存于激光束中，则该颗粒会引起激光束的散射，而散射的角度与颗粒大小有关。颗粒越大，散射角越小。反之，颗粒越小散射角越大。被散射的激光束通过傅里叶透镜后恰好聚焦在焦平面上的光电探测器上，产生电信号。这样，通过测量光环的直径和强度就可测出颗粒的大小。因为光环的强度是与颗粒的总数成正比的，对于颗粒大小连续分布的样品而言，在焦平面上将产生连续光环，如果样品连续通过激光束，则随着某粒径的含量改变，光环强度也会连续改变。通过计算机，可将光环强度的积分值换算成某粒径含量的平均值。这样就可得到该样品的粒度分布曲线。

激光颗粒分析仪的特点如下。

① 快速测定，其测定时间可缩短到几分钟。

② 颗粒大小的测定范围宽，测定精度高。颗粒大小仅与傅里叶透镜的焦距长短，以及激光束的波长有关，完全不需要标样校正。其精度也不受操作者的视觉影响。

③ 测试范围宽，从 0.3～600μm，完全可以满足通常陶瓷原材料的颗粒测定要求。

不足之处是仪器价格昂贵，需要精细保养。

（2）浓度与比重的测定 卫生陶瓷生产中所说的浓度和比重按以下方法测定。

比重一般用比重计测量，将比重计插入泥浆中，读出比重值。一把按只能读出小数点后两位，精度低，但方便快捷。

浓度一般指 200mL 泥浆的重量，用 200mL 的短口量筒测量。将短口量筒中加满 200mL 的泥浆，然后称量出泥浆的净重量，用这个数值表示泥浆的浓度。也可以再计算出每毫升的重量，这就是泥浆的比重。这种测量方法，可得到三位准确数值，如用 200mL 的比重瓶测的浓度是 356.4g/200mL 的泥浆，测量结果应当是：356.4/200=1.782g/mL 的比重，很明显，比重计达不到这个精度。

（3）泥浆温度与含水率的测定 泥浆的温度对泥浆的多种性能有影响，对温度的测定一般就用温度计直接测出。

泥浆的含水率指泥浆中的水含有率。称量一定的泥浆 M，烘干后称重 M_1。含水率的计算公式如下：

$$含水率=(M-M_1)/M\times100\%$$

（4）黏性（流动性）的测定 泥浆的黏性是其流动性的一种表示方式。泥浆黏性的测定方式可以使用涂氏黏度计，更常用的是马里奥拓管测量黏度，因为它是在泥浆压力稳定的状态下测出的泥浆黏性。因此它比涂氏黏度计方法更稳定、更精确。测定方法如下。

① 即时黏性的测定。即时黏性也就是泥浆在搅拌后，立即将泥浆装满马里奥拓管，让其流出，记录流出 100mL 所用的时间，因为泥浆放置时间为零，这个时间标记为 v_0。由于马里奥拓管内有一个吸管，保证了泥浆流出过程中泥浆的自身压力不变，使 v_0 更具有代表性。

② 静置后黏性的测定。静置后的黏性，就是泥浆静置一段时间后的黏性。将泥浆装满马里奥拓管，静止一段时间，流出 100mL 泥浆所用的时间，就是泥浆静置后的黏性。静止时间一般为 30min，流出时间标记为 v_{30}，也可根据需要将静止时间定为 45min、60min，流出时间标记为 v_{45}、v_{60}。这个数值可以反映在成形注浆后泥浆的流动性。

（5）屈服值、触变性（厚化度）的测定　屈服值是个重要的参数，用旋转黏度计测出的转子转速为零时的阻尼阻力来表示。它既能代表黏性又能代表触变性。

① 屈服值的测定。测屈服值使用旋转黏度计的 3#转子，分别测出转速为 60r/min、30r/min、12r/min、6r/min 时的黏度值 a、b、c、d，然后通过计算机算出其屈服值。具体算法非常复杂，是一个矩阵的计算，计算公式如下：

$$屈服值\ Y = 0.355a - 1.71b + 1.125c + 2.75d$$

② 触变性的计算。黏土泥浆或可塑泥团受到振动或搅拌时，黏度会降低而流动性增加，静置后又能恢复原来状态；相同的泥料放置一段时间后，在维持原有水分的情况下会增加黏度，出现变稠和固化现象。上述情况下可以重复无数次，这种性质称作触变性。触变性可以用厚化度来代表。

厚化度（下式以 H 表示）是泥浆静置 30min 后的黏性 v_{30} 和即时黏性 v_0 之比：

$$H = \frac{v_{30}}{v_0}$$

（6）吸浆厚度的测定　吸浆厚度是指在一定的时间内，石膏模型通过吸收泥浆水分形成的泥坯的厚度。检测吸浆厚度的方法很多，最常用的是单面吸浆法、三角模吸浆法、高压罐吸浆法。

① 单面吸浆法。取正常使用状态下的石膏模型，其上放置玻璃管（或 PVC 管）倒入泥浆，计时。时间到达后，倒去泥浆，并用水轻轻地吸取泥浆膜，取出泥浆饼，测出厚度。一般取 45min 的吸浆厚度。

特点：方便、准确，但操作要求较高。

② 三角模吸浆法。三角模吸浆法也叫 V 字模吸浆法，是在制作成 V 字形的石膏模型中，倒入泥浆，达到一定的时间后，将泥浆控干，取几点测出泥浆的吸浆厚度。

特点：操作简单，更能发现注浆过程中可能出现的一些问题。

③ 高压罐吸浆法。利用高压，一定量的泥浆，在一定的时间下，通过滤纸滤出水分，形成一定厚度的泥饼。这泥饼的厚度就是吸浆厚度。

特点：操作要求高，数值更精确。数值不能和生产中的用石膏模型成形时的数值直接对应，可通过确定一些参数建立对应关系。

（7）出裂时间的测定　出裂时间反映泥浆的塑性，塑性越好，泥浆越不易出裂，出裂的时间也就越长。出裂时间的测定要依赖测定的石膏模具。在试验用石膏模具内注入泥浆，待模具内坯体恰好注实后脱模并开始记录时间，试样在自然状态下逐渐干燥，当试条出现贯穿裂纹时（如图 4-12 所示），记录此时间，这个时间即为出裂时间。一般至少测 3 组数据，取平均值。

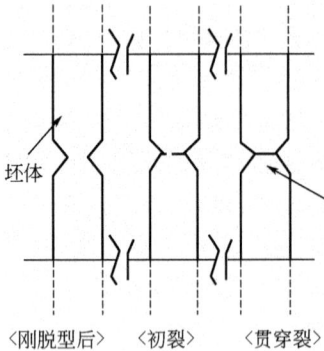

图 4-12　出裂过程

（8）保型性能的测定　泥坯保型性指泥坯脱型后保持不变形的能力。测定方法如下：

取刚脱型的单面吃浆的坯体，切成 30mm×30mm 方块，在边、角、棱线未受到破损的情况下，放到震动台中央，按振频由低到高的级别 1、2、3、4、5、6 级，逐级振动 5s，并依次查看。试样四边在测试过程中，如果发生变形测试即结束。发生变形时的振动级别，就是保型性的级别。若 6 级时尚未变形记为"BV6 级以上"。级别越高，保型性越好。

（9）坯体内外水分差的测定　测定方法如下。

首先制备样品，注浆成形 8mm 厚的一块圆形坯体，轻轻用水洗去水膜，再控水 1min，立刻从模型中取出坯体，切出一个 2～3cm 小的正方形。用细线在小正方形的表面刮下厚约 2mm 的一层放入称量瓶，作为内水分样品（M_3）。把小正方形翻过来，从表面刮下约 2mm 的一层放入称量瓶作为外水分样品（M_4）。

再分别测出内外的水分。称量 M_3、M_4 的湿重，然后烘干，并在干燥器内冷却，之后重新称量两个样品的干重，计算出两个样品的含水率。

最后计算出内外水分差内外水分差为 M_3-M_4。

内外水分差反映坯体在收缩过程中内外收缩的差别。

4.4.1.3　泥浆干燥特性的测定

泥浆的干燥特性是指泥浆（坯）在干燥过程中一些特性，这些特性直接影响着坯体干燥的速率和坯体干燥合格率。

（1）显气孔率和体积密度的测定

显气孔率：带有气孔的材料中所有开口气孔的体积与其总体积的比值，用%表示；

体积密度：带有气孔的干燥材料与其总体积的比值，用 g/cm³ 或 kg/m³ 表示。

测定干燥坯体的显气孔率和体积密度要找一种液体介质，它既不能使坯体松散分散，也要可以利用坯体在此介质中的浮力测出其体积和重量，选中的液体介质是煤油。测定方法如下。

① 试样制备。注浆成形 8mm 厚的一块圆形坯体，取出坯体并干燥。切取 15mm×15mm 的干坯，打磨切割面，打磨棱角，并用压缩空气吹净。然后再次干燥，并在干燥器内冷却。

② 试样称重。将试样称重（w_1），并确认煤油的比重 γ。

③ 操作。将试样放入抽真空装置，抽真空，真空度保持大于 0.8，时间达到 1h 以上。然后在保持真空度的状态下，将煤油一滴滴地滴入，直到将试样浸没，并保持浸没 1h 以上，使煤油充分的填充到坯体内的空隙之中。

从抽真空装置中取出试样，称量试样在煤油中的重量（w_2）。取出试样，将试样外的多余煤油擦去，再称其的重量（w_3）。

④ 计算。气孔率和体积密度计算公式如下。

$$显气孔率=\frac{w_3-w_1}{w_1-w_2}$$

$$体积密度=\frac{\gamma_{油}w_1}{w_1-w_2}$$

（2）干燥收缩率的测定　干燥收缩率是坯体在干燥过程中坯体的线性收缩率。测定方法如下。

首先在标记了一定长度（L）的模具上注浆，注出试条，然后干燥，之后量出干燥后标记长度（L_1），计算出干燥收缩率。干燥收缩率计算公式如下：

$$干燥收缩率(\%)=100-L_1/L\times100$$

与干燥收缩有关的一个重要数据是临界水分。临界含水率是指坯体在干燥过程中，虽然水分继续减少，但坯体不产生收缩时的含水率。

临界水分的测定：制作长为 20cm 的试条，在试条上标记出一定长度（L），将试条放入烘箱中缓慢干燥，每间隔一段时间量取 L 的长度，当长度值开始不再变小的时候测定试条所含的水分，这个水分即为试条的临界水分。

在生产中可以直接在坯体干燥室中选取某个坯体，在坯体的平面上标记出一定长度（L），L 值为 150～200cm，每间隔一段时间（1～2h）量取 L 的长度，当 L 的长度值开始不再变小的时候，测定坯体所含的水分，这个水分即为坯体的临界水分。

（3）干燥强度的测定　干燥强度是坯体干燥后的抗折强度。测定方法如下。

试样制备：通过注浆制得试样，经过干燥、修整、打磨擦洗，再经过 100℃烘干且在干燥器中冷却。

加荷载及测量：2 个支点设置跨度 $L=100$mm，加载下降速度 2.5mm/min，测得试样断开时的荷载 P。测量试样的断开的截面尺寸。如果试样是圆棒，就测量截面直径 D，如果是截面是矩形，就测量高 H 和宽 A。最后计算强度值，计算公式如下：

$$圆棒样品的强度(MPa)=\frac{8\times PL}{\pi D^3}$$

（式中单位：P，N；L，mm；D，mm。）

$$强度(kg/cm^2)=\frac{8\times PL}{\pi D^3}$$

（式中单位：P，kg；L，cm；D，cm。）

$$截面是矩形的样品的强度（MPa）=\frac{2PL}{AH^2}$$

（式中单位：P，N；L，mm；A，mm；H，mm。）

4.4.1.4　泥浆烧成性能的测定

烧成性能是指泥浆制成的坯体在烧成过程中的性能及烧成后的"成瓷"的性能。

（1）烧成收缩的测定　烧成收缩是坯体在烧成过程中产生的收缩，一般指水平方向上的收缩（也称为线烧成收缩），收缩值与原长度的比称为烧成收缩率（也称为线烧成收缩率）。测定方法如下。

首先制作试样，使用测定干燥收缩的试样，磨平试样表面，在表面上做好间距为 150mm（L）的标记，标记要清晰。

试条放在平坦的棚板上进行烧成。如有烧成位置要求，要放到指定的位置上。可在生产的窑炉中烧成，也可在实验室的电炉中烧成。

最后测量计算。将烧成后的试样平放，使用直尺或卡尺量出试样的标记间距的长度（L_1），然后计算出烧成收缩率。烧成收缩率计算公式如下：

$$烧成收缩率=(L-L_1)/L \times 100\%$$

（2）烧成弯曲的测定　烧成弯曲是指产品在烧结熔融状态下，由于自重，会向下塌垂，产生向下的变形，这个变形的大小用弯曲的量表示。一般用厚度为10mm的试条，在跨度为200mm的支撑砖上烧成（如图4-13所示），测量烧成后的弯曲挠度值。

测定方法如下。

注浆制作试样，试样干燥，修整，刮去边缘，清除凹凸部分，做好标记。

将样品架在跨度为200mm的支撑砖上，水平放置进行烧成。测量弯曲挠度L（如图4-14所示）和样品的厚度H，为了准确要多点测量厚度，取平均值。

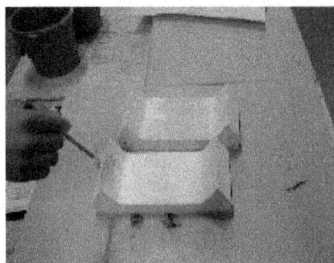

图4-13　支撑砖图

图4-14　测量弯曲挠度图

烧成弯曲计算公式如下：

$$烧成弯曲(mm)=\frac{LH^2}{10^2} \quad （式中单位：L，mm；H，mm。）$$

（3）烧成强度的测定　烧成强度是指烧成后瓷体的抗折强度。一般将试样制成圆棒，经过烧成后进行抗折强度试验。测定方法参照4.3.2.1（1）。

（4）烧成温度范围的测定

① 概述。黏土或坯料在烧成过程中，当其显气孔率或吸水率达到并保持为零时，此时的温度称为烧成最低温度；线烧成收缩率和体积密度达到并保持在最大值或只有微小的变化时的温度称为烧成最高温度。烧成最低温度与烧成最高温度之间的温度区间就是黏土或坯料的烧成温度范围（或称玻璃化温度范围）。

对于坯料，也常用制瓷原料中的黏土类原料的烧成线收缩曲线开始突然下降时的温度来表示最低烧结温度。

② 测定。将坯料试样置于电炉中进行焙烧，随着温度的升高，在不同的温度点下，取出一定数量的试样，冷却后测定其开口气孔率、吸水率、线收缩率、体积密度。

将试样制成直径×长度为12mm×30mm或23mm×15mm的干试条，并在砂纸上磨去毛边棱角，并沿轴向磨出一平面，以便放置。

将制好的试样放入电炉中加热，按下述升温速率和预定的温度点取样。

升温速率：室温到1100℃为100～150℃/h，1100℃到停火为50～60℃/h。

取样温度：300～900℃，每隔 100℃取样一次；90～1200℃，每隔 50℃取样一次；1200℃ 停火，每隔 10～20℃取样一次。

每到取样温度点时，应保温 10min，然后在电炉内取出试样，迅速埋在预先加热好的石英粉或氧化铝粉内，不使试样因急冷而产生炸裂。待试样冷却至接近室温后，测定其体积密度、吸水率、开口气孔率。由于 900℃以前取出的试样放入水中会崩解，测定其显气孔率、吸水率、线收缩率、体积密度时，将使用的水改为煤油。

③ 计算。显气孔率、吸水率、线烧成收缩率、体积密度的计算公式分别参照 4.4.1.3 和 4.4.1.4 相关部分。

最后，根据显气孔率、吸水率、线烧成收缩率、体积密度的数值及变化判断烧成最低温度、烧成最高温度及烧成温度范围。

（5）成瓷吸水率的测定　吸水率是试样全部开口气孔所吸收的水的质量与干燥试样的质量百分比。吸水率计算公式如下：

$$W_a = \frac{m - m_0}{m_0} \times 100\%$$

式中　W_a——材料的吸水率；

　　　m_0——干燥试样的质量；

　　　m——材料饱和吸水后的质量。

测定方法参照 4.3.5.2。

（6）成瓷急冷急热性能的测定　第一种方法是国家标准 GB 6952—2015 中的"抗裂试验"，测定方法如下：在一件产品的不同部位敲取面积不小于 3200mm²、厚度不超过 16mm 且一面有釉的三块无裂试样，浸入无水氯化钙和水质量相等的溶液中，且使试样与容器底部互不接触，在（110±5）℃的温度下煮沸 90 min 后，迅速取出试样并放入 2～3℃的冷水中急冷 5min，然后将试样放入加 2 倍体积的墨水溶液中浸泡 2h 后查裂并记录。

另一种是干燥箱实验法，测定方法如下。

① 准备工作。准备现有制品的碎片或者试验泥条，试样的大小为 100cm² 以上厚 16mm 以下，取 3 块；用浓度为 1%的曙红水溶液涂刷试样表面，然后把红墨水吸进去的部位（有裂纹部位）做记号；同时设定干燥箱的温度（一般设定干燥箱温度与水槽温度之差为 130℃）。

② 测定。把试样摆放在筐内，把样品筐放入干燥箱中，达到设定温度后保温 1h，然后取出筐内的试样，放入水槽中大约 1min 后，取出试样，浸泡在墨水槽内；浸泡 30min 后，从墨水槽中取出试样，冲洗干净后，检查釉面坯面是否有裂纹。

③ 评定。有裂纹的试样直接记录结果，未裂的试验泥条可干燥后提高温度差继续测定，最高温度差可达 180℃。对于卫生陶瓷的试条，130℃温差试验无裂为合格，有裂则表示有后期龟裂的风险。温差越大的试条未裂表示成瓷稳定性越好。

（7）抗龟裂（蒸压釜）性能的测定　蒸压釜试验是利用蒸压釜高温高湿的条件，检验试样吸湿膨胀性能的，同时检验产品后期使用龟裂的可能性。测定方法如下。

① 试样制备。在同一卫生陶瓷产品的上中下三个部位敲取面积约为 100cm²、厚度 16mm 以下的试片各一片，用红墨水涂刷试样，用记号笔标记出原有裂纹的位置。

② 测定。检查蒸压釜设备处于正常状态，在试样放入蒸压釜内，竖放不接触，拧紧螺母关好排气、排水阀，打开进水阀与液位按头上的排气阀，加水直至仪表红灯灭或排气阀排

出水为止关闭进水阀，设定压力表上下指针，调到（1.0±0.02）MPa，设定温度为 180℃，设定保压时间为 1h；打开加热开关，加热，到达温度、压力，设备报警开始计时；计时 1h 后关闭电源，打开放气阀，排气阀，半小时后取出试样，放置半小时自然冷却。

③ 评定。用红墨水检查釉面有无裂纹，如三片都没有裂纹为合格，如有则为不合格。

（8）成瓷呈色的测定　测定成瓷呈色的方法如下。

用泥浆注浆成形尺寸为 5cm×10cm 的试样，干燥后将表面打磨平整，放入实验电炉或生产用窑炉中烧成，烧成后的试样用白度计测量其白度或用色度仪测定其 L、a、b 值。

4.4.2　釉浆性能的测定

对釉浆性能可以进行以下项目的测定。

4.4.2.1　细度的测定

参照 4.4.1.2（1）。

4.4.2.2　浓度及比重的测定

参照 4.4.1.2（2）。

4.4.2.3　釉浆温度及含水率的测定

参照 4.4.1.2.（3）。

4.4.2.4　黏性（流动性）的测定

参照 4.4.1.2（4）。

4.4.2.5　屈服值、触变性（厚化度）的测定

参照 4.4.1.2.（5）。

4.4.2.6　釉浆干燥速率的测定

釉浆干燥速率的测定目的是了解釉浆干燥的快慢程度，供喷釉作业参考。测定方法如下。

① 试样制备。用石膏模型注浆制作试样，试样可以是长宽各为 100mm、厚度为 11mm 的方砖，也可以是其他尺寸的双面吸浆制成的坯体。将试样干燥，将表面修理平整光滑，用水擦干净，在 50℃ 的温度下恒温干燥。

② 测定。将试样放在水平的桌面上，将直径 ϕ45 的聚氯乙烯环放在坯体上，用 5mL 针管吸取待测釉浆 5mL 注入环中央（如图 4-15 所示），同时开始计时；观察环内釉表面水膜，当表面水膜完全消失时记录时间，此时间即可表示釉的干燥速率。

③ 注意事项。釉的温度及试样温度要达到测定时的室温，使用过的试样不能再使用，试样内部不能有气泡。

4.4.2.7　浸釉厚度的测定

浸釉厚度是干燥的坯体吸附釉浆的能力。测定方法如下。

① 试样制备。用石膏模型注浆制作试样（尺寸为50mm×20mm×10mm），将试样干燥，将表面修理平整光滑，用水擦干净，放入温度为（30±2）℃恒温器内。取出经过恒温的试样，用表面温度计测量试样表面温度，确认其表面温度为（30±2）℃后再放回恒温器内备用。

② 测定。将试样从恒温器内取出，迅速恒温器内竖直浸入待测釉浆中，浸入深度约为40mm，同时按秒表计时，30s后，迅速拿出试样倾斜放置，待釉干后，从试样中部折断釉坯，用刻度放大镜测量釉层厚度，此厚度即为浸釉厚度。

图4-15　注入釉浆

4.4.2.8　釉秃性能的测定

釉秃是指施釉坯体烧成后在釉的表面出现的缩釉、缺油缺陷的总称。这里所说的"釉秃性能"是指釉在烧成中抵抗发生釉秃的性能。

釉秃性能的测定方法很多，这里介绍两种简单的测试方法。

① 釉浆出裂试验法。此方法测定的步骤与釉浆干燥速率的测定步骤相似，只是使用10mL的釉浆注入环内，记录釉面出现裂纹的时间。釉浆性能好的，可以很长时间不出现裂纹；如果釉浆性能不好，在60min内釉面就会出现裂纹，这样的釉浆容易出现烧成釉秃的缺陷。

② 釉秃砖试验法。使用的釉秃砖进行测定。釉秃砖的表面为高度和宽度大小不一的契型凸起，把待测的釉浆喷涂到处理干净的砖表面上，釉的厚度与生产时施釉的厚度近似，经干燥烧成后直接检验釉面上是否有釉秃现象。

4.4.2.9　釉浆熔融性能的测定

釉浆熔融性能的测定包括以下内容。

（1）高温熔长的测定　测定方法如下。

① 试样制备。称取待测釉浆10mL左右放入圆皿内，放在电炉上烘干至恒重，用研杵将圆皿内干釉研细，称取5g干釉细粉放入另一个干净的圆皿内，加入0.8mL水，搅拌均匀，将湿粉注入成形模具管子里，用模芯塞进模管内，用锤子轻敲模芯顶部至模芯向下行程刻度线处，使其密实，然后将釉柱顶出模管，或用强度石膏模注成釉柱干燥后磨成5g垂直圆柱。将干燥生坯斜坡方砖（斜角30°）修平，用湿海绵擦干净。将釉柱底部蘸取少许1%CMC水溶液，黏在斜坡砖上，放置在45°架支上（如图4-16所示）。

② 烧成。将釉柱架支平放在窑车棚板上烧成，烧成时，釉柱架支斜面背对窑炉侧面烧嘴。

③ 测定。烧成后，用卡尺测量斜坡砖面上釉柱流动的长度，即测量釉柱放置位置的中心至流下的釉端部的长度。此数值为高温熔长。

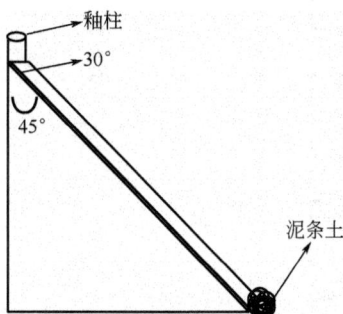

图4-16　釉柱放置图

（2）环收缩（率）的测定　测定方法如下。

① 准备样片。准备专用的环收缩石膏模注出来的半圆环坯体试样，直径110mm，坯厚为6mm（如图4-17所示），用卡尺测定环中央部内径尺寸（即烧成前尺寸 a），直接用铁笔记入环上，或另做记录。

② 施釉烧成。将修好的试样放入施釉橱的专用托架上。用准备好的釉浆施釉。施釉应均匀，不得有釉浆堆积现象，生釉厚度为 0.55～0.65mm，用刮刀刮掉环内侧及周边多余釉浆，将试样装在专用架上装窑烧成。

③ 测定收缩率。测量烧后环中央内径尺寸（b）（如图 4-18 所示）。环收缩率计算公式如下：

$$环收缩率 = (a-b)/a \times 100\%$$

图 4-17　半圆环坯体

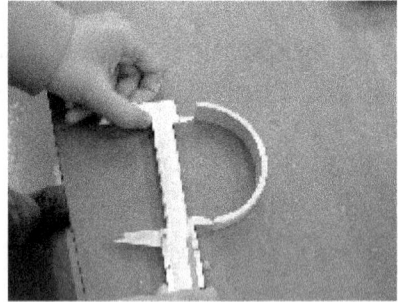

图 4-18　测量烧后环中央内径

（3）熔融温度的测定　釉熔融温度的测定包括熔融温度范围和润湿情况的测定。釉的熔融温度对产品产品烧成质量十分重要。熔融温度太低，熔融的釉在坯体未烧结前覆盖在坯体上，把开口气孔完全封闭，容易引起釉泡；熔融温度太高，则熔融的釉与坯体浸润不良，产生釉面不光滑、光泽差等缺陷。测定方法如下。

① 试样制备。将试样磨细过 200 目筛，加适量的水，用特制钢模成形试样，制成大小为 2～3mm³ 的立方体或圆柱体。若不是可塑性的试样，可加少量黏结剂以便成形。如果是坯体，可磨成上述试样的大小。试样在烘箱中干燥 1h，然后用放大镜检查边角，要求整齐。

将试样放入高温炉中烧成，通过高温显微镜直接观察焙烧试样在各不同温度下的轮廓投影尺寸与形状的变化情况。根据这一变化情况可测定原料及釉料的热膨胀系数、烧结温度、软化温度、熔融温度。

② 熔融温度范围的测定。某一釉试样的形状在高温显微镜下随温度的变化情况如图 4-19 所示。

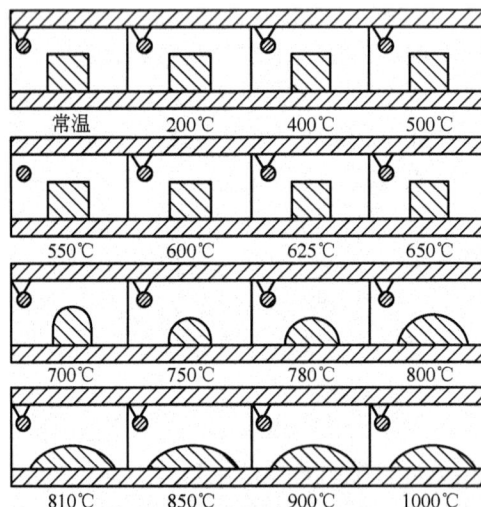

图 4-19　釉试样高温显微镜下随温度的变化

熔融温度范围的测定是将釉料制成的圆柱体试样在高温下连续观察不同温度点试样变化情况，一般用高温显微镜观察。

釉在各温度点的定义如下。

开始软化温度：圆柱形试样棱角刚开始稍稍变圆。

开始熔融温度：圆柱形试样变为半球形。

开始流动温度：试样流展低于显微镜目镜上的方格网第2格，或与托板接触角小于30。

软化温度范围：开始软化与开始熔融之间的温度范围。

熔融温度范围：开始熔融和开始流动之间的温度范围。

③ 浸润情况的测定。浸润状态十分重要，为了能够使釉均匀地覆盖于陶瓷制品上，要求高温下的釉对坯体充分浸润。

a．浸润能力的测定方法。固-液润湿示意图如图4-20所示，设 F 为浸润能力，θ 为接触角，则有：

$$F = \gamma_{LV} \cos\theta = \gamma_{SV} - \gamma_{SL}$$

$$\gamma_{SV} = \gamma_{SL} + \gamma_{LV} \cos\theta$$

式中　θ——液体在固体表面上的润湿角（接触角）；

　　γ_{SV}——固-气界面张力；

　　γ_{SL}——固-液界面张力；

　　γ_{SV}——气-液界面张力。

说明：当 $\theta > 90°$，不浸润；

　　$\theta < 90°$，浸润；

　　$\theta = 0$，液体铺展于固体表面。

b．接触角的计算。接触角 θ 的几何关系如图4-21所示，润湿角的计算公式如下：

$$接触角\ \theta = 2\tan^{-1}(2h/d)$$

式中　h——液滴高度；

　　d——液滴铺展的距离。

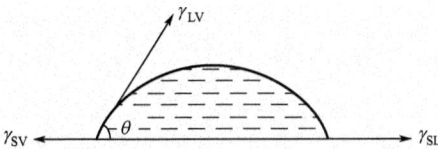

图4-20　固-液润湿示意图

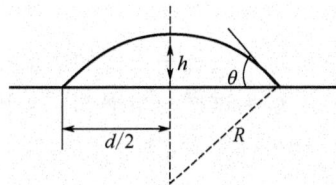

图4-21　接触角 θ 的几何关系

④ 釉面光泽度的测定。参照4.3.1.1。

⑤ 釉面颜色的测定。参照2.3.1.2。

4.5　原料入厂质量测定

坯釉所使用的原料是卫生陶瓷生产的基础条件，必须对其进行各方面的试验测定，才能保证质量，为顺利生产创造条件。

4.5.1 坯用原料入厂质量测定项目

4.5.1.1 水分的测定

从现场将试样装入已知重量的不锈钢容器中，取料应大于400g，原料应松散；取样后的容器即刻密封。在测定室将取样后的容器称重，打开密封，取出多余的试样，使容器内试样的重量为400.0g。试样连同容器装入110℃的干燥器中干燥。干燥后放凉，称量其质量。水分计算公式如下：

$$水分(\%)=(湿重-干重)/湿重(扣除容器质量)×100$$

4.5.1.2 烧成前后外观测定

原料入库后，随机取样至少5kg，观察原料表面是否有杂质等，尤其注意是否混杂有铁等杂质，与原料标准样品进行对比。

准备烧成后外观测定的试样为黏土类可直接取样，其他原料要将其破碎成1mm以下的颗粒。将试样放入已知干重$W1$的耐火瓷盘中，准确称量试样重$W2$，其后立即放入105℃干燥箱内烘干2h以上。冷却后称量耐火瓷盘和试样合计重量$W3$。干重率计算公式如下：

$$干重率(\%)=1-(W1+W2-W3)/W2×100$$

将已知干重$W3$的耐火盘和试样，加盖耐火盖后，放入窑车棚板下烧成。将烧成的试样与样品比较定级并记录。

4.5.1.3 烧失量的测定

将准备好的试样放在105~110℃的干燥箱中烘干2h以上，原料完全干燥后取出，放入保干器中冷却，试样冷却至室温后，准确称取质量G，放入已恒重的10mL瓷坩埚内，称量合计质量A，将坩埚放入高温炉中烧至1000℃，保温30min，取出放入保干器中冷却至室温后称重B，烧失量计算公式如下：

$$烧失量(\%)=(A-B)/G×100$$

式中　A——烧前试样与坩埚的质量和，g；

B——烧后试样与坩埚的质量和，g；

G——试样质量，g。

4.5.1.4 化学分析

坯用原料一般测定硅酸盐九项分析（氧化硅含量、氧化铝含量、氧化钙含量、氧化镁含量、氧化铁含量、氧化钛含量、氧化钾含量、氧化钠含量、烧失量），分析方法参照4.1.1。

4.5.1.5 夹杂物的测定

夹杂物是指坯体原料中含有的在烧成后造成釉面缺陷的物质。测定方法如下。

① 试样制作。取要测试样，粉碎，按照夹杂物试验预先确定的标准料试验配方，用试验试样代替同类标准料，配料并制成与生产粒度近似的泥浆。将试验砖（长、宽各200mm，

厚 12mm）石膏模型组型并装好漏斗及观察用玻璃管，向组型中注入试验泥浆（双面吸浆）。玻璃管中泥浆高度约为 80mm 时停止注浆。从玻璃管的外部观察，当玻璃管底部与石膏模型上表面接触部分的吃浆厚度达到试验砖厚度的 60%至 70%时，即可脱型。注出的试验砖在 55℃干燥器内干燥一昼夜，用刀片刮平，并用湿海绵擦拭干净。

② 施釉烧成。分别将试验砖施生产白釉和 PG 釉（夹杂物试验专用的桃红色釉，桃红色料加入量 10%），生釉厚度控制在 0.6mm。将试验砖砖放在烧成窑车上烧成，注意要确保砖的釉面上不要粘有异物。

③ 检查确认。将烧成后的 PG 砖（红釉砖）在检查台灯光下、50cm 距离下数白点。根据白点数定级，一般确定白点数不多于 10 点为合格；多于 10 点的坯体表明釉面的异物缺陷过多。同时检查白釉砖上的棕眼（直径 0.5mm 以上）数量，不多于 5 个为合格。

4.5.1.6 单原料试验

坯用原料分为塑性原料、半塑性原料、非可塑性原料（瘠性原料）三类。塑性原料、半塑性原料可做单原料试验，鉴定其质量。试验方法如下：

① 原料准备。塑性原料取约 10kg 放入 60℃烘箱内干燥 4h 以上（干燥温度过高会破坏可塑性），然后用乳钵将干燥的原料粉碎成细粉，用容器盛适当的水并加入适量的水玻璃，使用高速搅拌机将原料慢慢加入制成浆，泥浆搅拌好后过 80 目筛，然后测定粒度。半塑性原料原料取约 6kg，使用小型颚破机将原料粉碎。将粉碎后的原料放入 105℃干燥烘箱干燥 4h 以上，再加入适当的水和水玻璃装入小球磨罐球磨，达到规定粒度后，出磨并过 80 目筛。

② 性能调整。取上述原料约 10L，用高速搅拌机进行搅拌，并加适当的水和电解质调整，调整温度至（30±1）℃，软质原料调整浓度为（310 ±0.5）g/200mL（部分黏性高，解胶困难的原料可以适当降低浓度），硬质原料调整浓度为（340 ±0.5）g/200mL；屈服值（10±1）dyn。

泥浆调整到预定目标后，测定其性能（v_0、v_{30}、吸浆厚度、黏性等）。测定方法参照 4.4.1.2。

③ 注浆烧成。调好的泥浆分别注泥条并干燥、烧成。干燥的泥条测定其干燥收缩、干燥强度，（测定方法参照 4.4.1.3 相关部分），烧成后泥条测定其烧成收缩、烧成弯曲和吸水率（测定方法参照 4.4.1.4.相关部分）。

4.5.1.7 基本调制试验

基本调制试验也叫基本替代试验，通过观察某种原料在配方中的表现，对它的质量进行判定。试验方法如下。

① 配方设定。选用已知的不同性质的稳定的原料作为基本料，根据坯用原料特点（主要分为黏土、低纯高岭、高纯高岭、低纯绢云母、高纯绢云母、长石及其他助熔剂）设定一个与生产使用的坯配方性能相似的配方（可称为试验基本配方），每一类原料加入比例为 10%～20%。

② 试验。根据原料种类，用某种试验原料替代试验基本配方中相似的基本料，其他基本原料不变。按配方配料，入小球磨（配料 6kg 以下）制成泥浆，调整泥浆性能达到目标浓度（355±1）g/200mL 和屈服值（10±1）dyn，测定其成形性能和烧成性能（v_0、v_{30}、吸浆厚度、湿坯可塑性、泥坯干燥强度及干燥收缩、烧成收缩、烧成弯曲、烧成强度、吸水率），并进行夹杂物的测定试验。从测定数据及观察结果对原料的质量进行判定。

4.5.1.8 原料大磨实验

在基本调制试验的基础上，有时还需要用生产的大型球磨进行配方实验，以确保原料在使用时不会出现异常。做法与 4.5.1.7 相同，只是使用生产中的大型球磨，一般是同一个磨连续装三次，每一磨都要进行性能测定。从测定数据及观察的结果，对某种原料的质量进行最终判定。

4.5.2　釉用原料入厂质量测定项目

釉用原料入厂质量测定可以包括以下项目。

4.5.2.1　水分的测定

参照 4.5.1.1。

4.5.2.2　烧前烧后外观测定

参照 4.5.1.2。

4.5.2.3　烧失量的测定

参照 4.5.1.3。

4.5.2.4　化学分析

釉用原料中的石英、长石、高岭土、方解石、白云石、硅灰石等测定硅酸盐九项成分（氧化硅含量、氧化铝含量、氧化钙含量、氧化镁含量、氧化铁含量、氧化钛含量、氧化钾含量、氧化钠含量、烧失量），测定方法与坯料相同。而氧化锌含量、碳酸钡含量、硅酸锆含量、熔块含量等要根据其所含的其他成分进行测定。

4.5.2.5　基本调制试验

基本调制试验也叫基本替代试验。釉用原料大部分原料单一稳定，一般选用生产中大量使用的配方作为试验基本配方。

根据原料种类，用试验原料替代试验基本配方中相同的生产原料，其他基本原料不变。按配方配料，入小球磨（配料 2kg 以下）制成釉浆，调整釉浆性能达到目标浓度和细度，测定其施釉性能和烧成性能（ν_0、屈服值、干燥速率、浸釉厚度、环收缩、熔釉面）。从测定数据及观察结果，对原料的质量进行判定。

在基本调制试验的基础上，有时还需要用生产的大型球磨进行配方实验，方法与 4.5.1.8 类似。

4.5.3　石膏入厂质量测定项目

卫生陶瓷生产厂都是使用外购的石膏粉制作石膏模型，许多工厂对石膏粉的质量和石膏加水水化后的性能进行以下测定。

4.5.3.1　细度及白度的测定

细度的大小决定了比表面积的大小，它影响石膏水化的反应速率。

石膏的细度一般主要有以下几种测定方法。

一种方法是用粒度仪直接测定石膏的细度，因这个过程是在水中进行的，所以受到了石膏水化的影响，以致结果比实际的结果偏细。因为我们对石膏细度测定的目的是监测其稳定性和波动范围，因此，只要每次的测定方法相同，测定的结果与实际细度具有相关性，就可以判断细度的稳定性和波动范围。

另一种方法是干筛筛分的万孔筛余法，这种方法因筛子的震动效果往往不会达到最理想的效果，细小颗粒在大颗粒上的吸附，造成测定的结果偏粗。但测定的结果与实际细度具有一定的相关性，可以对石膏的细度进行判断。

现在更多使用的是粒度仪直接检测，也就是激光粒度分析法。由于石膏遇到水会发生水化作用，一般不能用沉降法测石膏细度，只能用干筛筛分的方法，测定方法参照 4.4.1.2（1）相关部分。

石膏的白度是最直接的外观表现，由于半水石膏的白度很高，因此石膏的白度可以作为评价石膏纯度的重要参数。白度一般用白度计测定。

4.5.3.2　标准混水率的测定

石膏的标准混水率，是指石膏完全水化所需的水，占石膏的百分比率。在制作石膏模型时，如果加入的水分多于标准混水率，可使石膏强度降低，还容易使石膏在水化过程中有水析出，在石膏形成一层水膜，影响制成的石膏模型的干燥速率和强度等性能。如果加入水分少于标准混水率，石膏不能完全水化，影响石膏模型的吸水性能。当严重缺水时，石膏无法形成石膏浆，失去流动性而无法使用。

石膏的标准混水率的测定方法如下。

用 500mL 的杯子，装上一半左右的水，记下水的质量 W，在 2min 的时间内，从已知重量的石膏中徐徐向水内散布石膏，当落入水中的石膏表面无水膜时，称量出已散布的石膏质量 G。石膏的标准混水率 X 的计算公式如下：

$$X=W/G\times100\%$$

石膏的标准混水率一般要测两次以上，取平均值，两次的误差每 100g 水不得超过 0.7g 石膏。

当有些石膏中加入了外加剂时，石膏不能很快与水反应，甚至漂浮在水面上，影响测定精度。

4.5.3.3　搅拌时间的测定

搅拌时间是指将石膏均匀搅拌开所需的时间，它受混水率、水温、投料时间、搅拌速率等因素的影响，因此，测定搅拌时间要在标准混水率、一定的水温的条件下、在一定的时间内完成投料，在一定的搅拌速率及搅拌时间下完成。

一般的测定方法是在室温下，用（15±1.5）℃的水，在标准混水率的条件下，用 1min 完成布料，2min 静置后用 250r/min 搅拌机开始搅拌，同时开始计时。在搅拌的同时用 ϕ18mm 的 PVC 棒不断地在石膏浆上划十字，划后留下的痕迹会逐渐变得模糊，当痕迹消失时记录下时间，这个时间就是搅拌时间。

4.5.3.4　凝结时间的测定

凝结时间指石膏加水后，从搅拌开始到凝结所用的时间。由于石膏的凝结是一个过程，所以可分为凝结开始时间（也称初凝时间）、定型时间、终结时间（也称终凝时间）。测定方法如下。

从开始投料开始计时，将搅拌好的石膏浆，注入相应的模具中，测定凝结时间。

（1）凝结开始时间的测定　凝结开始时间是指石膏开始凝结的时间，可以通过三种方法来测定。

① 划痕法。把搅拌好的石膏摊在大理石台面上，每隔 30s，用刀片划一次，等到石膏不再完全愈合时，表示石膏开始凝结，达到凝结开始时间。

② 用 B 型黏度计。B 型黏度计选用 4 号转子，在 12 转速的条件下进行测定。当读数为 100 时，达到凝结开始时间。

③ 用水泥凝结测定仪检测。使用硬度针，每隔 30s，硬度针放下一次，等到硬度针停止在离试料底部 1mm 的位置时，达到凝结开始时间。注意在将要达到要求时，要适当缩短硬度针放下的间隔时间。

（2）定型时间的测定　定型时间是指石膏确定了形状的时间，这时石膏的形状不受外力的影响、不会变形。可用水泥凝结测定仪检测，每隔 30s，硬度针放下一次。等到硬度针停止在进入试料 1mm 的位置时，达到定型时间。注意在将要达到要求时，要适当缩短硬度针放下的间隔时间。

也可采用刀片垂直下落检测定型时间。将石膏浆倒入直径 10cm、高度 10cm 的容器内，将刀片自然垂直放在石膏浆表面，让其自由下落，每次刀片自由下落时要适当变换位置，刀片刚好不能下落到试料底部时的时间就是定型时间。

（3）终结时间的测定　终结时间是指石膏水化完了的时间。由于石膏水化是个放热过程，当石膏水化刚刚完了时，石膏发热最多，这时石膏内部的温度也最高，所以终结时间也是石膏内部温度达到最高时的时间。把温度计插入到石膏浆中，直到石膏凝结，温度达到最高时，达到终凝时间。

注意，测定石膏浆温度时要每隔 30s 转动一下温度计，防止温度计因石膏膨胀而无法拔出，造成损坏。

4.5.3.5　凝结膨胀率的测定

石膏加水后，在凝结过程中不断地吸入水分子进行水化，产生体积膨胀，直线尺寸的膨胀值与初始时的直线尺寸值的百分比，即为石膏的凝结膨胀率。凝结膨胀率有以下两种测定方法。

一种方法是用石膏膨胀仪定测定。石膏试样的一端固定，在可移动的另一端固定一只百分表，石膏的膨胀数值在百分表上就可以直接读出（单位 mm，精度 0.01），然后再根据所注石膏试样的长度换算成百分比。注意，百分表的读数时间为制作试样时石膏和水开始结合后 60min，因为这时膨胀已经全部完成，而且石膏也不再发热，抵消了部分非石膏的物质热胀冷缩产生的影响。

另一种方法是用钢板尺测定。在大理石台面上涂好蜡，然后在大理石台面上混合石膏浆制作试样，在初凝后，将 1m 的钢板尺的刻度印在石膏试样上。石膏和水开始结合后 60min后，根据钢板尺刻度印的长度，得出膨胀值，计算出石膏的膨胀率。此测定方法较为简单，但测定精度稍差。

4.5.3.6　石膏湿润强度、干燥强度的测定

石膏水化完成后，具有一定的强度，这时石膏含有一定的水分，称为湿润强度。一般从石膏开始水化 2h 后开始测定。湿润强度分为抗拉强度和抗折强度，测定方法如下。

将石膏浆注入"8"字模中，刮平，脱模取出试样做抗拉强度检测；将石膏浆注入柱条模中，刮平脱模取出试样做抗折强度检测。分别在拉力试验机上将试样拉断，在抗折试验机上在一定的跨距 L（mm）上，将样试样压断，然后测量断面的破断面积 S（mm^2）及截面高 D（mm）。按下式计算抗拉、抗压强度值，计算公式如下：

$$抗拉强度 = \frac{P}{S}$$

$$抗折强度(MPa) = \frac{PL}{0.5SD}$$

$$破断面积\ S = \pi \times \left(\frac{D}{2}\right)^2$$

式中　P——破断荷重，N；

　　　L——跨距，mm；

　　　D——截面高，mm。

石膏完全干燥后的强度称为干燥强度，分为抗拉强度和抗折强度。其试样制作、测定方法与湿润强度的测定相同，但试样要在 45℃左右的烘箱中干燥 48h 以上，并在干燥器中干燥冷却 2h 以上再进行测定。

湿润强度和干燥强度有很强的相关性。

4.5.3.7　石膏吸水速率的测定

石膏的吸水速率，是石膏模型在注浆时表现的吸浆速率的一种反映，吸水越快吸浆厚度越厚，吸水越慢吸浆厚度越薄，对石膏的吸水速率的检测是对石膏吸浆速率的快捷的测定手段。测定方法如下。

使用的试样与石膏抗折强度的试样相同，也可以使用石膏抗折强度的试样。将试样干燥一天左右，将样品底部打磨平整，再在试样的 4 个侧面用布轻轻涂上红墨水，距底面 50mm 的位置上用铅笔做上记号。将试样再一次放入烘箱干燥 48h，取出后放入干燥器 2h 冷却。在试料的底面以上高度约 10mm 的位置以上的四周涂上蜡，将试样垂直浸入到深 5mm 的（15±5）℃水中并开始计时。由于涂抹了红墨水，会在试样表面清楚地看到吸水的痕迹在慢慢上升，当试样吸水的痕迹的高度达到 50mm 时记录所用的时间为 t。吸水速率计算公式如下。

$$吸水速率（mm/min） = \frac{50(mm) \times 60}{t(s)} \times 100$$

4.5.3.8　化学成分的测定

对石膏粉可测定其结晶水、酸不溶物、三氧化硫、二氧化硅、氧化钙，以确定硫酸钙的结晶状态及含量、有害物质的含量。测定方法可参照国家标准 GB/T 5484—2012《石膏化学分析方法》。

5
坯釉料配方的确定与维护

5.1 基础计算

确定坯釉料配方的工作中，需掌握如下一些计算方法。

5.1.1 湿含量及其换算

"湿含量"是指陶瓷原料或陶瓷坯、釉料所含的游离水的比率，也称为水分含量、含水量。湿含量有以湿料重量为基和干料为基的两种计算方法，计算结果分别称为相对含水率和绝对含水率，在生产中使用时，各有方便之处。

设所需测定的物料称重为 G(g)，经 105～110℃烘干恒重后为 G_1(g)。湿含量的计算方法及两种湿含量的换算公式见表 5-1。

表 5-1 干湿含量换算公式表

湿含量	相对含水率	绝对含水率	含水率互换
$W = G - G_1$	$W_{\mathrm{w}} = \dfrac{G - G_1}{G}$	$W_{\mathrm{d}} = \dfrac{G - G_1}{G_1}$	$W_{\mathrm{w}} = \dfrac{G_1}{G} \times W_{\mathrm{d}}$

表中，W 为湿含量，W_{w} 为相对含水量；W_{d} 为绝对含水率。

5.1.2 化学组成中的烧失量及计算

5.1.2.1 烧失量及其测定

烧失量是指陶瓷原料或陶瓷坯、釉料等试样加热至 1025℃±25℃时损失的重量，也称为灼减量、灼烧减量。它主要包括排出的吸附结合水、结晶水等水分，炭素及有机杂质燃烧后的挥发物，碳酸盐、硫酸盐等高温分解时排出的挥发物，以及其他各种高温挥发物。

因为卫生陶瓷产品的烧成温度高于 1025℃±25℃，烧成时，还会有更多的挥发物损失。所以在生产中，对坯料或某种原料的烧失量及杂质的判断时，往往在实际生产的窑炉中煅烧，测定其灼烧减量并进行对比，得出烧成时的烧失量。烧失量有以灼烧前试样的质量为基和以灼烧后试样的质量为基的两种计算方法，计算结果分别称为相对烧失量和绝对烧失量，在生产中使用时，各有方便之处。

烧失量计算方法如下。

若灼烧前试样的质量为 $G(\text{g})$，灼烧后试样的质量为 $G_1(\text{g})$，

则烧失量：

$$\text{I.L.} = G - G_1$$

相对烧失量：

$$\text{I.L.}(\%) = \frac{G - G_1}{G} \times 100\%$$

绝对烧失量：

$$\text{I.L.}(\%) = \frac{G - G_1}{G_1} \times 100\%$$

5.1.2.2　生料的化学成分换算为无灼烧减量物料的化学成分

原料和坯、釉料的化学组成通常需要换算成无灼烧减物料的化学组成，以便于坯、釉料的计算。

某釉料的化学全分析数据的有无灼烧减量数据的换算见表 5-2。

表 5-2　某釉料有无灼烧减量数据的换算表　　　　单位：%

情况	SiO$_2$ 含量	Al$_2$O$_3$ 含量	Fe$_2$O$_3$ 含量	CaO 含量	MgO 含量	K$_2$O 含量	Na$_2$O 含量	ZnO 含量	烧失量	合计
有灼减	70.10	12.52	0.31	2.72	1.53	5.85	2.52	1.44	2.95	99.94
无灼减	72.28	12.91	0.32	2.80	1.58	6.03	2.60	1.48	0	100

5.1.3　坯釉料组成的表示方法

坯、釉料组成通常有 5 种表示方法，即配料量表示法、矿物组成（又称示性组成）表示法、化学组成表示法、摩尔分数法和实验式（又称塞格式）表示法。

5.1.3.1　配料量表示法

配料量表示法指组成用质量百分数表示，配方中所用原料、辅料可用名称或代号表示。它是一个各种原料水分为零的配方，生产中，可称之为基础配方。例如，某卫生陶瓷厂的坯料配方表示（配料量表示法）见表 5-3。

表 5-3　某厂坯料配方

序号	名称	质量百分比/%
1	山西子木节	15
2	唐山子木节	15
3	章村土	10
4	辽宁瓷石	20
5	绥化长石	20
6	广东球土	10

序号	名称	质量百分比/%
7	唐山砂岩	10
8	合计	100
9	纯碱	0.15
10	水玻璃	0.48

这种配方表示法简单、易懂，便于操作。实际上原料多少含有一定的水分，经测定水分含量之后，还要制定一个生产使用的配料配方，可称为生产配方，原料含有的水分变化时，需根据基础配方对生产配方进行相应调整。

在原料的品种不同时，配料量表示法的配方没有共通性。

5.1.3.2　矿物组成表示法

根据同类型的矿物在坯体中所起的主要作用基本上相同的认识，把原料中所含同类矿物合并在一起，计算出理论组成的黏土矿物、长石矿物和石英三种矿物的质量百分比，以此表示坯体的组成。

（1）不同类制品矿物组成　不同类制品矿物组成见表 5-4。

表 5-4　不同类制品矿物组成

质量分数/%　　瓷坯类别	黏土含量	长石含量	石英含量
欧美卫生陶瓷坯	66～45	37～17	32～12
日本卫生陶瓷坯	42～22	45～20	45～20
中国卫生陶瓷坯	55～35	30～20	30～40
高压电瓷坯	50	20	30
低压电瓷坯	50	22	28
化工用瓷坯	65	25	10
日用瓷坯	48	25	27
艺术瓷坯	45	27	28

（2）计算主要矿物组成　在评价原料及坯料的基本性能时，需要知道它们的矿物组成。准确判断矿物组成的方法是仪器分析，也可根据原料和坯料的化学组成粗略计算出他们的主要矿物组成。其基本步骤如下。

① 化学组成中的 K_2O、Na_2O、CaO 各和一定数量的 SiO_2 和 Al_2O_3 结合成为钾长石、钠长石和钙长石。

② 将化学组成中的 Al_2O_3 总量减去形成长石所需要的 Al_2O_3 量，剩余的 Al_2O_3 可认为形成黏土矿物（以高岭石为代表进行计算）。

③ 比较剩余的 SiO_2 和 Al_2O_3 含量，如 Al_2O_3 较多，则过多的 Al_2O_3 可当作水铝石 $Al_2O_3 \cdot H_2O$ 来计算。

④ 若判断确有碳酸根存在，则 MgO 可计算为菱镁矿 $MgCO_3$，CaO 可计算为石灰石矿 $CaCO_3$。若不存在碳酸根，则 MgO 可认为以滑石（$3MgO \cdot 4SiO_2 \cdot H_2O$）或蛇纹石

（$3MgO \cdot 4SiO_2 \cdot 2H_2O$）形式存在。

⑤ Fe_2O_3 的确定比较复杂，可根据肉眼和仪器的分析结果确定为赤铁矿（Fe_2O_3）、黄铁矿（FeS_2）或褐铁矿（$Fe_2O_3 \cdot 3H_2O$）等。

⑥ TiO_2 可用金红石来满足。

⑦ 若 Na_2O 含量比 K_2O 少得多，则可把两者合量以钾长石来计算。

（3）由黏土的化学成分计算其矿物组成　举例，某黏土的化学成分见表 5-5。

表 5-5　某黏土的化学成分　　单位：%

SiO_2 含量	Al_2O_3 含量	Fe_2O_3 含量	CaO 含量	MgO 含量	K_2O 含量	Na_2O 含量	烧失量
64.78	25.41	0.19	0.22	微量	0.32	0.23	8.65

① 计算各氧化物的物质的量（灼减当作结晶水计算），见表 5-6。

表 5-6　各氧化物的摩尔量

项目	SiO_2 含量	Al_2O_3 含量	Fe_2O_3 含量	CaO 含量	MgO 含量	K_2O 含量	Na_2O 含量	烧失量
氧化物含量/%	64.78	25.61	0.19	0.22	微量	0.32	0.23	8.65
氧化物分子量	60.1	102	160	56.1		94.2	62	18
氧化物物质的量	1.078	0.251	0.001	0.004		0.003	0.004	0.48

② 将各氧化物的分子数按表 5-7 顺序排列，算出其矿物组成。

表 5-7　矿物组成　　单位：%

矿物物质的量 ╲ 氧化物物质的量	SiO_2 含量	Al_2O_3 含量	Fe_2O_3 含量	CaO 含量	MgO 含量	K_2O 含量	Na_2O 含量	烧失量
	1.078	0.251	0.001	0.004		0.003	0.004	0.48
0.003 钾长石	0.018	0.003				0.003		
剩余	1.06	0.248	0.001	0.004		0	0.004	0.48
0.004 钠长石	0.024	0.004					0.004	
剩余	1.036	0.244	0.001	0.004			0	0.48
0.004 钙长石	0.008	0.004		0.004				
剩余	1.028	0.24	0.001	0				0.48
0.24 高岭土	0.48	0.24						0.48
剩余	0.548	0	0.001					0
0.548 SiO_2	0.548							
剩余	0		0.001					
0.001 赤铁矿			0.001					
剩余			0					

③ 计算出各矿物的质量及质量分数，见表 5-8。

表 5-8　各矿物的质量及质量分数

化学成分	钾长石	钠长石	钙长石	高岭土	石英	赤铁矿
物质的量	0.003	0.004	0.004	0.24	0.548	0.001
分子量	556.7	524.5	278.2	258.1	60.1	159.2
质量分数/%	1.67	2.10	1.11	61.94	32.93	0.16

④ 把各种长石和赤铁矿均作为熔剂，一并列为长石矿物，得到黏土的矿物组成，见表 5-9。计算坯釉料配方的矿物组成时，使用相同方法。

表 5-9　某黏土的矿物组成

黏土质矿物	61.94%
长石质矿物	1.66%+2.10%+1.11%+0.16%=5.03%
石英质矿物	32.93%

5.1.3.3　化学组成表示法

化学组成表示法根据化学分析的结果，用各种氧化物及烧失量的质量分数表示坯和釉的组成。卫生陶瓷坯料化学组成表示法配方举例见表 5-10。

表 5-10　卫生陶瓷坯料化学组成表示法配方举例　　　单位：%

化学成分名称	SiO_2	Al_2O_3	Fe_2O_3	TiO_2	CaO	MgO	K_2O	Na_2O	烧失量	合计
欧洲某厂	58.81	26.88	0.42	0.32	0.57	0.93	2.69	0.67	8.39	99.68
北美某厂	67.08	19.52	0.95	0.28	0.91	0.17	3.11	1.63	6.29	99.94
日本某厂	65.92	21.33	0.76	0.23	0.31	0.12	3.65	1.68	5.88	99.88
唐山某厂	62.45	23.84	0.82	0.62	0.53	0.85	3.00	0.74	6.99	99.84
佛山某厂	64.25	22.16	1.05	0.27	0.16	0.19	2.62	0.67	8.25	99.62
潮州某厂	63.02	24.57	1.67	0.22	0.01	0.21	2.73	0.01	7.52	99.96
福建某厂	61.91	23.82	0.95	0.15	0.70	0.58	3.52	0.70	7.64	99.97
河南某厂	64.81	21.27	1.39	0.52	0.21	0.34	2.85	0.16	8.35	99.9

这种表示法能准确表示坯釉料的化学组成，同时根据各种氧化物的多少，可以估计出该配方的烧成温度、收缩大小、产品呈色、变形大小、釉面熔化程度、釉的软硬等。如配方中的 Fe_2O_3 的含量高，则表明原料杂质多，烧成白度低；TiO_2 含量高，则烧后发黄；K_2O、Na_2O 含量高，则烧成温度低；SiO_2、Al_2O_3 含量高，则烧成温度高，坯体难以瓷化；烧失量大，则烧成收缩大，且高温分解容易产生气泡等。但从化学组成表示法无法知道各种氧化物来自哪些矿物，对其物理性能不能进行判断。

5.1.3.4　摩尔分数法

用各化学组成的摩尔数百分比表示配方的方法，称为摩尔分数法。卫生陶瓷坯料摩尔分数法配方举例见表 5-11。

表 5-11 卫生陶瓷坯料摩尔分数法配方举例 单位：%

化学成分 名称	SiO_2	Al_2O_3	Fe_2O_3	TiO_2	CaO	MgO	K_2O	Na_2O
欧洲某厂	74.00	19.95	0.23	0.30	0.76	1.74	2.19	0.83
北美某厂	79.94	13.75	0.43	0.21	1.15	0.29	2.36	1.86
日本某厂	78.98	15.05	0.36	0.22	0.43	0.22	2.81	1.94
唐山某厂	76.40	17.21	0.37	0.59	0.66	1.54	2.35	0.88
佛山某厂	79.60	16.16	0.52	0.22	0.22	0.37	2.08	0.82
潮州某厂	78.46	18.03	0.75	0.22	0.00	0.37	2.17	0.00
福建某厂	76.52	17.38	0.45	0.15	0.89	1.04	2.75	0.82
河南某厂	80.03	15.52	0.67	0.45	0.30	0.59	2.23	0.22

这种表示法用于配方的精确设计和平日配方维护调整，可利用计算机技术对配方进行较好的控制。

5.1.3.5 实验式表示法

用各类氧化物物质的量的比值表示配方组成的方法叫做实验式表示法。

卫生陶瓷坯釉料中常用氧化物品种不多，从其性质上分，可分为碱性、中性、酸性。各类氧化物的酸碱性见表 5-12。

表 5-12 各类氧化物的酸碱性

碱性			中性	酸性	
K_2O Na_2O Li_2O CaO BeO	MgO ZnO SrO BaO	PbO MnO FeO CdO	Al_2O_3 Fe_2O_3 Cr_2O_3 Sb_2O_3	SiO_2 ZrO_2 MnO_2 B_2O_3	TiO_2 SnO_2 P_2O_5

习惯上，以 R 代表某种元素，则酸性为 RO_2（B_2O_3 和 P_2O_5 计算在内）；碱性为 R_2O 和 RO 两种；中性为 R_2O_3。

在实验式中，碱性氧化物在前，然后是中性氧化物，最后是酸性氧化物。习惯上，坯料的实验式中，取中性氧化物物质的量总和为 1，在釉料的实验式中，取碱性氧化物物质的量总和为 1，以便于比较、研究。卫生陶瓷坯料实验式举例见表 5-13。

表 5-13 卫生陶瓷坯料实验式举例

实验式 厂名	R_2O/%	RO/%	R_2O_3/%	RO_2/%	R_2O+RO	R_2O_3	RO_2
欧洲某厂	0.04	0.033	0.267	0.983	0.073	1	3.68165
北美某厂	0.059	0.02	0.198	1.119	0.079	1	5.65152
日本某厂	0.066	0.009	0.214	1.1	0.075	1	5.14019
唐山某厂	0.044	0.03	0.239	1.047	0.074	1	4.38075

实验式＼厂名	R₂O/%	RO/%	R₂O₃/%	RO₂/%	R₂O+RO	R₂O₃	RO₂
佛山某厂	0.039	0.008	0.224	1.072	0.047	1	4.78571
潮州某厂	0.029	0.005	0.251	1.052	0.034	1	4.19124
福建某厂	0.048	0.026	0.24	1.032	0.074	1	4.3

卫生陶瓷釉料实验式举例见表 5-14。

表 5-14　卫生陶瓷釉料实验式举例

实验式＼厂名	R₂O/%	RO/%	R₂O₃/%	RO₂/%	R₂O+RO	R₂O₃	RO₂
福建某厂	2.78	18.72	6.34	72.16	1	0.295	3.356
日本某厂	3.06	17.25	5.91	73.78	1	0.291	3.633
唐山某厂	2.51	19.03	7.05	71.39	1	0.328	3.315

实验式表示法能准确反映出各类氧化物间比例关系，一目了然，可以估计出高温化学性能和烧成温度高低，在相互交流时经常采用。

5.1.4　化学组成与摩尔分数的换算

已知坯釉的化学组成可计算出摩尔分数组成，步骤如下。

① 以各氧化物的质量分数分别除以各氧化物分子量，得物质的量。

② 以各氧化物的物质的量分别除以各氧化物物质的量总和，所得到的数乘以 100%，即得到各氧化物的摩尔分数。由某泥浆化学成分计算出摩尔分数的数据见表 5-15。

表 5-15　某泥浆化学成分计算摩尔分数

化学成分	烧失量	SiO_2含量	Al_2O_3含量	Fe_2O_3含量	TiO_2含量	CaO含量	MgO含量	K_2O含量	Na_2O含量	合计
有灼减/%	7.46	63.95	21.35	0.22	1.02	0.86	0.67	3.74	0.74	100.0
无灼减/%	0	69.11	23.08	0.24	1.10	0.93	0.73	4.04	0.80	100.0
摩尔分数/%	0	77.87	15.34	0.20	0.47	1.12	1.22	2.90	0.88	100.0

5.1.5　物质的量组成换算成实验式

将坯料中所有中性氧化物摩尔分数总和视为 1，计算出碱性、酸性氧化物的摩尔分数与中性氧化物摩尔分数的比值，从而得到坯料的实验式。坯料的实验式写法如下：

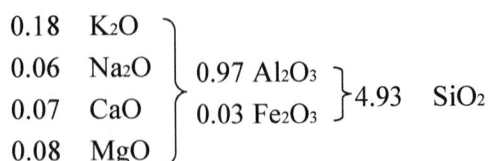

$$\left.\begin{array}{l} 0.18 \quad K_2O \\ 0.06 \quad Na_2O \\ 0.07 \quad CaO \\ 0.08 \quad MgO \end{array}\right\} \left.\begin{array}{l} 0.97\ Al_2O_3 \\ 0.03\ Fe_2O_3 \end{array}\right\} 4.93 \quad SiO_2$$

对于釉料，则设碱性氧化物摩尔分数总和为 1，计算方法相同。例如某釉料化学成分计算及摩尔分数如表 5-16 所示。

表 5-16 某釉料化学成分计算及摩尔分数

化学成分	SiO_2	Al_2O_3	Fe_2O_3	TiO_2	CaO	MgO	K_2O	Na_2O	ZnO	ZrO_2	烧失量	合计
有灼减/%	55.6	8.75	0.08	0.06	10.3	1.11	2.73	0.5	3.56	7.41	9.63	100
无灼减/%	61.72	9.7	0.07	0.09	11.43	1.23	3.03	0.5	3.95	8.23	—	100
物质的量	1.027	0.095	0.006	0.009	0.204	0.0305	0.321	0.009	0.4855	0.067	—	1.514
摩尔分数/%	67.82	6.284	0.057	0.038	13.46	2.0133	2.121	0.591	3.206	4.409	—	100

经计算，得到该釉料实验式如下：

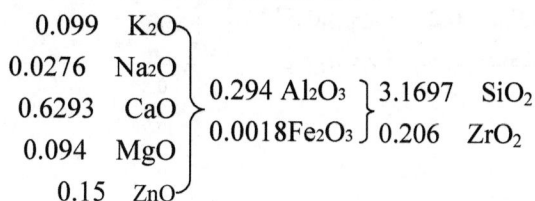

$$
\left.\begin{array}{l}
0.099 \quad K_2O \\
0.0276 \quad Na_2O \\
0.6293 \quad CaO \\
0.094 \quad MgO \\
0.15 \quad ZnO
\end{array}\right\}
\left.\begin{array}{l}
0.294\ Al_2O_3 \\
0.0018Fe_2O_3
\end{array}\right\}
\left.\begin{array}{l}
3.1697 \quad SiO_2 \\
0.206 \quad ZrO_2
\end{array}\right.
$$

5.1.6 坯料的常用性能计算

5.1.6.1 泥浆的计算

（1）计算泥浆中干料及水分的含量　按相对密度法（指单位体积内，固体加液体的总质量）计算泥浆中干料及水分的含量，其计算公式如下：

$$M = \frac{W_\rho S_d}{S_d - 1}(W_d - 1)V$$

$$W_w = \frac{1}{\dfrac{W_d}{\dfrac{S_d - W_d W_\rho}{W_d - 1}} + 1}$$

取 W_ρ=1kg/L，可简化为下式：

$$W_w = \frac{1}{\dfrac{W_d}{\dfrac{S_d - W_d}{W_d - 1}} + 1}$$

式中　M——容器中泥浆相应的干料质量，kg；

$\quad\quad W_w$——泥浆中的水分含量，%；

$\quad\quad V$——容器容积，L 或 m^3；

$\quad\quad W_\rho$——水的密度，kg/L 或 kg/m^3；

$\quad\quad S_d$——固体物料的相对密度；

$\quad\quad W_d$——泥浆的相对密度。

（2）湿法配料和干法配料的换算　湿法配料和干法配料的换算问题在实际生产中是经常

遇到的，若已知料浆的容量和相对密度，则可用上述公式计算出料浆中固体物料的含量，再换算成干料的百分组成，即可算出干料配比。反之已知干料配比和配合料中各成分料浆和干料的相对密度，也可求出各种料浆的加入料。

举例：已知某卫生瓷坯料料浆的相对密度为1.82，其生产工艺是硬质料和石英分别单独湿法球磨，球土则单独化浆，然后按容积配料法将三者混合均匀制成料浆，已知坯料配方（按干基算）是球土26%、石英20%、硬质料54%，球土浆、石英浆和硬质料料浆的相对密度分别为1.70、1.90、1.80，它们所对应干基的相对密度分别为2.62、2.65和2.65。若要配制坯料料浆1000L，问需球土浆、石英浆和硬质浆料各多少升？

计算：先求出泥浆中混合干基的相对密度：

$$S_{泥浆} = S_{球土} \times 0.26 + S_{石英} \times 0.20 + S_{硬质料} \times 0.54$$

$$= 2.62 \times 0.26 + 2.65 \times 0.20 + 2.65 \times 0.54$$

$$= 2.642$$

再求出泥浆中相应的干料质量：

$$M = \frac{W_\rho S_d}{S_d - 1}(W_d - 1)V = \frac{2.642 \times 1}{2.642 - 1} \times (1.82 - 1) \times 1000 = 1319(kg)$$

这样混合泥浆中各组分对应的干料质量为：

$$M_{球土} = 1319 \times 0.26 = 342.94(kg)$$

$$M_{石英} = 1319 \times 0.20 = 263.80(kg)$$

$$M_{硬质料} = 1319 \times 0.54 = 712.26(kg)$$

最后求出各组分对应料浆的容积：

$$M = \frac{W_\rho S_d}{S_d - 1}(W_d - 1)V; V = \frac{M(S_d - 1)}{W_\rho S_d(W_d - 1)}$$

$$V_{球土浆} = \frac{M_{球土}(S_{球土} - 1)}{W_\rho S_{球土}(W_{球土浆} - 1)} = \frac{342.94 \times (2.62 - 1)}{1 \times 2.62 \times (1.70 - 1)} = 302.9(L)$$

$$V_{石英浆} = \frac{M_{石英}(S_{石英} - 1)}{W_\rho S_{石英浆}(W_{石英浆} - 1)} = \frac{263.8 \times (2.65 - 1)}{1 \times 2.65 \times (1.90 - 1)} = 182.5(L)$$

$$V_{硬质料浆} = \frac{M_{硬质料}(S_{硬质料} - 1)}{W_\rho S_{硬质料}(W_{硬质料浆} - 1)} = \frac{712.26 \times (2.65 - 1)}{1 \times 2.65 \times (1.80 - 1)} = 554.4(L)$$

$$V = 302.9 + 182.5 + 554.4 = 1040(L)$$

换算成1000L配合料浆：

$$V_{球土浆} = 302.9 \times \frac{1000}{1040} = 291(L)$$

$$V_{石英浆} = 182.5 \times \frac{1000}{1040} = 176(L)$$

$$V_{硬质料浆} = 554.4 \times \frac{1000}{1040} = 533(L)$$

按容积法配料配制1000L坯料料浆需要密度为1.70kg/L的球土浆291L。密度为1.90kg/L

的石英浆 176L，密度为 1.80kg/L 的硬质料浆 533L。

（3）泥浆相对密度的调整与泥浆混合的计算

① 泥浆相对密度的调整与计算。将泥浆相对密度调低计算公式如下：

$$V = \frac{W_1 - W_2}{W_2 - 1} V_1$$

将泥浆相对密度调高计算公式如下：

$$M = \frac{W_2 - W_1}{S_d - W_2} S_d W_\rho V_1$$

式中　V——加入水的体积，L 或 m³；

V_1——泥浆的原有体积，L 或 m³；

W_1——泥浆初始相对密度；

W_2——泥浆调整后的相对密度；

W_ρ——水的密度，kg/L 或 kg/m³；

M——加入固体物料的质量；

S_d——固体物料的相对密度。

举例：某卫生瓷泥浆的相对密度为 1.86，现欲改为 1.76，问需要加入水量多少？

采用杠杆法计算：

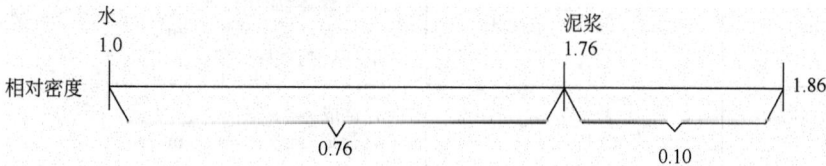

引用公式：$V = \frac{W_1 - W_2}{W_2 - 1} V_1$

得容积百分比：$\frac{V}{V_1} = \frac{W_1 - W_2}{W_2 - 1} \times 100\% = \frac{1.86 - 1.76}{1.76 - 1} \times 100\% = 13.16\%$

即在相对密度为 1.86 的泥浆中必须加入 13.16% 水（容积百分比）才能制得相对密度为 1.76 的泥浆。

② 泥浆混合的计算。已知两种以上泥浆的相对密度，欲用它们来配制某特定相对密度的泥浆，求每种泥浆需加入的量。

举例：如有两种泥浆 A 和 B，相对密度分别为 1.2 和 1.8。今欲混合此泥浆，已得到相对密度 1.3 的泥浆，问每种泥浆各需多少升，方足以制备新泥浆 1000L。

采用杠杆法计算：

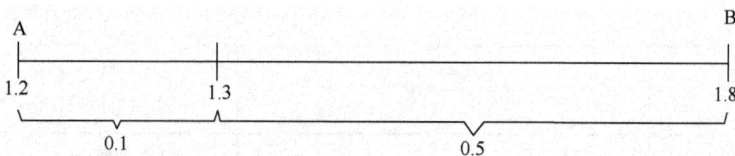

可知 B 泥浆 0.1 份需 A 泥浆 0.5 份，故所求泥浆 1000L 中所需泥浆 A 的量为：

$$\frac{0.5}{0.1+0.5} \times 1000 = 833(L)$$

所需泥浆 B 的量为：1000-833=167(L)

5.1.6.2　收缩率与含水率的计算

① 以收缩前的长度为基的收缩率为相对收缩率，其计算公式见表 5-17。

表 5-17　相对收缩率的计算公式表

名称	公式	说明
干燥线收缩率	$a_d = \dfrac{L_0 - L_1}{L_0} \times 100\%$	a_d，干燥线收缩率，%； L_0，干燥前坯体长度，mm； L_1，干燥后坯体长度，mm
烧成线收缩率	$a_f = \dfrac{L_1 - L_2}{L_1} \times 100\%$	a_f，烧成线收缩率，%； L_2，烧成后坯体长度，mm
总线收缩率	$a = \dfrac{L_0 - L_2}{L_0} \times 100\%$	a，总线收缩率，%
线收缩率间的相互换算	$a_f = \dfrac{a - a_d}{100 - a_d} \times 100\%$ ，　$a = \dfrac{100 - a_d}{100} \times a_f + a_d$	
干燥体收缩率	$V_d = \dfrac{V_0 - V_1}{V_0} \times 100\%$	V_d，干燥体收缩率，%； V_0，干燥前试样体积，cm^3； V_1，干燥后试样体积，cm^3
烧成体收缩率	$V_f = \dfrac{V_1 - V_2}{V_1} \times 100\%$	V_f，烧成体收缩率，%； L_2，烧成后试样体积，cm^3
总体积收缩率	$V = \dfrac{V_0 - V_2}{V_0} \times 100\%$	V，总体积收缩率，%
线收缩率和体积收缩率的关系式	$a = \left(1 - \sqrt[3]{1 - \dfrac{V}{100}}\right) \times 100\%$ ，	a，线收缩率，%； V，体积收缩率，%

② 以收缩后的长度为基的收缩率为绝对收缩率，将表 5-17 中干燥线收缩公式中的分母 L_0 改为 L_1 即为绝对线收缩的计算式，其他绝对收缩以此类推。

③ 含水率的计算。含水率的计算公式见表 5-18。

表 5-18　含水率的计算公式表

名称	公式	说　明
可塑水量百分率	$T = \dfrac{W_p - W_d}{W_d} \times 100\%$	W_p，可塑试样的质量，kg； W_d，干燥试样的质量，kg
收缩水量百分率	$t_1 \dfrac{V_p - V_d}{V_d} \times 100\%$	V_p，可塑试样的体积，cm^3； V_d，干燥试样的体积，cm^3
气孔水量百分率	$t_2 = T - t_1$	T，可塑水量百分率，%； t_1，收缩水量百分率，%

5.1.6.3 干燥敏感性的计算

黏土原料或黏土制品在干燥收缩阶段出现裂纹的倾向性称为干燥敏感性。衡量干燥敏感性大小一般用干燥敏感指数（K）。它的定义是在自然风干的条件下，正常可塑状态（工作水分）的湿坯试样，干燥体积收缩率和孔隙率的比值。它与坯体正常可塑状态所含水分高低、干燥收缩率及颗粒大小、形状和堆积密度等因素有关。

（1）干燥敏感指数 K　干燥敏感指数 K 的计算公式如下：

$$K = \frac{V_d}{V_p \left(\dfrac{M_p - M_d}{V_p - V_d} - 1 \right)}$$

式中　V_d——干燥后的可塑试样体积，cm^3；

V_p——干燥前的试样体积，cm^3；

M_p——干燥前的可塑试样质量，g；

M_d——干燥后的试样质量，g。

根据干燥敏感指数 K 的大小，可将黏土划分为三类：

低干燥敏感性黏土，$K < 1.2$；中干燥敏感性黏土，$1.2 < K < 1.8$；高干燥敏感性黏土，$1.8 < K$。

$K \leqslant 1$ 一般较适合；$K = 1 \sim 2$ 者为中等；$K > 2$ 者易出现干燥缺点。

（2）比收缩 ϕ　干燥敏感性的高低也可用比收缩 ϕ（cm^3/g）来衡量，其计算公式如下：

$$\phi = \frac{\Delta V}{\Delta M}$$

式中　ΔV——试样体积收缩，cm^3；

ΔM——收缩水量，g。

ϕ 越大，干燥灵敏性越大，干燥越不安全。一般黏土的 ϕ 的变动在 $0.5 \sim 0.9$。

举例：某黏土制品试样干燥前的质量为 86.4g，密度为 $2.4g/cm^3$；干燥后试样的质量为 72.4g，密度为 $2.26g\ cm^3$。试样用干燥敏感指数（K）和比收缩 ϕ 来分析该试样的干燥敏感性。

计算如下：

$$K = \frac{V_d}{V_p \left(\dfrac{M_p - M_d}{V_p - V_d} - 1 \right)} = \frac{\dfrac{72.4}{2.26}}{\dfrac{86.4}{2.4} \times \left(\dfrac{86.4 - 72.4}{\dfrac{86.4}{2.4} - \dfrac{72.4}{2.26}} - 1 \right)} = \frac{32.04}{36 \times \left(\dfrac{14.0}{36 - 32.04} - 1 \right)} = 0.35$$

$$\phi = \frac{\Delta V}{\Delta M} = \frac{36 - 32.04}{86.4 - 72.4} - 0.28$$

5.1.6.4 密度、气孔率、吸水率、吸湿膨胀及渗透性

（1）密度

① 真密度。真密度是材料的质量与其真体积（不包括气孔体积）之比。对于陶瓷材料的真密度，国家标准 GB/T 5071—1997 中规定，把材料破碎、磨细到尽可能无封闭气孔存在

的颗粒后，测量试样干燥质量和真体积来测量真密度。其计算公式如下：

$$\rho = \frac{m_1 \rho_1}{m_1 + (m_3 - m_2)}$$

式中　ρ——试样真密度，g/cm^3；

　　　　ρ_1——所选用的液体在实验温度下的密度，g/cm^3；

　　　　m_1——试样的干燥质量，g；

　　　　m_2——装有试样和选用液体的比重瓶的质量，g；

　　　　m_3——装有选用液体的比重瓶的质量，g。

②　体积密度。对于致密定形陶瓷材料的体积密度，国家标准 GB/T 2997—2000 中规定的计算公式如下：

$$D_b = \frac{m_1 D_1}{m_3 - m_2}$$

式中　D_b——试样体积密度，g/cm^3；

　　　　D_1——试验温度下，浸渍液体的密度，g/cm^3；

　　　　m_1——试样的干燥质量，g；

　　　　m_2——饱和试样的表观的质量，g；

　　　　m_3——饱和试样在空气中的质量，g。

对于高气孔率的定型陶瓷材料的体积密度，国家标准 GB/T 2998—2001 规定计算公式如下：

$$D_b = \frac{M}{V} = \frac{m}{abc}$$

$$D_b = \frac{m}{V} = \frac{4m}{\pi d^2 h}$$

式中　D_b——试样体积密度，g/cm^3；

　　　　m——试样的干燥质量，g；

　　　　V——试样的体积，cm^3；

　a，b，c——长方形试样的长、宽、高，cm；

　　　　d——圆柱体试样上、下两底面的平均直径，cm；

　　　　h——圆柱体试样的高度，cm。

对于粒状陶瓷材料的体积密度，国家标准 GB/T 2999—2002 中规定，采用液体静力称量法和滴定管法两种方法测定。

按液体静力称量法的计算公式如下：

$$D_b = \frac{m_1 D_1}{m_2 - m_1}$$

式中　D_b——试样体积密度，g/cm^3；

　　　　D_1——试验温度下，浸渍液体的密度，g/cm^3；

　　　　m_1——试样的干燥质量，g；

　　　　m_2——饱和试样的表观的质量，g。

按滴定管法的计算公式如下：

$$D_b = \frac{m}{V} = \frac{m}{V_1 - V_2}$$

式中　D_b——试样体积密度，g/cm^3；

　　　m——试样的干燥质量，g；

　　　V——试样的体积，cm^3；

　　　V_1——滴定管最初液面读数，mL；

　　　V_2——滴定管最终液面读数，mL。

（2）气孔率　气孔率是材料中所含气孔体积与材料总体积的比例。颗粒状松堆积体之间的空隙体积与堆积体的外观体积之比常称为空隙率。气孔率有三种。

① 总气孔率。总气孔率又称作真气孔率（P_t），指开口气孔与闭口气孔二类气孔的体积之和与材料总体积之比。

② 开口气孔率（显气孔率）P_a。指开口气孔体积与材料总体积之比。

③ 闭口气孔率 P_c。指闭口气孔体积与材料总体积之比。

气孔率的计算公式见表5-19。

表 5-19　气孔率的计算公式表

名称	计算式	说　明
总气孔率 P_t	$P_t = \dfrac{V_c + V_0}{V_b} \times 100\%$	V_c，封闭材料体积，V_a，开口材料体积。V_b，材料总体积
开口气孔率 P_a	$P_a = \dfrac{V_a}{V_b} \times 100\%$	
闭口气孔率 P_c	$P_c = \dfrac{V_c}{V_b} \times 100\%$	
三者关系	$P_t = P_c + P_a$	

（3）吸水率　吸水率是材料全部开口气孔所吸收的水的质量与干燥试样的质量的百分比。吸水率的计算公式如下：

$$W_a = \frac{m - m_0}{m_0} \times 100\%$$

式中　W_a——材料的吸水率，%；

　　　m_0——干燥试样的质量，g；

　　　m——材料饱和吸水后的质量，g。

5.1.6.5　坯料的耐火度和烧成温度的计算

（1）耐火度　耐火度是指材料在无荷重时抵抗高温作用而不熔化的性能。它表征了材料抵抗高温作用的性能。

国家标准 GB/T 7322—2007 规定了材料耐火度的实验方法，其要点是，将被测材料制成与标准测温锥形状、尺寸相同的截头三角锥，在规定的加热条件下，与标准测温锥弯倒情况作比较，直至试锥顶部弯倒接触底盘，此时与试锥同时弯倒的标准测温锥代表的温度即为该试锥的耐火度。

耐火度可用下述公式估算：

$$t = \frac{360 + w(Al_2O_3) - R}{0.228}$$

式中　　$w(Al_2O_3)$——按 $w(Al_2O_3)+w(SiO_2)=100\%$ 计算的 Al_2O_3 质量分数，%；

　　　　R——按 $w(Al_2O_3)+w(SiO_2)=100\%$ 计算的碱金属氧化物、碱土金属氧化物与 TiO_2 的总含量，%。

利用上式时应首先将化学分析值换算为无灼烧减量的百分含量。

（2）烧成温度　烧成温度可用耐火度的公式估算。

5.1.6.6　力学性能的计算

（1）抗压强度　是指材料在一定温度下单位面积上所能承受的极限载荷。
其计算公式如下：

$$S = \frac{P}{A}$$

式中　　S——试样抗压强度，N/mm^2；

　　　　P——试样破坏时的总压力，N；

　　　　A——试样受压面积，mm^2。

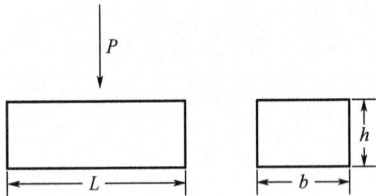

图 5-1　三点弯曲装置

（2）抗弯强度　是指材料在一定温度下单位面积上承受弯矩时的极限折断应力。又称为弯曲强度、抗折强度、断裂模量。

一定尺寸的长方体试样在三点弯曲装置（如图 5-1 所示）上弯曲时，抗弯强度按下式计算：

抗弯强度计算公式：

$$\sigma_{\text{弯}} = \frac{3}{2} \cdot \frac{PL}{bh^2}$$

式中　　$\sigma_{\text{弯}}$——试样的抗弯强度，N/mm^2 或 MPa；

　　　　P——试样断裂时所施的最大载荷，N；

　　　　L——两支点间的距离，mm；

　　　　b——试样的宽度，mm；

　　　　h——试样的高度，mm。

（3）抗拉强度　是指材料单位面积所能承受的最大拉应力，也称为抗张强度。其计算公式如下：

$$\sigma_{\text{拉}} = \frac{P}{F}$$

式中　　P——试样断裂时所施加的最大载荷，N；

　　　　F——试样的截面积，mm^2。

（4）抗冲击强度　抗冲击强度是指材料抵抗动负荷的能力，以材料单位面积所能承受的最大冲击功表示。其计算公式如下：

$$A_k = \frac{W}{F}$$

式中　A_k——抗冲击强度，N/m；

　　　W——试样所吸收的冲击功，Nm 或 J；

　　　F——试样断裂处横截面积，m^2。

（5）硬度　硬度是材料抵抗弹性变形、塑性变形或破坏的能力，或者抵抗其中两种或三种情况同时发生的能力，是材料的一种重要力学性能。

① 莫氏硬度。陶瓷及矿物材料常用的划痕硬度，它表示硬度由小到大的顺序，不表示软硬的程度，见表 5-20。

表 5-20　莫氏硬度表

10 级标准的顺序	材料	10 级标准的顺序	材料
1	滑石	6	正长石
2	石膏	7	石英
3	方解石	8	黄玉
4	萤石	9	刚玉
5	磷灰石	10	金刚石

② 维氏硬度。在陶瓷材料的研究中，精确测定材料的硬度，通常在维氏显微硬度计上进行。其计算公式如下：

$$HV = 1.854 \times 10^{-6} \times \frac{F}{d^2}$$

式中　F——负荷，N；

　　　d——压痕对角线长，mm。

③ 纤维硬度。其测试原理和维氏硬度的一样，只是由于使用的负荷小于 9.8N，且压痕以微米为单位，故称为显微硬度。计算公式与维氏硬度相同。

（6）断裂韧性（破坏强度）　陶瓷材料均为脆性材料，它的特点是材料的破坏不存在形变过程，材料直接发生断裂。它的断裂应力低于材料的屈服应力甚至低于许用应力。

对于脆性材料，材料是否破坏却决于应力强度因子 K 的大小，当 $K > K_c$ 时，裂纹就扩展，材料破坏。极限值 K_c 就称为断裂韧性。强度因子 K 的计算公式如下：

$$K = \sigma \sqrt{\pi a}$$

式中　σ——材料所受的应力；

　　　a——材料中微裂纹的半宽度。

（7）耐磨性　耐磨性指其抵抗固体、液体和含尘气流对材料表面的机械磨损作用的能力。材料耐磨性高低可以用耐磨系数来表示，其计算公式如下：

$$K = \frac{G_0 - G_1}{F}$$

式中　K——耐磨系数，g/cm^2；

　　　G_0——磨损前试样质量，g；

　　　G_1——磨损后试样质量，g；

　　　F——磨损部分的面积，cm^2。

也可用磨损的试样体积来表示，其计算公式如下：

$$K = \frac{V_0 - V_1}{F}$$

式中　K——耐磨系数，cm^3/cm^2；

　　　V_0——磨损前试样体积，cm^3；

　　　V_1——磨损后试样体积，cm^3；

　　　F——磨损部分的面积，cm^2。

5.1.6.7　热学性能的计算

（1）比热容　比热容指温度每升高 1K 时单位质量的物质所吸收的热量，又称为质量比热容，其单位为 J/（kg·K）。其计算公式如下：

$$C_m = \frac{Q}{M(T_1 - T_0)}$$

式中　C_m——质量比热容，J/（kg·K）；

　　　M——被加热物质的质量，kg；

　T_0，T_1——被加热物质在加热前、后的温度，K。

（2）导热性　材料的导热性以热导率（又称导热系数）表示。热导率 λ 表示在能量传递过程中，热量从温度较高部分传至温度较低部分的数量，即在温度梯度的 $\dfrac{dT}{dx}$ 条件下，单位时间通过单位面积传递的热量 q。热导率的表达式如下：

$$\lambda = q \left/ \left(-\frac{dT}{dx} \right) \right.$$

式中　λ——材料的热导率，W/（m·K）；

　　　q——热量密度，W/m^2；

　$\dfrac{dT}{dx}$——温度梯度，K/m。

（3）导温性　材料的导温性用热扩散率（又称导温系数）表示，它标志材料受热时温度的传递速率。导温系数的表达式如下：

$$a = \frac{\lambda}{C_p r}$$

式中　a——材料的热扩散率，m^2/s；

　　　λ——热扩散率，$W/(m\cdot K)$；

　　　C_p——定压比热容，$J/(kg\cdot K)$；

　　　r——密度，kg/m^3。

材料的导温系数集热扩散率主要取决于材料的热扩散率和密度。

（4）热膨胀性　指材料的线度和体积随温度升降发生可逆性增减的性能。常以线膨胀系数或体积膨胀系数来表示，其表达式如下：

$$\alpha = \frac{1}{L} \times \frac{dL}{dT}$$

$$\beta = \frac{1}{V} \times \frac{dV}{dT}$$

式中　α，β——线膨胀系数和体积膨胀系数；

　　　L，V——材料的长度和体积；

　　dL，dV——温度变化（dT）时，材料长度和体积的微小变化量。

陶瓷材料由于其组成的复杂性，从低温到高温所有温度微小变化时的膨胀量均非恒定值，长度或体积随温度线性增长的关系并不严格成立。有的陶瓷热膨胀系数随温度升高而增加，有的降低，有的则在某一温度是有突增或突减。因此陶瓷材料的热膨胀系数常以从常温到某一指定温度（低于软化温度）范围内的平均线膨胀系数或平均体积膨胀系数来表示。

陶瓷材料的平均热膨胀系数计算公式如下：

$$\bar{\alpha} = \frac{1}{L_0} \times \frac{L_T - L_0}{T - T_0}$$

$$\bar{\beta} = \frac{1}{V_0} \times \frac{V_T - V_0}{T - T_0}$$

式中　$\bar{\alpha}$，$\bar{\beta}$——平均线膨胀系数和平均体积膨胀系数；

　　　L_T，V_T——温度 T 时的长度和体积；

　　　L_0，V_0——温度 T_0 时的长度和体积。

如果膨胀系数很小，则可按 $\bar{\beta} = 3\bar{\alpha}$ 近似计算。

（5）热稳定性　指材料经受剧烈温度变化而不破坏的性能，又称抗热震性、耐急冷急热性。温度巨变使材料中存在一定的热应力，当热应力超过材料的抗拉强度时，陶瓷材料产生开裂破坏。

目前常用的抗热震断裂理论分析公式是 Winkelman-Schott 公式，其计算公式如下：

$$k = \frac{\sigma_b}{\alpha E} \sqrt{\frac{\lambda}{C_p d}}$$

式中　k——热稳定系数，k 值越高，热稳定性越好，$K\cdot m\cdot s^{-1/2}$；

　　　σ_b——材料的抗拉强度，N/m^2；

　　　α——材料的热膨胀系数，K^{-1}；

　　　E——材料的弹性模量，Pa 或 N/m^2；

　　　λ——材料的热扩散率，$W/(m\cdot K)$；

C_p——材料的定压比热容，J/（kg·K）；

d——材料的密度，kg/m^3。

由此可知，陶瓷材料的热稳定性取决于材料的几个热学参数（λ，α，C_p）与几个力学参数（σ_b，E，d）。其中热膨胀系数影响最大，它是热稳定性的敏感参量，此外热稳定性还与材料的形状、尺寸以及急冷介质的传热系数与流速有关。

（6）高温蠕变性　指陶瓷材料在高温下受应力作用随时间变化而发生的等温形变。根据施加外力的方式，高温蠕变性分为高温压缩蠕变、高温拉伸蠕变、高温弯曲蠕变和高温扭转蠕变等。其中最常用的是高温压缩蠕变，其计算公式如下：

$$P = \frac{L_n - L_0}{L_i} \times 100\%$$

式中　P——蠕变率，%；

L_i——试样原始高度，mm；

L_n——试样恒温 n 小时的高度，mm；

L_0——试样恒温开始时的高度，mm。

（7）荷重软化温度　指材料在持续升温条件下承受恒定荷载产生变形的温度。在一定程度上表明制品在其使用条件相仿情况下的结构强度。

一般测定的是在一定条件下，自试样膨胀最高点压缩试样原始高度的变形 0.5%、1.0%、2.0%、5.0%相对应的 $T_{0.5}$、$T_{1.0}$、$T_{2.0}$、$T_{5.0}$。

5.1.7　釉料的常用性能计算

5.1.7.1　高温黏度和表面张力的计算

熔化的釉料能否在坯体表面铺展成光滑的优质釉面，与熔釉的黏度、润湿性和表面张力有关。黏度和表面张力过大或润湿性过小的熔釉就难于在坯体上铺展，而使釉面形成波浪纹、桔釉甚至缩釉。黏度和表面张力过小时，又易造成流釉、集釉，使釉层薄厚不匀，而且不能拉平釉面。在多孔坯上还会造成干釉的无光粗糙表面或形成针孔。黏度和表面张力良好的釉料，不仅能填补坯体表面的一些凹坑，而且还有利于坯釉之间的相互作用，生成良好的中间层。

（1）高温黏度　莱曼等提供了陶瓷釉高温黏度的近似计算公式如下：

$$\eta = \frac{920}{k_z - 0.32}$$

$$k_z = \frac{100}{w(\text{SiO}_2) + w(\text{Al}_2\text{O}_3)} - 1$$

式中　　　　　　η ——高温黏度，P（1P=10^{-1}Pa·s）；

k_z——黏度指数；

$w(\text{SiO}_2)$，$w(\text{Al}_2\text{O}_3)$ ——釉组成中，两组分的百分组成数。

注：上式只适合于低温釉，否则要进行修正。

举例：已知某精陶釉的化学组成，见表 5-21，该釉料的烧成温度为 1160℃，试计算釉料在该温度下的高温黏度。

表 5-21 某精陶釉的化学组成

化学成分	PbO	K₂O	Na₂O	MgO	ZnO	Al₂O₃	SiO₂	B₂O₃	合计
百分比/%	22.2	5.8	3.8	0.5	1.1	10.1	47.8	8.7	100.00

$$k_z = \frac{100}{w(SiO_2) + w(Al_2O_3)} - 1 = \frac{100}{47.8 + 10.1} - 1 = 0.727$$

$$\eta = \frac{920}{k_z - 0.32} = \frac{920}{0.727 - 0.32} = 2260.44(P) = 226(Pa \cdot s)$$

此精陶釉在烧成温度下的高温黏度为 226 Pa·s。

（2）表面张力　指两相界面在恒温、恒压下增加一单位表面积时所做的功，它的单位是 N/m。表面张力与温度有关，表面张力计算公式如下：

$$\sigma = \sigma_0(1 - b\Delta T)$$

式中　σ——计算所得表面张力值，N/m；

σ_0——一定条件下开始的表面张力值，N/m；

b——经验系数；

ΔT——温度变动值，K。

表面张力与化学组成的关系，可采用加和性公式计算。

$$\sigma_{釉} = a_1\sigma_1 + a_2\sigma_2 + a_3\sigma_3 + \cdots$$

式中　$\sigma_{釉}$——熔融釉的表面张力值，N/m；

$a_1, a_2, a_3, \cdots$——不同组分（氧化物）的百分含量，%；

$\sigma_1, \sigma_2, \sigma_3, \cdots$——不同组分的表面张力因子。

某些氧化物在不同温度下的表面张力因子见表 5-22。

表 5-22 某些氧化物在不同温度下的表面张力因子

化学成分	900℃	1200℃	1300℃	1400℃
K₂O	0.1			-0.75
Na₂O	1.5	1.27		1.22
Li₂O	4.6		4.5	
MgO	6.6	5.7	5.2	5.49
CaO	4.8	4.92	5.1	4.92
ZnO	4.7		4.5	
BaO	3.7	3.7	4.7	3.8
PbO	1.2			
Al₂O₃	6.2	5.98	5.8	5.85
Fe₂O₃	4.5	4.5		4.4
B₂O₃	0.8	0.23		-0.23
SiO₂	3.4	3.25	2.9	3.24

化学成分	900℃	1200℃	1300℃	1400℃
TiO$_2$	3.0		2.5	
ZrO$_2$	24.1		3.5	
CaF$_2$	3.7			

5.1.7.2 弹性模量计算

釉的弹性可以补偿坯与釉之间的接触层所发生的应力。通常用弹性模量来表示材料的弹性。弹性模量与弹性呈倒数关系。

影响弹性的因素很多，化学组成、气泡的大小和数量、釉层的厚度及釉的不均匀性等因数都与其有很重要的关系，所以要得出材料的弹性模量主要靠实验测定。

利用加和性公式可粗略计算出弹性模量，其计算公式如下：

$$E_{釉} = a_1 E_1 + a_2 E_2 + a_3 E_3 + \cdots$$

式中　$E_{釉}$——釉的弹性模量，Pa；

$a_1, a_2, a_3, \cdots$——不同组分（氧化物）的百分含量，%；

$E_1, E_2, E_3, \cdots$——不同组分的弹性模量因子，Pa。

5.1.7.3 热膨胀系数计算

热膨胀系数一般由实验确定，但也可使用加和性原则估算。

$$P_{釉} = a_1 x_1 + a_2 x_2 + a_3 x_3 + \cdots$$

式中　$P_{釉}$——釉的膨胀系数；

$a_1, a_2, a_3, \cdots$——不同组分（氧化物）的百分含量，%；

$x_1, x_2, x_3, \cdots$——不同组分的膨胀系数因子。

霍尔提出的线膨胀系数因子（室温～T_g）见表 5-23、表 5-24，T_g 为玻璃化转变温度。

表 5-23　线膨胀系数因子一（室温～T_g）

化学成分	K$_2$O	Na$_2$O	CaO	MgO	ZnO	BaO	PbO	Al$_2$O$_3$	SiO$_2$
因子	3.0	3.86	1.5	0.20	1.0	1.2	0.75	0.50	0.20

表 5-24　线膨胀系数因子二（室温～T_g）

SiO$_2$/%	20	60	76	87	96	100
因子	0.5	0.4	0.3	0.2	0.1	0.04

5.1.7.4 熔融温度计算

可采用加和性法则分两步估算釉的熔融温度。首先计算釉的熔融温度系数 k，其计算公式如下：

$$k = \frac{a_1 n_1 + a_2 n_2 + \cdots + a_i n_i}{b_1 m_1 + b_2 m_2 + \cdots + b_i m_i}$$

式中　$a_1, a_2, \cdots, a_i$——易熔氧化物的熔融温度系数；

　　　$n_1, n_2, \cdots, n_i$——易熔氧化物的质量分数，%；

　　　$b_1, b_2, \cdots, b_i$——难熔氧化物的熔融温度系数；

　　　$m_1, m_2, \cdots, m_i$——难熔氧化物的质量分数，%。

计算所用的各氧化物熔融温度系数见表5-25。

表5-25　氧化物熔融温度系数

易熔氧化物				难熔氧化物	
氧化物种类	系数 a	氧化物种类	系数 a	氧化物种类	系数 a
NaF	1.3	CoO	0.8	SiO_2	1.0
B_2O_3	1.25	NiO	0.8	Al_2O_3（>0.3%）	1.2
K_2O	1.0	$MnO_2 \cdot MnO$	0.8	SnO_2	1.67
Na_2O	1.0	Na_2SbO_3	0.65	P_2O_5	1.9
CaF	1.0	MgO	0.6		
ZnO	1.0	Sb_2O_5	0.6		
BaO	1.0	Cr_2O_3	0.6		
PbO	0.8	Sb_2O_3	0.5		
AlF_3	0.8	CaO	0.5		
Na_2SiF_6	0.8	Al_2O_3（<0.3%）	0.3		
FeO	0.8				
Fe_2O_3	0.8				

根据计算 k 值，由表5-26查出釉的相应熔化温度 T(℃)。

表5-26　釉的相应熔化温度

k	2	1.9	1.8	1.7	1.6	1.5	1.4	1.3	1.2	1.1
T/℃	750	751	753	754	755	756	758	759	765	771
k	1.0	0.9	0.8	0.7	0.6	0.5	0.4	0.3	0.2	0.1
T/℃	778	800	829	861	905	1025	1100	1200	1300	1450

一些学者认为，采用耐火度公式，加乘0.85的经验系数，计算釉的始融温度是与实际情况相近的。其计算公式如下：

$$T_{始} = \frac{360 + R_2O_3 - RO}{0.228} \times 0.85$$

式中　$T_{始}$——釉的始融温度，℃；

　　　R_2O_3——釉料中 R_2O_3 和 RO_2 总量为100%时，R_2O_3 所占的百分含量；

　　　RO——釉料中 R_2O_3 和 RO_2 总量为100%时，相应带入其他熔剂氧化物的总量，RO 为 R_2O、RO 的含量。

5.2 坯料配方的基本要求

卫生陶瓷的坯体配方或者说是卫生陶瓷的泥浆可分为三类：第一类是石膏模型注浆成形的泥浆（配方），目前我国绝大多数生产企业使这一类泥浆；第二类是高压成形和低压快排水的泥浆（配方），它与第一类泥浆原料、性能基本相同，只是吸浆速率更快，超细颗粒更少，有些企业的石膏模型注浆也使用少量第二类泥浆，今后这一类泥浆的使用会不断增加；第三类是 FFC 泥浆，可称为低收缩泥浆（配方），这类泥浆是为了提高产品的规整度，减少烧成变形而出现的，它将绝大部分原料预先经过高温煅烧，从而减少了产品在烧成中的收缩，通常产品的吸水率较高，合格率保证更有难度，一些生产厂为适应客户提出的要求使用第三类泥浆制作特定的产品。下面主要叙述第一类泥浆。

对坯料配方的要求主要来自以下几个方面。

5.2.1 卫生陶瓷质量标准的要求

卫生陶瓷的国家标准 GB 6952—2015《卫生陶瓷》按卫生陶瓷的坯体吸水率将卫生陶瓷分为瓷质卫生陶瓷和炻陶质卫生陶瓷。

瓷质卫生陶瓷：由黏土或其他无机物质经混练、成形、高温烧制而成的、用作卫生设施的、吸水率≤0.5%的有釉陶瓷制品。

炻陶质卫生陶瓷：炻质卫生陶瓷和陶质卫生陶瓷统称为炻陶质卫生陶瓷，0.5%＜吸水率≤15.0%的卫生陶瓷制品。

这里叙述的前两类泥浆对应生产瓷质卫生陶瓷，第三类泥浆对应生产炻陶质卫生陶瓷。

卫生陶瓷的国家标准 GB 6952—2015《卫生陶瓷》对卫生陶瓷质量提出了要求。其要求可分为四个方面：外观的要求，如产品外观质量中不能有釉裂、坯裂、熔洞、包、花斑、色斑、坑包、波纹等缺陷；尺寸的要求（含对变形的要求），产品的尺寸偏差和变形量不能超过一定的标准；使用功能的要求，如坐便器、蹲便器、小便器要使用一定的水量将污物（污水）冲出便器；瓷质的要求，包括瓷片的吸水率（瓷质卫生陶瓷产品的吸水率≤0.5%）、瓷片抗裂性的耐急冷急热性能的要求，卫生陶瓷任何部位的坯体厚度应不小于6mm，卫生陶瓷中的坐便器、净水器、淋浴盘、挂式（洗面器、洗手盆、洗涤槽、小便器）和相应的配件安装后整体的强度的要求，这其中包含了对卫生陶瓷局部部位瓷质的抗折强度的要求。这些对卫生陶瓷质量的要求，直接或间接对坯体配方提出一些要求。例如，为了减少外观方面的缺陷，就要求配方中少用或者不用容易产生外观缺陷的原料；为了使产品变形符合要求，配方的烧成收缩要尽量小一些，还要提高适应烧成温度波动的能力；为了达到耐急冷急热的要求，坯体和釉的膨胀系数要匹配，这就要调整坯料配方的热膨胀系数；为了使产品符合强度的要求，要对坯料配方的化学成分进行调节等。

除了国家标准以外，生产企业还可能遇到企业标准和订货单位提出的标准，这些标准也可能对配方提出一些要求。

5.2.2　生产工艺的要求

卫生陶瓷大都采用注浆成形的方式进行生产，坯料配方在生产中的工艺流程是：由固体原料按配方的比例称重混合后放入球磨中，加入一定量的水和一定量的电解质进行磨制，在细度达到要求后将泥浆从球磨中放出，经过过筛除铁后存放于泥浆池中，对泥浆池中的泥浆性能进行调制后送到成形工序中注浆，注浆后形成坯体，坯体经干燥后施釉，再进入窑炉中烧成，即生坯和釉同时进行一次烧成。生产工艺要求坯料配方制成的泥浆具有一定的化学成分和成形、干燥、烧成性能，从而保证具有较好的生产操作性能和较高的生产合格率。

5.2.2.1　化学成分的要求

卫生陶瓷是长石质瓷，化学组成属于 K_2O-Al_2O_3-SiO_2 系列。它的坯体主要以长石作为助熔剂，利用长石原料在较低温下熔融并形成高黏度玻璃相的特性，在一定温度范围内烧成长石-石英-高岭土三组分系统瓷。这种瓷的瓷胎由"残余石英、莫来石、玻璃相"构成。

瓷坯中的化学成分范围如下：SiO_2 62%～64%，Al_2O_3 21%～24%，Fe_2O_3 0.8%～1.8%，TiO_2 0.3%～0.5%，CaO 0.1%～0.6%，MgO 0.1%～0.6%，K_2O 2.6%～3.5%，Na_2O 0.2%～1.0%，灼烧减量 6.0%～8.3%。烧成后瓷坯中化学成分范围如下：SiO_2 67%～70%，Al_2O_3 22.8%～26%，Fe_2O_3 0.9%～2.0%，TiO_2 0.3%～0.6%，CaO 0.1%～0.7%，MgO 0.1%～0.7%，K_2O 2.8%～3.8%，Na_2O 0.2%～1.0%，灼减量约为零。

这种成分的长石质瓷在隧道窑中烧成，最高烧成温度大约为 1200℃（测温环温度），瓷坯吸水率小于 0.5%，其他性能符合相应卫生陶瓷产品标准的要求。

各氧化物在瓷坯中的作用如下。

① SiO_2。一部分 SiO_2 与 Al_2O_3 在高温时生成莫来石晶体，莫来石晶体与残余石英一起形成瓷坯的骨架；一部分 SiO_2 则与碱性金属氧化物在高温下生成玻璃相，具有高温黏合作用，填充空隙降低吸水率。

SiO_2 是瓷的主要组成，含量很高，它直接影响陶瓷的强度和其他性能。但含量不能过高，如果超过75%，陶瓷制品烧成后的热稳定性变差，易出现炸裂现象。

② Al_2O_3。Al_2O_3 是瓷坯的主要组成，它与 SiO_2 形成莫来石晶体。Al_2O_3 的含量增加，可以提高陶瓷制品的物理化学性能和机械强度，提高白度和烧成温度。当它含量过高时，则会提高瓷的烧成温度；含量过低（低于15%），则瓷体容易变形。

③ K_2O 和 Na_2O。K_2O、Na_2O 主要由长石引入，它们也是瓷坯的主要成分，起助熔剂作用，存在于玻璃相中，提高透明度。一般 K_2O、Na_2O 的含量在 5%左右，若含量过高则会急剧地降低瓷的烧成温度与热稳定性。K_2O 与 Na_2O 的作用有差异。在化学稳定性、弹性、热稳定性方面，K_2O 的性能比较好，制品的烧成范围也比较宽，瓷质音韵洪亮、铿锵有声。Na_2O 的开始熔融温度较 K_2O 低，形成的液相黏度较低，可以调节坯体高温性能，但熔融范围较窄。卫生陶瓷的坯料中一般不特意引入 Na_2O，K_2O 与 Na_2O 的比例一般要大于 4。

④ 碱土金属氧化物（CaO、MgO）。一般情况下，瓷坯中碱土金属氧化物含量较少，不

特意引入。它们与碱金属氧化物共同起着助熔作用，一定量的CaO、MgO可以相应地提高瓷的热稳定性和机械强度，提高白度和透光度，改进瓷坯的色调，减弱铁、钛的不良影响。

⑤ 着色氧化物（Fe_2O_3、TiO_2）。含量较少，属于有害杂质。它们对产品呈色有不利影响，可使瓷坯颜色变深，含量越多，越会加重瓷坯的颜色。

⑥ 灼烧减量。也称灼减量、烧失量。原料中存在吸附结合水、结晶水，这些水分在高温中随着矿物的分解变成水蒸气脱离坯体；有些原料中含有少量有机物，这些有机物经过燃烧形成二氧化碳脱离坯体；有些原料中还有少量的碳酸盐、硫酸盐，这些盐类在高温下分解形成碳和硫的氧化物脱离坯体；还有一些其他各种高温挥发物。这些物质的脱离就形成了烧失量。理论上讲，烧失量越小越好，实际工作在选择原料时，尽量减少原料中有机物、碳酸盐和硫酸盐的含量。

5.2.2.2 泥浆性能的要求

泥浆的性能要求主要包括浓度、含水率、粒度、泥温、吸浆（生产现场俗称"吃浆"）速度、黏性（v_0、v_{30}）、屈服值。

浓度：泥浆的密度，以200mL的质量表示。

含水率：泥浆中所含水分占泥浆中干料重量的比例（也称为绝对含水率）。

粒度：用激光粒度仪所检测的泥浆粒度中小于等于10μm所占的比例。

泥温：泥浆使用时的温度。

吸浆速率：泥浆用标准石膏模具吃浆45min所达到的坯体厚度。

黏性（v_0）：泥浆在刚刚停止搅拌后用马里奥托管所检测的流出100mL泥浆所需的时间。

黏性（v_{30}）：泥浆在静止放置30min后用马里奥托管所检测的流出100mL泥浆所需的时间。

屈服值：泥浆由静止状态转入流动状态所需要的临界应力值。

5.2.2.3 坯体性能的要求

对坯体性能要求主要包括排泥坯含水率、表层含水率、贴模层含水率、干坯含水率、体积密度、真密度、出裂时间、干燥临界含水率、可塑性（J值）、硬度、干燥收缩、干燥抗折强度。

排泥坯含水率：模型中的泥浆排浆完毕后坯体所含水分的比例，用绝对含水率表示。

表层含水率：泥浆排浆完成后靠近泥浆层4mm厚的坯体所含的水分的比例，用绝对含水率表示。

贴模层含水率：泥浆排浆完成后靠近吸浆模型表面4mm厚的坯体所含的水分的比例，用绝对含水率表示。

干坯含水率：坯体入窑前所含水分的比例，用绝对含水率表示。

体积密度：完全干燥的坯体的体积密度。

真比重：完全干燥的坯体的相对密度。

出裂时间：试验测定中，坯体从开模起计，到坯体出现开裂的过程时间。

干燥临界含水率：坯体在干燥过程中开始不产生收缩时，坯体所含水分的比例，称为干燥临界含水率，用绝对含水率。

可塑性（J 值）：泥团在一定外力作用下产生变形但不开裂，当外力去掉后，仍能保持其变形不变，此性质称为可塑性。

硬度：材料局部抵抗硬物压入其表面的能力称为硬度，具体指用 C 型硬度计检测的泥浆坯体表面硬度。

干燥收缩：卫生陶瓷生产中通常以坯体完全干燥后产生的线性收缩（指水平直线上的收缩）来表示。

干燥抗折强度：坯体干燥后受到弯曲负荷的作用而破坏时的极限机械应力。

出裂时间、可塑性（J 值）、干燥抗折强度是反映成形性能的重要指标。

5.2.2.4 烧成性能（物理化学性能）的要求

烧成性能的主要要求包括烧成收缩、总收缩、成瓷吸水率、墨水浸透度、成瓷抗折强度、成瓷呈色、烧成变形。由于烧成过程发生的是物理化学变化，烧成性能也可称为物理化学性能。

烧成收缩：卫生陶瓷生产中通常以坯体在烧成后产生的线性收缩（指水平直线上的收缩）来表示。坯体在烧成后垂直方向的收缩要大于水平方向的收缩。

总收缩：干燥收缩与烧成收缩的累计值。

成瓷吸水率：是表示瓷体在一定试验条件下充分吸水后的增加重量与其干燥重量的比值。

墨水浸透度：是表示瓷体在一定试验条件下，墨水渗入瓷体内的深度。

成瓷抗折强度：表示瓷体在受到弯曲负荷作用而破坏时的极限机械应力。

成瓷呈色：坯体经过烧成后所呈现的颜色，一般用色度仪测定，以 L、a、b 值表示，也可用白度测定仪测定，以白度值表示。

烧成变形：坯体在烧成中所产生的变形量。

5.2.3 稳定性的要求

卫生陶瓷生产中坯料配方的性能中稳定性十分重要，如果性能稳定则有利于操作者的作业，对稳定生产工艺参数，如注浆时间、坯体干燥时间、烧成时间等十分有利。为了达到配方的性能稳定性可以采取以下几个做法。

首先要选择储量大、性能比较稳定的原料。原料的储量大，使用的时间就长，更换原料的次数就少；原料的性能比较稳定，在使用中波动就小，稳定坯料性能的难度就小。

其次是适当减少每种原料在配方中的比例。每种原料在卫生陶瓷坯料中所占的比例可有以下几种情况：

① 5%的含量。即每种原料在配方中约占 5%比例。

② 10%的含量。即每种原料在配方中约占 10%比例。

③ 20%的含量。即每种原料在配方中约占 20%比例。

④ 30%的含量。即每种原料在配方中约占 30%比例。

⑤ 100%的含量。即在配方中只使用一种原料。

每种原料所占比例越少，当某种原料发生波动时，对配方的影响就越小，当然，稳定性好的原料加入量可以多一些。

再就是一类原料中有两到三家矿山（或加工厂）供应。如配方中使用10%水洗高岭土，可以从两个以上不同产地各采购一定量的水洗高岭土。这样做不但减少了原料产地的质量波动带来的影响，而且也减少了原料供应上的风险。

5.2.4　经济性的要求

配方的组成原料的价格及加入的比例决定了配方原料的总价格（简称配方价格）。为尽量降低配方价格，在满足质量要求的前提下，配方中使用的原料的价格越便宜越好，价格便宜的原料加入量越多越好。配方价格中包括原料价格（俗称山价）和运输使用的费用（运输费）。

应当最大限度地使用本地原料，尽量使用运费低的原料。使用本地原料既可降低运输费用，又便于与原料产地联系。由于运费价格在逐年升高，要特别注意降低运费。单位质量到厂后所产生的运费是选择原料的重要标准，这里提出一个原料的运费和原料矿山价格或原料出厂价格的比值，这个比值可称为运料比。一般地说，如果运料比小于0.2，则运费的比重不大；如果运料比为0.5左右，企业接受起来就有些困难了。

尽可能选择原矿，在条件允许的情况下选择原矿可以减少外部加工成本。

可选用一些低质原料。低质原料可以降低原料的价格，但要注意的是它有可能降低产品的合格率，因此在选用低质原料时要从总体经济效益去考虑。

5.2.5　环保的要求

原料的开采要按相关要求做好矿山的环境保护工作。原料的加工和运输要防止产生污染。

在选择原料时要考虑到保护环境。近年来，行业领先企业开始对原料中的硫化物、氟化物以及重金属含量着手监测，以减少生产对环境的影响，对生产中排出的气体和固体废弃物进行无害化处理。

卫生陶瓷生产中总会产生一些不合格的烧成品（称为废瓷），对废瓷的无害化处理可采取两种方法：一是将废瓷破碎后作为建筑材料或不定型耐火材料使用，另一种方法是破碎后作为生产的一种原料使用。

5.2.6　关于坯体的白度

卫生陶瓷的国家标准对坯体的白度没有具体要求。从目前卫生陶瓷产品的情况看，坯体的白度状况大概可分为三类：一类是氧化铁的含量在0.8%至1.0%之间（低于0.8%很难实现），TiO_2低于0.2%，坯体白度明度值L值大于76（相当于普通白度计白度值70），烧成后坯体颜色成浅黄色，施白色釉后，釉面白度一般可达到明度值L大于88（相当于白度82）。第二类是氧化铁的含量在1.0%～1.3%之间，坯体颜色成浅灰色。第三类是氧化铁的含量在1.3%以上，坯体的颜色成灰黑色，氧化铁的含量越高坯体越黑。市场上的中高档卫生陶瓷大多为第一、第二类。卫生陶瓷安装后其坯体的颜色一般是看不到的，只有水箱内部和很少的隐蔽面部分可以看到。销售市场上，有些用户对坯体白度不太在意，但也有些用户愿意选择坯体颜色比较浅产品，为适应这种要求，生产厂要注意选择含铁量较低的原料。

5.3 坯料配方的确定

卫生陶瓷坯料配方的基本特点：坯料为长石质瓷，化学组成属 K_2O-Al_2O_3-SiO_2 系列，主要以长石作为助熔剂。坯料要先制成泥浆，采用注浆成形方式生产。国家标准规定，瓷坯吸水率小于 0.5%；生坯和釉同时进行一次烧成；最高烧成温度大约为 1200℃（测温环温度）。原料全部为国产。

5.3.1 坯料配方的发展情况

我国的卫生陶瓷坯料配方的发展过程主要表现在对坯料吸水率的要求、生产规模和生产地区的发展、坯料配方及所使用原料的变化。

5.3.1.1 对坯料吸水率的要求

20 世纪 50 年代至 70 年代，我国生产的卫生陶瓷基本是炻质的。国家基本建设委员会 1975 年颁布的 JC 131—75《卫生陶瓷》中规定，卫生陶瓷吸水率不大于 4.5%，而同期国外的产品多为瓷质的，吸水率不大于 1%。1986 年颁布的国家标准 GB 6952—1986《卫生陶瓷》中规定，卫生陶瓷的吸水率不大于 3%（煮沸法）和不大于 3.5%（真空法）。

在即将加入世界贸易组织（WTO）的 1999 年，为与世界同类产品接轨，由国家技术监督局颁布的国家标准 GB/T 6952—1999《卫生陶瓷》中规定，吸水率的均值不大于 1%，至此，中国的卫生陶瓷进入瓷质时代。

进入 21 世纪后，2005 年由国家质检总局发布的国家标准 GB 6952—2005《卫生陶瓷》中规定，瓷质卫生陶瓷产品的吸水率不大于 0.5%，这已经达到世界瓷质卫生陶瓷产品最小吸水率；同时规定，陶质卫生陶瓷产品的吸水率范围为 8.0%～15.0%。2015 年 9 月 11 日发布，2016 年 10 月 1 日实施的国家标准 GB 6952—2015《卫生陶瓷》将卫生陶瓷按吸水率分为瓷质卫生陶瓷和炻陶质卫生陶瓷，并定义如下。

瓷质卫生陶瓷：由黏土、长石和石英为主要原料，经混练、成形、高温烧制而成用作卫生设施的、吸水率≤0.5%的有釉陶瓷制品。

炻陶质卫生陶瓷：0.5%＜吸水率≤15.0%的卫生陶瓷制品，炻质卫生陶瓷和陶质卫生陶瓷统称为炻陶质卫生陶瓷。

以上不同时期对卫生陶瓷吸水率的要求，总的趋势是要求卫生陶瓷的吸水率逐渐减少，瓷化程度逐渐提高，其结果是产品烧成中的收缩和变形越来越大，生产合格品的难度越来越大，对坯料配方提出越来越高的要求。

5.3.1.2 生产规模和生产地区的发展

新中国建立初期（1949 年以后），我国的生产卫生陶瓷的工厂只有两家，全部在河北省唐山市。1950 年的全国卫生陶瓷产量为 4.9 万件，1955 年为 36.9 万件。之后，我国的卫生陶瓷生产经历了两个发展时期。第一个发展时期在 1956 年至 1960 年，当时为了适应国内市场的需求，由国家投资陆续在一些地区新建了卫生陶瓷生产厂，其中主要有沈阳陶瓷厂、北京市陶瓷厂、咸阳陶瓷厂、景德镇陶瓷厂、石湾建筑陶瓷厂，从而扩大了卫生陶瓷生产地区和产量，1960 年的全国卫生陶瓷产量为 141.1 万件。另一个发展时期是改革开放以后，在市场经济的环境下，为满足不断增长的国内市场和出口的需求，卫生陶瓷生产厂和产量不断增加，逐步形成了一些集中生产地区，主要有河北唐山（含周边）、河南、山东、四川、福建、广东（佛山和潮州）。卫生陶瓷产量及出口量得到大幅度的增长，1985 年，全国卫生陶瓷产量为 141.1 万件，卫生陶瓷出口量为 177.2 万美元；1995 年，产量为 5448 万件，出口量为 451.7 万美元；2005 年，产量为 9800 万件，出口量为 47444.80 万美元，3884.97 万件；2015 年，产量为 21853 万件，出口量为 7975 万件。

目前，全国有数百家卫生陶瓷生产企业，年产量 300 万件以上的生产企业有数家，其中最大的年生产能力可达 800 万件。生产规模和生产地区的发展带动了坯料配方的研发和不断的改进。

5.3.1.3　坯料配方及使用原料的变化

坯料配方及使用原料的变化主要表现在以下几个方面。

（1）唐山地区的坯料配方不断改进　在生产过程中，唐山地区的坯料配方不断地进行改进，特别是在 1966 年，由中国建材研究院陶瓷原料室（该室后迁至咸阳成立了咸阳陶瓷研究设计院）和唐山陶瓷厂共同研发了 7 号坯料配方，这是卫生陶瓷坯体配方的重要成果。这个配方取消了原来一直使用的苏州瓷土，全部采用唐山当地和北方地区的原料。主要黏土原料为唐山的紫木节、碱干，还有大同土、章村土、彰武土、长石、石英、滑石、钴兰料（调节坯体烧后颜色）；解胶剂为纯碱、水玻璃。此配方在唐山陶瓷厂长期使用，性能优良，生产坐便器等大件产品时，半成品合格率和烧成合格率都较高。这个配方在唐山地区得到推广使用，对全国许多地区也起到了借鉴作用。

（2）各生产地区形成了自己的坯料配方和所使用的原料的体系　在我国的卫生陶瓷生产的两个发展时期中，各地区的生产厂借鉴了唐山地区的坯料配方，寻找和充分利用本地区的原料，各生产厂、各生产地区形成了自己的坯料配方和所使用的原料的体系，使行业的坯料配方的组成形成了百花齐放的局面。

（3）借鉴外国坯料配方的经验　自 20 世纪 90 年代中期开始，我们比较深入地了解和借鉴了国外卫生陶瓷生产企业的坯料配方，其内容主要有：①设计坯料配方的基本思路；②对坯料配方及泥浆质量的测定和控制内容；③对坯料配方中所使用原料的质量的测定和控制内容；④坯料配方使用一些原料品种的做法，如在配方中使用瓷石类原料而不使用石英类原料，这个做法在北方地区得到推广，它适合北方地区盛产硬质瓷石的状况，由此带来的吸浆速率快的优点也被南方地区企业借鉴，用细磨白云石微调坯料配方的烧成温度，重视发现和使用吸浆速率快的黏土原料等。通过这种借鉴，行业的坯料配方的设计、质量的测定和控制水平得到明显的提高，增强了对一些原料的认识和使用能力。

（4）坯料配方使用的原料不断变化和调整　由于大量消耗优质原料，使得生产厂当地原有的优质原料或是枯竭，或是质量明显下降，不得不寻找了一些外地可以替代的新的原料；同时，人们也在不断地开发新的原料，包括开发一些低质原料，充实和补充原料的供应；借鉴外国坯料配方的经验，使用和开发一些原料。因此，行业中坯料配方使用的原料在不断地变化和调整。

以唐山地区为例，新中国建立前，唐山陶瓷厂的坯料配方的原料是长石、半壁店高岭土、四节（土）、碱干、沙石、子木节，全部为唐山当地原料。该厂 1952 年至 1955 年使用的坯料配方的主要原料：长石、碱干、沙石、子木节、苏州土。配方中增加了产于苏州的高岭土（苏州土）。其后，以脉石英替代沙石，又增加了彰武土（产于辽宁省彰武地区）、大同土（产于大同地区的煤矸石，为硬质高岭土）、章村土（产于河北省章村地区，伊利石型硬质原料）。一直以纯碱、水玻璃为解胶剂。1966 年，出现了 7 号坯料配方。这个配方取消了原来一直使用的价格较高的苏州土，全部采用当地和北方地区的原料。主要黏土原料为唐山的子木节、碱干，还有大同土、章村土、彰武土、长石、石英、滑石、钴兰料（调节坯体烧后颜色）；解胶剂为纯碱、水玻璃。之后，由于脉石英的枯竭，用当地白砂岩（石英砂岩）取代了石英。20 世纪 80 年代末，唐山地区的碱干枯竭，章村土的质量开始明显下降。90 年代末，唐山地区的子木节枯竭，用山西子木节、内蒙子木节替代。同时，在周围地区发现了可以使用的瓷石矿山，进一步替代了白沙岩。由于长石资源越来越少，开始用伟晶岩替代。新增加的原料有黑龙江球土、白云石，也逐步使用了广东地区的黑泥（球黏土）、水洗瓷土、河北省及其他地区的瓷石等。2000 年后，唐山地区的配方中大多使用以下原料：山西子木节、章村土、彰武土、抚宁瓷石、伟晶岩（替代长石）、白云石、沁阳土、宣化土、石英沙、广东黑泥、潮州水洗瓷土、福建永春水洗瓷土（伊利石型黏土）、江西星子土、茂名土、福建水洗高龄土等。可以看出，北方地区也在大量使用广东、福建、江西、广西的原料，形成了南北不同坯体配方体系的交融。

当前，选用坯用原料的出发点已经从最初的从当地取得全部原料，到后来的从更远的地方取得部分原料，变化为在本生产企业经济上可以接受的前提下，综合考虑经济效益、质量及入厂价格（含运输费用）等条件，优先就近采购，也可从更远的地方甚至从全国的范围内采购原料，这已经成为通行做法。高岭土、球黏土、伊利石型黏土、瓷石、长石或长石类矿物成为卫生陶瓷坯体的主要应用原料。适应生产大型、复杂产品卫生陶瓷产品的需要，提高坯料配方的可塑性和湿坯抗折强度的方法研究已经引起重视。开发应用低质原料的工作显得越来越重要。

5.3.2　原料、辅料的选定

制定配方时首先要确定备选原料、辅料。

原料、辅料可分为天然原料、解胶剂（电解质）、天然衬石或高铝衬石（球磨内衬用）、天然球石或高铝球石（球磨内的研磨介质）、水（磨制泥浆用水）。其中水的供应比较简单，只要是经过适当过滤的都可以使用，但有些工厂自备井水与自来水还是有些差异的，配方变更水源时要求掌握其成分及酸碱度变化。目前看，卫生陶瓷生产厂中的二次水还不能用作磨制泥浆用水。对选定的原料、辅料要制定试行的质量标准，经过较长时间使用后，可以制定正式的质量标准。坯体原辅材料质量标准要定期进行确认，根据需要进行调整。

5.3.2.1　开发流程

收集、开发可供选择的原料、辅料，其中有的是他人使用过的，有的是新发现的，可统称为原料、辅料的开发工作。开发工作要首先从本地区做起，重点是把握原料、辅料的化学成分、物化性能、质量稳定性、价格、储量（产量）、运输条件等，再从中筛选最终可供使用的原料、辅料，其中原料品种 10 种至 20 种为好，每一类主要原料至少有两个产地，如使用淘洗高岭土时，至少要用两家的产品。原料、辅料资源的开发工作实际上是通过自身的努力完成去伪存真、去粗取精、由表及里地认识客观存在的原辅料的本质的过程，通过判断决定取舍。这个工作可分为开发的前期工作和生产应用两个阶段。前期工作的流程如下：

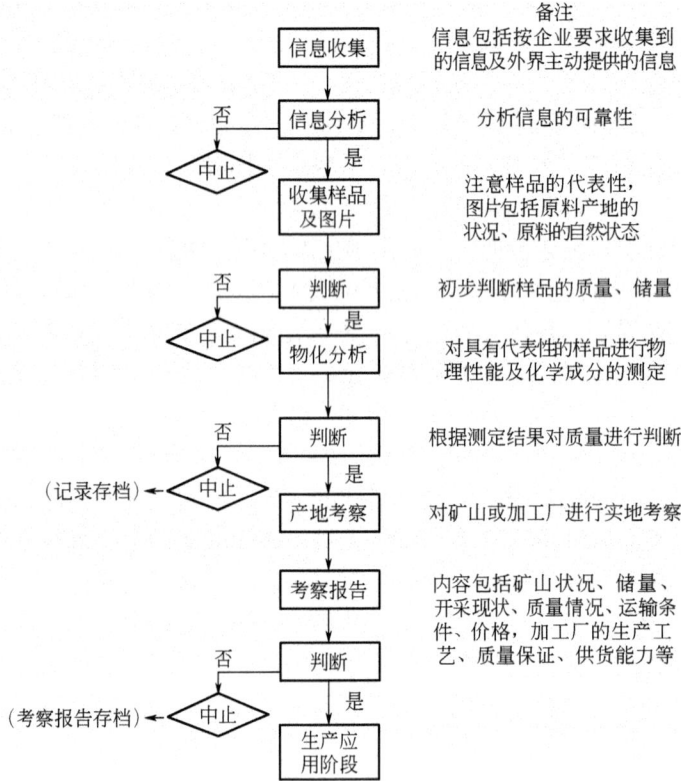

备注
信息包括按企业要求收集到的信息及外界主动提供的信息

信息收集 → 信息分析（否→中止；是↓）分析信息的可靠性

收集样品及图片　注意样品的代表性，图片包括原料产地的状况、原料的自然状态

判断（否→中止；是↓）初步判断样品的质量、储量

物化分析　对具有代表性的样品进行物理性能及化学成分的测定

判断（否→中止（记录存档）；是↓）根据测定结果对质量进行判断

产地考察　对矿山或加工厂进行实地考察

考察报告　内容包括矿山状况、储量、开采现状、质量情况、运输条件、价格，加工厂的生产工艺、质量保证、供货能力等

判断（否→中止（考察报告存档）；是↓）

生产应用阶段

5.3.2.2　主要原料的选择

（1）注意对本地区原料的研究　陶瓷原材料成本中运输成本占有很大比例，为降低运输成本，在原料的选择上要注重本地区原料的开发，充分利用本地陶瓷原料。

本地区原料研究的注意事项：收集本地区原料的主要分布，原料类别、开采条件、储量等；对初步判定有替换可行性的原料进行详细的物理及化学性能分析，建立原料信息地图，以备使用；新引入的本地原料需进行完整的小试、中试，充分验证原料的适应可行性。

（2）注意原料中的有害成分　原料中的常有有害成分有蒙脱石、绿泥石、三水铝石、明矾石、黄铁矿（FeS_2）等，这些矿物会杂生于黏土、瓷石等中，一旦开采的矿床出现这些有害矿物或超出允许的范围，要引起充分注意；注意控制原料中的铁、钛含量，原则上是越少越好；有的原料中含有有机物的成分，这在黏土原料较为常见，要注意控制其含量。

（3）几种原料的选择

① 高岭土。

原矿：未经加工的高岭土矿，一般含有较多的石英颗粒，水分少时外观呈分散粒状，呈白或浅红色；有时矿位变化会混杂长石矿物（从烧失量及钾钠量的变化可发现），可造成品质异常。

精矿：由原矿经水簸、除砂、筛分、干燥等加工而成，具有一定的可塑性及结合性，可提供坯体配方中的氧化铝含量；除在加工中筛去大量的石英颗粒，提高了高岭石矿物成分含量外，还可保证较好的颗粒级配。

高岭土一般要求如下：

a. 要有较好的可塑性及较高的干燥强度；

b. 较稳定的 pH 值，保证泥浆调配时解胶剂使用量的稳定；

c. 精矿的高岭石矿物含量应在 80%以上；

d. 高岭土精矿的小于 2μm 细颗粒含量应在 20%以上；

e. 化学成分的要求见表 5-27。

表 5-27 高岭土化学成分要求

项目	烧失量	SiO_2 含量	Al_2O_3 含量	Fe_2O_3 含量
高岭土原矿	5%~10%	62%~74%	16%~26%	0~1.5%
高岭土精矿	10%~15%	45%~52%	30%~40%	0~1.5%

使用中常见的问题：高岭土原矿中石英含量过高，可造成可塑性下降、吃浆速率变快，矿位的变化常造成此现象；矿中混杂长石矿物，造成可塑性下降、烧成性能变化，这样的原料一般不能再使用了；高岭精矿小于 2μm 的细颗粒含量变低，造成可塑性下降，吃浆速率变快、干燥强降低，此现象是由精选加工时粒度监控不严造成的。

采矿及加工的注意事项：①新矿开发时应分析所含高岭石的结晶程度（可采用电子显微镜摄影技术分析），原则上结晶程度越好品位越高；②开采一段时间的矿山，要随时观察外观颜色及石英含量的变化，定期测试化学成分，同时原料厂家还应根据矿床本身的特点制订主要化学成分的管理范围，若定期测试的数据超出范围，要重新评价矿位品质；③对粒度的监控很有必要，有条件的厂家最好购置激光粒度仪，简单的也可采用比重计沉降法，对加工过程及最终加工品的粒度进行测定。

② 球土。球土具有很好的可塑性及结合性，尤其是其结合性十分突出，是经常选用的原料。球土往往含杂质较多，铁、钛含量较高，且常拌含有害矿物三水铝石。三水铝石含量过多时，会极大地影响陶瓷泥浆的流动性。三水铝石在加工过程中很难除去，含量过高的原矿不要采用。球土多产于沿海地区，为稳定质量，常将不同矿点的原矿按一定比例混合后精选。

球土的一般要求如下：

a. 要有好的可塑性及很高的干燥强度；

b. 较稳定的吃浆速率；

c. 加工后的球土高岭石矿物含量应在 60%以上，石英矿物的含量应在 10%以下，有害的矿物三水铝石的含量应在 2%以下；

d. 加工后的球土小于 2μm 细颗粒含量应在 30%以上；

e. 化学成分要求见表 5-28。

表 5-28 球土化学成分要求

项目	烧失量	SiO₂ 含量	Al₂O₃ 含量	Fe₂O₃ 含量
加工球土	11%～16%	42%～52%	26%～36%	0～2.5%

使用中常见的问题：氧化铝含量变化大，即使是 2%左右的波动也会较大地影响泥浆的质量，造成可塑性、吃浆速率异常，此现象多由原矿品位波动及混合配比工艺变化引起；三水铝石矿物含量过高，造成原料不能使用；小于 2μm 的细颗粒含量变低，造成可塑性下降，吃浆速率变快、干燥强度降低，此现象因精选加工时粒度的监控不严造成；同一批球土外观颜色不一，由各矿点的球土混合不均匀造成。

采矿及加工的注意事项：矿点开发时一定要对铁、钛量及三水铝石的含量进行分析；要充分了解各种原矿在解胶及吃浆上的性能差异，确定精选前的混合比例，同时要对加工后的球土进行吃浆速率的测定；因球土原矿矿层不厚，每个矿点储量不大，地区间的球土原矿差异较大。因此，使用球土原矿时，从某一地区一次采购较大数量的球土原矿可以减少使用时的质量波动。

③ 地开石及硬质高岭石。这一类原料能在保障较高吃浆速率的同时又提供充足的硅铝量。硬度高，呈石块状；随着矿脉变化，成分变化较大，必要时需进行人工分选。

地开石及硬质高岭石一般要求如下：

a. 要有较高的、较稳定的吃浆速率；

b. 如同一矿山的纯度变化较大，要进行分选稳定质量；

c. 化学成分要求见表 5-29。

表 5-29 硬质高岭石化学成分

项目	烧失量	SiO₂ 含量	Al₂O₃ 含量
硬质高岭	5%～10%	62%～80%	16%～28%

使用中常见的问题：原矿中的地开石含量不匀，有时硅铝量会有 8%左右的波动，造成坯体烧成性能的剧烈变化，也会较大地影响坯体泥浆的吃浆速率，需采矿时进行分选；混入明矾石，破坏坯体泥浆的解胶性，造成原料不能使用；矿物表层的铁钛杂质过多混入；因大多采用无包装运输，有杂物混入的现象。

采矿及加工的注意事项：注意避免明矾石的混入；如矿石纯度变化大，要确定分选方法和标准，有条件时可对每批分选好的矿石进行化学成分分析。

④ 软质瓷石（瓷土）。软质瓷石多结合有其他杂质矿物，有时会拌生蒙脱石、绿泥石，相对硬质瓷石来说可塑性及结合性更强一些，但品质波动较大，铁、钛含量较高。若蒙脱石、绿泥石超过一定含量，会影响泥浆的解胶性、流动性，因此，选择软质瓷石时一定要注意。南方潮州及泉州地区的软质瓷石相比北方来说蒙脱石、绿泥石的含量要少很多，对泥浆的解胶性及注浆性能都有好处。

软质瓷石一般要求如下：

a. 解胶性能要稳定；

b. 有较稳定的吸浆速率；

c. 化学成分要求表 5-30。

表 5-30 软质瓷石化学成分

项目	烧失量	SiO_2 含量	Al_2O_3 含量	K_2O、Na_2O 含量之和
低纯绢云母	2%～6%	69%～79%	14%～22%	2%～6%
高纯绢云母	4%～6%	40%～60%	25%～38%	7%～11%

使用中常见的问题：瓷石原矿中存在风化程度低、硬质料过多的问题，不能提供应有的可塑性、结合性，造成坯体泥浆性能波动，淘洗后的水洗土可以解决此类问题；瓷土中拌生有害矿物黄铁矿（FeS），煅烧后发黑、发泡膨胀，造成原料不能使用；烧成后呈色不佳，且解胶性能变化较大，这多是由于选矿不当，造成大多采用无包装运输，有杂物混入。

采矿及加工的注意事项：绢云母矿脉中常杂生黄铁矿（FeS），这种成分要极力避免，开采矿床时一定要注意；风化程度会随矿床而变化，若控制不当会严重影响泥浆的质量。

⑤ 长石。长石在全国各地都有产出，选择时可优先就近寻找。长石矿会多少拌生有石英、云母等矿物，一个好的长石矿除具备较高含量的钾钠量以外，还应有易于分离石英矿及云母等杂矿的条件。

长石的一般要求如下：

a．钾钠含量要稳定；

b．外观颜色均一，混入的石英、云母要少；

c．化学成分要求见表 5-31。

表 5-31 长石化学成分

项目	烧失量	SiO_2 含量	Al_2O_3 含量	K_2O、Na_2O 含量之和
长石	0～1%	62%～68%	18%～24%	9%～15%

使用中常见的问题：含云母片过多；钾钠含量过低，若小于 9%，会影响烧成性能；矿床表层杂质过多；因大多采用无包装运输，有杂物混入的现象。

采矿及加工的注意事项：要注意将石英矿与长石矿分选干净；仔细清除矿床表层及云母片；注意钾钠含量的变化。

5.3.2.3　白云石的使用

白云石是碳酸钙（$CaCO_3$）与碳酸镁（$MgCO_3$）的复合盐类矿物，其理论组成为 $CaCO_3$ 30.41%，$MgCO_3$ 21.87%，相对密度 2.85～2.9，莫氏硬度 3.5～4.0，性脆，透明或白色，与盐酸作用后产生 CO_2 气泡，含铁杂质时为黄褐色或褐色，含锰杂质时略显淡红色。

白云石能降低烧成温度，增加坯体透光度，促使石英熔解及莫来石的生成。如用白云石替代坯体内的石灰石、硅灰石等组分，可扩大坯体的烧结范围。

白云石在坯体中使用要相当注意，使用量最好不要超过 5%，而且使用前要预先磨成白云石浆，达到釉浆粒度的（10μm 以下大于 62%，或 325 目以上残渣 0.3%以下）水平，再与泥浆混合均匀后使用，才能达到最优效果。白云石在坯料中的使用主要有两种工艺：球磨混合

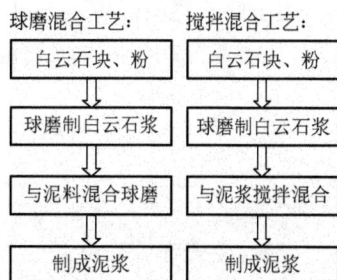

球磨混合工艺：

白云石块、粉 → 球磨制白云石浆 → 与泥料混合球磨 → 制成泥浆

搅拌混合工艺：

白云石块、粉 → 球磨制白云石浆 → 与泥浆搅拌混合 → 制成泥浆

工艺与搅拌混合工艺。

其中搅拌混合工艺过程控制要相当严格,搅拌未达到均匀状态,将对泥浆烧成性能及产品釉面质量有很大影响,所以此种工艺使用有一定的风险性,使用得也越来越少。

球磨工艺同样将白云石预先处理成白云石浆液,粒度达到釉浆粒度水平,使用时需与泥浆原料一同入磨球磨,一般需球磨 2h 以上时,混合均匀程度较好。此种工艺的泥浆性能稳定性较好,对产品釉面无不良影响。

起到类似作用的还有滑石类原料,其熔剂效果较白云石小,使用工艺要求相同。

5.3.2.4 废瓷的使用

废瓷是指卫生陶瓷生产中烧成后产生的不合格品。废瓷是一种不可降解的废料,废瓷的处理在行业内一直是一个课题。目前有些陶瓷厂家对废瓷弃之不用,采用堆积或填埋的处理方法,这样既占用宝贵的土地资源又对环境造成严重影响,所以,对废瓷再利用的研究既有一定的经济效益,同时又有重要的环境效益。

(1)废瓷的化学成分分析 有效地利用废瓷,将其变废为宝,首先要充分了解废瓷的组成,即化学组成及矿物组成。表 5-32 为某厂废瓷化学组成。

表 5-32 某厂废瓷化学成分 单位:%

SiO$_2$ 含量	Al$_2$O$_3$ 含量	Fe$_2$O$_3$ 含量	TiO$_2$ 含量	CaO 含量	MgO 含量	K$_2$O 含量	Na$_2$O 含量	烧失量
71.58	22.08	0.92	0.02	0.76	0.28	1.95	1.15	0.52

从表 5-32 可以看出废瓷的主要成分为硅、铝、钾、钠,可部分代替陶瓷原料中的石英、长石等作为一种脊性原料加入到配方中。图 5-2 为此废瓷矿物的 XRD 图谱,可以看出废瓷中主要物相为石英、莫来石,且图像中存在较多弥散峰,说明废瓷中存在部分玻璃晶相。废瓷经过高温煅烧,产品烧制过程中不再分解产生气体,烧失量很小,可有效改善釉面;同时可增强坯体抵抗变形的能力,有效提高产品的热稳定性。

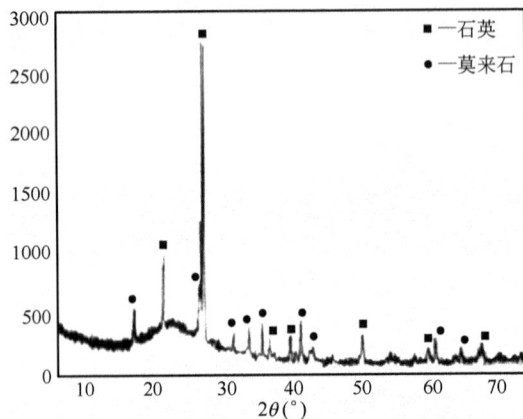

图 5-2 某厂废瓷矿物的 XRD 图谱

(2)废瓷在卫生陶瓷配方中的应用 卫生洁具废瓷的化学组成及矿物成分与同类坯体的成分相近,可在使用过程中部分直接引入泥浆配方,并对配方性能更能做出适当调整,以保证配方泥浆性能稳定及烧成性能稳定。在此过程中技术人员做了大量试验工作,也充分摸索出废瓷随着加入量的增加泥浆性能的变化，及废瓷在泥浆中的作用。

首先废瓷的加入，可加快坯体吸浆速率，改善泥浆的溏软问题，在坯料中作为一种硬质原料，起到骨架作用，可减少收缩，防止变形，有效改善泥浆透水性能，加快注浆速率。但随着废瓷大量加入后，将会降低泥浆可塑性，容易造成坯体开模裂及干燥裂。因此提高废瓷的利用率的关键在于大量引入废瓷后如何保证坯料的成形性能稳定，达到生产要求。另外有的废瓷中含铁钛量较高，烧成白度较差，需要乳浊能力较好的乳白釉进行装饰。

废瓷的加入量也要配合泥浆配方体系进行确定，对于大件连体及复杂产品，因其结构复杂，对泥浆可塑性、变形性要求较高，配方中加入量一般不超过 10%。对于结构简单的产品以及要求快速成形的高压泥浆配方，使用量可以更多。

（3）废瓷的破碎工艺　废瓷使用前要预先破碎，废瓷经过高温煅烧，其强度达到 80MPa 以上，破碎难度较大。废瓷的破碎工艺及其破碎后的细度直接影响到废瓷的添加比例。行业中处理废瓷的方式主要有两种：雷蒙磨/轮碾破碎工艺和球磨破碎工艺。

雷蒙磨/轮碾破碎工艺破碎后的废瓷粒径一般在 2～10mm，颗粒较粗，因其粒度较大，且废瓷中含有大量釉料成分，泥浆原料在球磨过程废瓷硬度较高，不易被磨细，导致泥浆粗颗粒中废瓷成分较高，产品烧制过程中对产品釉面质量产生不良影响，实际应用时要充分重视加工过程的稳定控制。

雷蒙磨/轮碾破碎工艺如下：

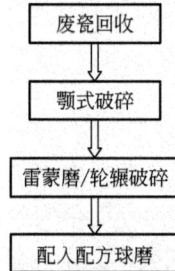

废瓷回收 → 颚式破碎 → 雷蒙磨/轮辗破碎 → 配入配方球磨

球磨破碎工艺如下：

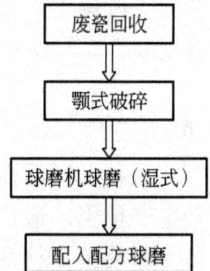

废瓷回收 → 颚式破碎 → 球磨机球磨（湿式）→ 配入配方球磨

采用球磨破碎工艺处理的废瓷，细度一般控制在 3.0% 以下（325 目筛余），含水率 25%～30%。该粒度下的废瓷已经经过充分研磨，其粒度已经低于泥浆粒度，再经过与泥料混合球磨，不存在大颗粒废瓷成分。对产品釉面已经没有不良影响，其使用比例可大幅提高，原则上废瓷破碎得越细越好。

此外，废瓷可作为生产不定型耐火材料的原料加以利用。

5.3.2.5　解胶剂的使用

解胶剂又名解胶剂、减水剂，用来改善泥浆流动性，使得泥浆在低水分下保持较好的流动性，利于注浆成形。它可以是无机电解质，也可以是有机盐类或聚合电解质。前者多用于黏土质泥浆中，后两种即可用于黏土质泥浆，也可用于瘠性料占比大的浆料。

解胶剂应具备的条件可归纳为以下三点：①能离解为水化能力强的一价阳离子（如 Na^+）；②能直接离解或水解，提供足够的 OH^-，使得黏土质泥浆呈碱性；③它的阳离子能与料浆中引起絮凝的有害离子形成难溶的盐类或稳定的络合物。卫生陶瓷常用的解胶剂为无机电解质，多为水玻璃和碳酸钠搭配使用。它们会和黏土泥浆中的 Ca^{2+}、Mg^{2+} 进行离子交换，将泥浆胶团原来吸附的部分水膜水释放成自由水，提升泥浆的流动性。

生产中同时采用水玻璃和纯碱作为解胶剂，以调整泥浆黏性、坯体脱模的软硬程度及吸水速率。单用水玻璃时，坯体成形时吸水较快，致密变硬（俗称"板"），容易开裂；单用纯碱时，坯体脱模后收水慢，坯体较软（俗称"溏"），不利于坯体挺型；若同时环境温度高，坯体易内软而外硬，后期坯体干燥过程易产生内裂。

坯料配方中使用的解胶剂的种类和用量完全由试验去摸索和确定。举例：某卫生陶瓷厂采用水玻璃及纯碱搭配使用，水玻璃：纯碱=（3~4）：1。利用该解胶剂的配比方式，泥浆的稳定性能好，成形性能稳定，开模裂少，坯体开模硬度适中，利用普通石膏磨具成形，其坯体成形合格率可达到95%以上。

5.3.2.6 原料的包装与运输

原料的包装：卫生陶瓷的坯用原料尽量不采用小包装的形式，如25kg一袋，成本增加的同时会产生工业垃圾。釉用原料由于价格高，在运输中一旦产生污染对质量的影响很大，往往进行包装。

原料的运输：运输的方式有汽运、火车运输、船运三种形式，船运中又有集装箱船运及散装船运两种，选择运输方式一是考虑运输费用，二是避免运输中发生对原料的污染。一般地说单位距离海运最便宜，其次为火车运输，但如果其中加有短途运输，也会产生较高的费用。运输中对原料的污染主要来自于沾有异物的货仓，如途中发生装卸转运，有可能造成污染。

5.3.2.7 原料测定项目及标准

原料入厂后需要进行入厂检测，来判定原料的质量是否正常，原料经过检测合格后再投入生产使用，避免因原料质量波动而带来生产波动。

原料根据检测类别分为三类，分别为坯体原料、釉用原料、生产辅料。（釉用原料的检测在釉料配方部分叙述。）

坯体原料检测项目一般有：水分、外观检测、烧成呈色、解胶性、吸浆厚度、干燥强度、釉面PG砖（透明彩色釉制作成的夹杂物砖）、化学成分。检测方法如下。

① 水分。用烘干称量的方式检测原料的含水率，一般硬质原料水分控制在3%以下，水洗原料水分控制在18%以下。原料水分影响后期原料的装磨上料，原料水分高时，原料易结大块，不利于原料的传送及入磨，同时大块原料易在磨内发生结块，导致原料球磨效果变差，如果同批原料水分波动大会影响整体装料的准确性。在北方的冬季，要注意由于原料水分大造成在运输工程中和到厂后发生冻结的问题。

② 外观检测。对原材料进行外观检测、判断。内容包括：颜色、粒度、有无杂物，批次间原料无明显色差，原料是否受外来杂质污染，原料批次间是否发生明显差异等。

③ 烧成呈色。对原料干燥后进行烧结，通过烧结的状态判定原料的质量，包括颜色、是否存在明显有害物质（铁钛杂质、高硫化物等）、白度和烧结程度。原料在烧成后有无有害杂质和烧成后的白度是烧成呈色的重要内容。有时也可在生产的隧道窑中进行原料的烧成，这时要将原料放在有盖的匣钵或容器中烧成。

④ 解胶性。判定原料对水玻璃的需求量，同时考量原料批次的稳定性。如原料解胶性发生波动可能带来泥浆性能的波动，要事前调节解胶剂的加入量；解胶性差或波动大的原料不能使用。

⑤ 吸浆厚度。测定原料化浆后45min石膏模吸浆的厚度，吸浆厚度的波动直接影响成形吃浆时间。

⑥ 干燥强度。干燥强度多是对可塑性强的泥料进行检测，干燥强度高，制备出来的坯体干燥强度就高，减少转运破损。

⑦ 釉面PG砖。釉面PG砖用来检测泥料对釉面的影响，釉面PG砖白点越多说明原料

易产生釉面缺陷，应当控制使用或者不选用。

⑧ 化学成分。化学成分检测项目为原料的八个元素（简称硅、铝、铁、钛、钙、镁、钾、钠），原料化学成分出现较大波动时会影响整体泥浆化学成分组成，影响泥浆性能及烧成状态。

辅料类有球石、衬石、水玻璃、碳酸钠、羧甲基纤维素（CMC）、釉用解胶剂、防腐剂等。检测方法如下。

① 球石。通过外观、相对密度、烧成呈色、抗冲击性能、磨耗来判定其质量。

② 衬石。通过球石通过外观、相对密度、烧成呈色、抗冲击性能来判定其质量。

③ 水玻璃。通过相对密度、模数判定质量。

④ 碳酸钠。通过外观、钠含量判定质量。

⑤ 羧甲基纤维素（CMC）。通过检测其 1% 溶液黏性判定质量。

举例，某厂接受原料入厂的标准见表 5-33。

表 5-33 某厂接受原料入厂的标准

原料名称	水分/%	烧成呈色	吸浆厚度/(mm/45min)	PG 砖PG 点	干燥强度/MPa	化学成分/%			
						SiO_2	Al_2O_3	Fe_2O_3	TiO_2
黑泥	≤18	≥35	3～5	≤20	≥7.0	44～48	32～36	≤1.8	≤1.0
水洗高岭土	≤18	≥70	12～14	≤20	≥0.8	43～47	34～38	≤1.0	≤0.5
水洗瓷土	≤18	≥40	7～9	≤20	≥2.5	66～70	18～22	≤1.5	≤0.5
叶蜡石	≤3	≥55	8～10	≤20	—	66～70	20～24	≤1.0	≤0.5
绢云母	≤3	≥45	8～10	≤20	—	66～70	18～22	≤1.0	≤0.5
瓷石	≤3	≥60	13～15	≤20	—	74～78	15～19	≤1.0	≤0.5
钾长石	≤3	≥35	14～16	≤20	—	65～70	15～20	≤0.5	≥0.3

5.3.3　设计配方

5.3.3.1　掌握基础知识和基本情况

设计配方时，首先要掌握以下基础知识和基本情况：

① 要掌握卫生陶瓷生产的基础知识与相关的计算方法，了解国家标准的相关要求，如果有企业标准或其他规定，也要了解其特殊的要求；

② 收集国内、特别是本地区配方的资料，包括化学成分、矿物组成、泥浆性能的要求等，这具有重要的参考价值；

③ 了解使用坯料配方的生产工艺、设备及生产的产品特性，如产品品种、型号等。

5.3.3.2　设计初始配方

设计初始配方时，首先设计化学组成表示法的配方，其中没有烧失量。然后按熔剂原料、塑性原料、半塑性原料、非可塑性原料（瘠性原料）的顺序加入各种待选原料，这时的待选原料全部按所含水分为零计算。加入熔剂原料时，主要考虑添加钾、钠元素，一般首选钾长石。黏土塑性原料的加入量与生产的产品的大小、复杂程度有关，如产品为大型洗面器、连体坐便器立式小便器等，加入量可为 50%～60%，其他产品的加入量可为 40%～50%。由于半塑性原料在粉碎后具有一定的可塑性，所以要优先于非可塑性原料（瘠性原料）使用。如果半塑性原料中含有钾的元素，也可降低长石的加入量，对增加配方的可塑性带来好处，同时有利于提高氧化铝的含量。之后，可以对配方的氧化铝及氧化硅的含量作一个大致的判断，确定非可塑性原料（瘠性原料）以及石英类原料的加入量。到此，完成了第一轮设计。

将第一轮设计的配方做化学成分计算，将计算结果与设计的配方化学成分进行对比，烧失量的设计值定为 7.0%～7.5% 为宜（烧失量小于 7.0% 较难做到），然后依然按上述顺序对各种原料的加入量进行调整。往往氧化钙、氧化镁的量略有不足，可加入相应熔剂原料，尽可能控制氧化铁的含量。

经过反复调整、计算，最终设计出与设计的配方化学成分近似的配方。按照这个配方计算出矿物组成表示法、摩尔百分数法和实验式表示法的配方。设定配方的矿物组成目标，确定配方的高岭石、绢云母、石英、长石等矿物组成范围，根据原料的实际情况，对比调整初始设计配方，供进一步调整使用。

以这个配方为基础，根据测定出的配方所用原料所含水分的数值，计算出实际使用的以配料量表示法的配方，同时设定解胶剂的种类和加入量，设定配方水分的加入量。

核算配方价格，即以各种原料、辅料的购进价格（含税）计算配方使用的全部原料、辅料的价格之和，对这个配方的价格进行分析、判定，决定取舍。获得认可后，进行下一阶段的配方试验工作，这个配方可称之为试验配方。

5.3.3.3 配方性能测定项目及标准

（1）制定配方性能测定项目及标准　进行配方开发时，需制定配方性能测定项目及标准，根据开发要求设定配方性能各项参数，并在实验过程中进行检测，确定其是否满足设计要求。配方设计前需设定其泥浆的成形性能和烧成性能。成形性能包括浓度、粒度、残渣、黏性、屈服值、吃浆厚度、干燥抗折强度、出裂时间、干燥收缩；烧成性能包括坯体的烧成收缩、烧成弯曲、热膨胀、耐急冷性能、吸水率、烧成抗折强度。与釉面质量有关的坯釉结合性能将在釉浆配方设计中阐述。举例，某厂在坯体配方开发过程中的检测项目及标准见表 5-34。

表 5-34　某厂配方检测项目及标准

	检测项目	标准		检测项目	标准
成形性能	浓度/（g/200mL）	351±4	烧成性能	烧成收缩/%	10±0.5
	粒度 ≤10μm 占比/%	60±3		烧成弯曲	22±3
	325 残渣/%	≤5		吸水率/%	<0.5
	屈服值	14±6		热膨胀/（10^{-6}℃）	5.5±0.3
	吸浆厚度/（mm/45min）	7±1		耐热/℃ （急冷热性能） （热稳定性）	≥140℃
	干燥强度/MPa	≥3.5			
	出裂时间/min	≥25		烧成抗折强度/MPa	≥75
	干燥收缩/%	3.5±0.5			

（2）配方性能变化时产生的影响

① 泥浆浓度。泥浆浓度是确定其他性能的基础，浓度波动可以引发泥浆全部性能变化，可调整入磨水量进行调整。

② 粒度和残渣。粒度和残渣是泥浆的基础性能，可通过调整入磨球石量和大小比例、加水量以及解胶剂量进行调整，如对球磨时间进行调整的话，应控制在正常时间的增减不超过 1h 为宜。当泥浆粒度过细、残渣过少时，坯体成形透水性变差，坯体成形易偏软；反之，成瓷釉面毛孔数量易增加，影响整体釉面效果。

③ 屈服值。屈服值是基础性能，反映泥浆的黏性、泥浆的触变性。屈服值低，双面吃浆部位容易分层，单面浆 R 角部位易过度排浆，在干燥时发生 R 角开裂；屈服值高，内部容易排浆不良，易造成余浆，引发干燥缺陷及烧成缺陷。可通过调整电解质种类和数量、调整配方中稀释性能不好的单种料的加入量对屈服值进行调整。

④ 吸浆厚度。吸浆厚度变小时，会延长影响坯体成形时的吸浆时间，减少坯体的厚度。波动不大时，调整黏性可以应急，如波动大则需调整原料配比。

⑤ 出裂时间。出裂时间反映泥浆成形过程中是否容易产生裂纹。出裂时间越长越不容易产生裂纹，这些性能可通过调整配方中黏土和瘠性料的比例、泥浆粒度等方法进行控制。

⑥ 干燥强度。干燥强度影响坯体的抗破损能力，过低会产生干坯破损。可提高干燥强度高的原料加入量来提高干燥强度。目前，还没有理想的提高干燥强度的添加剂。

⑦ 干燥收缩。干燥收缩过大会使坯体尺寸出现偏差，也容易产生烧成缺陷。可减少燥收缩偏大的原料加入量进行调节。

⑧ 烧成收缩。烧成收缩过大会导致产品尺寸变化，造成产品尺寸不合格。需调整配方化学成分中烧失量、坯料的颗粒度、坯料的烧结度。

⑨ 烧成弯曲。烧成弯曲过大会导致产品烧成时变形，造成废品。需调整配方中 RO_2 与 R_2O_3 的比例。

⑩ 吸水率。吸水率大于 0.5% 的话，超出国家标准，直接导致产品不合格；吸水率过小，会导致产品易变形，也会出现废品。调整配方中碱金属可调整吸水率，碱土金属含量是调整吸水率的常用手段；可以通过微量调整外加白云石、滑石的方法，快速调整吸水率。

⑪ 烧成抗折强度。烧成抗折强度过小会导致产品抗折强度不合格。常用调整配方吸水率的方法对其进行调整，同时可调整整体化学成分，增加瓷质中莫来石的含量。

5.3.4 配方的试验

配方的试验流程可分为三个阶段：试验室阶段的小型试验、试验室阶段的中型试验和生产性的大型试验。配方投入生产后，初期可称为试生产阶段。配方的试验工作之所以分为三个阶段是为了逐步、分层认识相关事物的本质，也是为了在较短的时间内，以较小的人力、物力取得最大成果。

如果是生产过程中对坯料配方进行较大的调整，可参考配方试验流程开展系统工作。

坯料配方的试验与釉料配方的关系：坯料配方的试验内容可分为三个部分，第一部分试验内容是由配方磨制成为泥浆后，进行泥浆性能的试验；第二部分试验内容是用泥浆注浆成形样片或产品（坯体），再干燥，然后烧成，在这个过程中试验其相关性能；第三部分试验内容是将用泥浆注浆成形样片或产品（坯体），干燥后，再施釉，烧成，在这个过程中试验其相关性能，主要是鉴定坯料配方在施釉状态下的表现。由于坯料配方在生产中使用时，产品一定要施釉，而坯体在施釉和不施釉的状态有很大的差别，因此，上述第三部分试验内容是必不可少的。在坯料配方从零开始开发的情况下，取得上述第三部分试验内容中所需的釉浆可以有两个办法，一是从其他企业借用，再就是同期开发釉料配方。

5.3.4.1 小型试验

试验室阶段的小型试验在试验室中进行，由试验室人员进行操作、检测、判断。泥浆磨制总量约为数公斤至数百公斤。第一阶段进行小量的探索实验，可设计多组不同方向的梯度配方，用泥浆浇注样片和小型物件如小碗等，并烧成。按 5.3.3.3 中的检测项目对泥浆性能进行检测、调整。这一阶段主要确定原料的可使用性和各种原料辅料的大致配比，优先考虑烧成性能中的烧收、弯曲及成形性能中的吃浆速率、干燥强度；第二阶段是对第一阶段确定的配方进行 50～500kg 的入磨实验，入磨量可以逐步增加，增加浇注一些小件产品，如小型洗面器等，并烧成。同样按 5.3.3.3 中的检测项目对泥浆性能进行检测，并不断调整配方，最终初步确定的配方。坯体试验合格后，分别做一部分施釉的样片和小件产品，直至合格。

小型试验可根据需要重复多次，在泥浆性能及浇注小件产品（5 至 10 件）达到要求后，即告结束。小型试验，需形成报告，报告内容应包含：试验步骤；配方组成，配方化学成分，配方矿物组成，配方性能测试结果，配方原料、辅料价格；小件产品的成形、修坯、烧成状况；配方使用的原料、辅料的质量标准，性能测试结果（含化学成分）、矿物成分、产地、储量、运输情况、价格等。

5.3.4.2 中型试验

试验室阶段的中型试验是小型试验向生产现场的延伸，是试验人员在生产现场人员配合下进行的工作。此阶段的配方泥浆磨制总量约为数吨至数十吨。

（1）试验条件 试验在生产现场进行，全部采用生产中的设备、设施，试验流程完全与设定的生产流程相同。

（2）试验内容 按配方用生产使用的球磨和其他生产设备磨制总量约为数吨至数十吨的泥浆，同时注浆成形生产的产品中的代表品种、型号，并完成生产全过程，总数量要达到两三百件。要先试验不施釉的产品，待合格后，再试验施釉的产品。

（3）试验目的 本阶段对泥浆性能与生产性能进行试验。验证泥浆的性能是否达到设定要求，通过生产产品验证成形性能及烧成性能，发现并掌握同一配方在小型试验和中型试验结果的差异，对配方及其性能进行针对性调整。对泥浆性能进行全面检测，对产品的成形、半成品、烧成合格率进行统计并进行缺陷分析，不施釉的产品和施釉的产品分别进行分析。形成初步的全部生产工艺参数。中型试验可根据需要重复多次，在泥浆性能及浇注产品的合格率达到要求后即告结束。

（4）试验报告与评价

① 试验报告。试验报告内容应包含：试验步骤；配方组成，配方化学成分，配方矿物

组成，配方性能测试结果；产品的成形、修坯、烧成状况；产品的成形、半成品、烧成合格率缺陷分析；全部生产工艺参数。也包括小型试验报告中的其他内容。

② 评价。组织试验人员、生产人员及其他相关部门人员对试验结果进行评价，对配方的原料和辅料、技术性能、生产性能、经济性等方面进行评价。按评价意见确定下一步工作。如获得原则肯定，则进行下一阶段的大型试验。

5.3.4.3　大型试验

大型试验可看作是扩大数量的中型试验，也是配方投产前的最后试验，由生产现场人员和试验人员合作进行，生产现场人员承担全部现场作业工作，试验人员承担相应辅助及测试工作。这个阶段泥浆磨制总量约为数百吨。

（1）试验条件　使用全部生产设备、设施，按生产流程实施。

（2）试验内容　按配方使用生产设备、设施，磨制总量为数十吨至数百吨的泥浆，对每种种类的产品，选择一或两个型号由注浆开始完成生产的全过程，总数量要达到 500 件至数千件。对产品的成形、半成品、烧成合格率进行统计并进行缺陷分析，不施釉的产品和施釉的产品分别进行分析。确定全部生产工艺参数。

（3）试验目的　验证中型试验的结果；发现生产各个环节中出现的问题；在更大量的产品生产中确定产品的成形、半成品、烧成合格率及缺陷发生的状况；确定全部生产工艺参数；确定配方；提供经济分析所需数据。

（4）试验报告与评价　试验报告内容应包含：试验步骤；在中型试验报告的范围基础上增加经济分析的内容。评价：组织生产人员、试验人员、其他相关部门人员、企业负责人对试验结果进行评价，对配方的原料和辅料、技术性能、生产性能、经济性等方面进行评价。按评价意见确定下一步的工作。获得原则肯定，则安排下一阶段的配方投产工作。

5.3.4.4　试生产阶段

坯料配方投入生产后，初期可称为试生产阶段，一般定为 3 个月。这期间可能暴露出各种各样的问题，要随时观察其表现，及时发现问题，及时解决。一般地说，经过了 3 个月的生产使用，对坯料配方可以进行初步评价，经过一年（四个季节）的生产使用，可以做出最终评价。

5.3.4.5　配方参考实例

（1）唐山陶瓷厂 7 号泥　唐陶 7 号泥的配方如下：唐山紫木节 11%、碱矸 9%、大同土 15%、石英 28%、章村土 18%、彰武土 11%、长石 6%、滑石 2.5%，合计 100.5%。

这个配方的情况在 5.3.1 中已有较为详细的介绍。

（2）原料与产品档次的关联举例　卫生陶瓷产品在销售市场上的表现出的产品档次与多方面的因素有关，如品牌、实物质量、产品技术含量、配套水平等，我们也注意到一些高档卫生陶瓷的生产厂家在原料的选择和每种原料的加入量具有以下特点。

① 选用铁钛含量较低，烧后颜色较白的原料，使得坯料烧成后颜色较白。实例见表 5-35。

表 5-35 原料铁钛含量较低的实例

公司名称　　　项目	Fe$_2$O$_3$ 含量/%	TiO$_2$ 含量/%	合计/%
日本 A 公司	0.82	0.10	0.92
日本 B 公司	0.92	0.11	1.03
德国 A 公司	0.85	0.09	0.94
德国 B 公司	0.88	0.10	0.98
土耳其 A 公司	0.93	0.08	1.01
土耳其 B 公司	0.85	0.12	0.97
美国 A 公司	0.93	0.11	1.04
美国 B 公司	0.89	0.12	1.01
法国 A 公司	0.98	0.09	1.07
法国 B 公司	1.02	0.10	1.12
中国 A 公司	1.08	0.13	1.21
中国 B 公司	0.86	0.12	0.98

② 配方中原料种类多，至少 15 种以上，且每种原料比例在 10% 以下。当某种原料发生波动时，对配方整体性能的影响小，配方性能的稳定性强。实例见表 5-36 和表 5-37。

表 5-36 原料种类多的配方实例（一）

序号	名称	配比/%	序号	名称	配比/%
1	河北瓷石	5.3	12	新会球土	5.2
2	浙江瓷石	4.0	13	山西木节	2.0
3	浙江瓷土	4.9	14	辽宁白泥	4.6
4	辽宁瓷石	9.3	15	黑龙江黏土	7.1
5	河北绢云母	3.0	16	海南高岭	2.0
6	福建瓷土	5.8	17	湛江高岭	3.9
7	福建高岭	4.8	18	广东高岭	5.6
8	安徽高岭	4.4	19	河北长石	8.6
9	浙江高岭	7.6	20	辽宁长石	2.4
10	广东球土	4.5	21	白云石	2.4
11	佛山球土	3.0	22	合计	100

表 5-37 原料种类多的配方实例（二）

序号	名称	配比/%	序号	名称	配比/%
1	福建瓷石	4.5	5	德化绢云母	5
2	浙江瓷石	8	6	福建瓷土 A	7.6
3	大田瓷土	9	7	福建瓷土 B	6.3
4	安徽瓷石	5.3	8	福建高岭土 A	6.5

序号	名称	配比/%	序号	名称	配比/%
9	福建高岭土 B	6.0	14	高岭土原矿	9.1
10	湛江高岭土	4.0	15	龙岩钾长石	8
11	龙岩高岭土原矿	3.5	16	德化钾长石	5.2
12	广东黑泥	6	17	白云石	2
13	新会黑泥	4	18	合计	100

③ 尽可能选择那些加工处理好的原料，即标准化原料，以求稳定，降低影响合格率风险。

（3）使用 10～15 种原料的配方　实例见表 5-38～表 5-40。

表 5-38　北方某厂配方实例

序号	名称	配比/%	序号	名称	配比/%
1	月山土	9	7	钾长石	12
2	博山石	16	8	滑石	2
3	青矸	7	9	瓷石	16
4	毛土	9	10	青黏土	7
5	广东黑泥	10	11	永城土	8
6	白矸	4	12	合计	100

表 5-39　唐山某厂配方实例

序号	名称	配比/%	序号	名称	配比/%
1	子木节	12.7	7	石英砂	13
2	章村土	12.1	8	广东黑泥	8
3	彰武土	9.6	9	钾长石	12.9
4	浙江瓷石	4.6	10	辽宁瓷石	5.0
5	苏州土	8.5	11	白云石	2
6	大同土	11.6	12	合计	100

表 5-40　南方某厂配方实例

序号	名称	配比/%	序号	名称	配比/%
1	南安土	10	8	星子土	6.5
2	永春土	9.5	9	黑泥	9.1
3	厦门土	9	10	德化长石	6.5
4	漳州土	8	11	龙岩长石	7.5
5	永春瓷土	6	12	安徽瓷石	7
6	大田瓷土	12.6	13	白云石	2
7	浙江瓷石	6.3	14	合计	100

（4）使用 5 种原料的配方　实例见表 5-41。

表 5-41　使用 5 种原料的配方实例（3 例）

河南某厂			广东某厂 1#			广东某厂 2#		
序号	名称	配比/%	序号	名称	配比/%	序号	名称	配比/%
1	青矸	20	1	广东黑泥	12	1	高岭土原矿	35
2	博爱石	20	2	潮州泥	32	2	瓷土	30
3	钾长石	15	3	湛江土	26	3	黑泥	16
4	瓷土	30	4	钾砂	16	4	钾砂	15
5	毛土	15	5	东山石	14	5	石英砂	14
6	合计	100	6	合计	100	6	合计	100

（5）某厂坯料配方的化学成分举例　烧失量 6.00%、氧化硅 64.50%、氧化铝 22.50%、氧化铁 1.50%、氧化钛 0.50%、氧化钙 0.50%、氧化镁 0.50%、氧化钾 3.00%、氧化钠 1.00%。

5.4　坯料配方的维护

5.4.1　原料变化的把握与管理

原料的性质会根据原矿品质波动及加工制程的改变而发生改变，原料供方矿需在发生这些变化至少前一个月通知使用方，并进行送样检测确认。在原料管控方面，需要设定原料的入厂标准，保证原料的质量在一个可控的范围内波动，同时进行原料入厂检测。

5.4.1.1　原料入厂检测项目

原料的入场检测项目可以主要有以下内容。

（1）物理性能

① 白度。由于陶瓷原料多为天然原料，里面含有多种杂质元素，常规化学分析不能完全检测出来，所以，最终要以烧成后的白度作为判定原料颜色优劣的依据。白度测定也可以从一定程度上判定出原料中铁钛含量的多少。

② 原料水分含量。要求对原料入厂的水分含量标准进行限定，一般软质原料在 18% 以下，硬质原料则在 3% 以下。

③ 粒度。入磨粒度可要求 10mm 以下，粒度过大会影响球磨效果。

（2）化学成分　卫生陶瓷生产对泥浆稳定性要求较高，从而对泥浆原料的稳定性也要求较高，原料化学成分是判定原料的重要标准，原料化学成分波动将会直接引起配方体系的变化，直接影响生产。所以必须对各种原料化学成分的各项指标做出严格规定。

（3）单料性能　根据原料性能进行单种原料试验，对各项参数进行判定，看其是否符合标准。

5.4.1.2　原料质量日常管理

原料质量日常管理是卫生陶瓷生产的第一保证要素，天然原料的波动会与试验误差混杂在一起，如没有系统的原料入厂检验，连续观察每批次的原料情况，很难准确判断是否调整配方。

（1）准备标准样　取每种原料的某一稳定批次，封样 500kg 以上，单独保存，更换标准样品时需要重新比对，确保标准样的稳定。

（2）重复试验　即一种试验可重复两次或多次，以减少人为操作的误差。

（3）多样品烧成对比　即将几种原料在同一条件下烧成，对比结果，可以排除其他因素对判断的干扰。

上述三项作为日常管理程序，每一批次都要进行试验。在实际的原料管理工作中，使用推移图管理每批次原料的入场试验数据，即在一张图表上，绘制每批次原料的使用时间、生产中泥浆的主要性能数据以及实际生产代表品种的相关缺陷关联图，可以及时发现原料性能波动对生产的影响。

5.4.1.3　基本调和试验

基本调和试验也叫基本替代试验，基本原料的选择和配比原则是选用已知的不同性质的干净稳定的原料作为基本料。根据原料特点进行分类为：黏土，低纯高岭，高纯高岭，低纯绢云母，高纯绢云母，长石及其他助熔剂。设定一个与生产配方烧成性能相似的配方，主体原料用量设定在 10%～20%。对各项试验数据进行检测判定，看是否符合标准。

基本调和试验一般用于新原料或配方问题查找，是开发新原料的必要工作程序，也是设计配方的重要基础工作。掌握了基本调和试验的数据，也就掌握了调整配方的方向，掌握了坯体的成形、烧成等物理性能调整方向。配方管理工作中，变动配方中同一类原料之间的配比，在达到调整性能目标的同时，希望对其他性能的影响最小。如，高岭土 A 与高岭土 B 之间的屈服值有较大差异，减少 3%的高岭土 A，增加 3%的高岭土 B，可以达到调整屈服值的期望结果，而对其他性能影响不大。而为到达同样的调整目标，也可以减少或增加高岭土用量，增加或减少某种瘠性原料的配比，但如果某种调节方法对整体性能会产生较大的影响，就不能选择这种调整方法。

同类原料间的配比变动，比不同类原料间的变动要安全得多，这也是一个稳定的配方体系要求有 10～20 种原料品种的原因之一。如果精确掌握了这种同类原料间的性能差异，可以直接在生产中调整配方。

5.4.2　配方性能变化时的调整

生产中，当原料、辅料或其他因素发生变化时，会对配方（泥浆）的性能产生影响，这时需及时对配方及其性能进行调整，从而保证生产和产品质量的稳定。经常进行调整的项目有：吸水率、可塑性、烧成弯曲、热稳定性、屈服值、釉面质量、吸浆速率等。

5.4.2.1　吸水率的调整

国家标准规定：瓷质卫生陶瓷吸水率≤0.5%，要维持日常生产中吸水率的稳定，要定期检测产品的吸水率，也要定期测试坯体的化学成分。一般每月可测试化学成分一次或两次，随着化学分析仪器的进步，检测速度更快，检测频度可以更高，一旦化学成分出现偏差要立即进行配方调整。举例，某厂历年坯体化学成分检测结果见表5-42。

表 5-42 某厂历年坯体化学成分检测结果

项目 年份	SiO$_2$ 含量/%	Al$_2$O$_3$ 含量/%	Fe$_2$O$_3$ 含量/%	TiO$_2$ 含量/%	CaO 含量/%	MgO 含量/%	K$_2$O 含量/%	Na$_2$O 含量/%	烧失量 /%	合计/%
2005	63.03	22.72	0.79	0.12	0.83	0.46	3.21	0.52	7.80	99.48
2006	63.36	22.60	0.82	0.09	0.75	0.40	3.15	0.61	8.10	99.88
2007	62.90	22.87	0.80	0.10	0.82	0.51	3.26	0.55	7.92	99.73
2008	63.07	23.06	0.82	0.10	0.79	0.43	3.12	0.60	7.86	99.85
2009	62.88	23.15	0.76	0.09	0.80	0.50	3.20	0.58	7.90	99.86
2010	62.05	22.65	0.81	0.08	0.85	0.55	3.0	0.38	7.48	99.45
2011	62.95	22.93	0.80	0.12	0.84	0.48	3.25	0.55	7.86	99.78

可以看出，2010 年的碱金属成分的含量出现了减少的情况，当时，吸水率偶尔出现超标现象。在分析原因时，对有关原料的化学成分进行了排查，发现某种长石的钾钠含量明显下降。通过对长石加入量的调整，使得配方碱金属含量恢复到正常的状态，解决了吸水率偶尔超标的问题。

5.4.2.2 可塑性的调整

如生产的产品以大件（坐便器、大型小便器等）为主，配方设计时就要尽量提高其可塑性，成形时单面、双面吸浆都有的产品、有黏接的产品，对可塑性的要求更高。为提高可塑性，黏土塑性原料的加入量在 50%～60% 为宜，熔剂原料，如长石、瓷粉、滑石、白云石、硅灰石等，总量在 15%～25%，其他半塑性原料、瘠性原料含量在 20%～30%。如以简单产品（洗面器等）为主，则黏土量要小于 50%。黏土总量与可塑性指数的关系见表 5-43。

表 5-43 黏土总量与可塑性指数的关系

项目 厂别	黏土总量/%	可塑性指数
A 厂	40	0.6±0.1
B 厂	45	0.8±0.1
C 厂	50	1.0±0.1
D 厂	60	1.2±0.1
E 厂	65	1.4±0.1

配方维护过程中，要对每种黏土塑性原进行可塑性试验、验收。判定可塑性的试验方法可采用单种料试验法和基本调配试验法。同一种原料的可塑性与干燥强度往往相对应，可塑性好，干燥强度也高，因此也可以用干燥强度的数值进行对比。因为出裂时间和可塑性有对应关系，可塑性好，出裂时间就长，也可以用出裂时间进行对比。举例，某厂出裂时间与干燥强度的对比情况见表 5-44。

表 5-44 某厂出裂时间与干燥强度的对比

项目 品种	出裂时间	干燥强度
厦门高岭土	10min20s	1.5
永春瓷土 A	15min 10s	2.0
永春瓷土 B	17min 35s	2.4

品种＼项目	出裂时间	干燥强度
广东黑泥 A	1h30min	5.5
广东黑泥 B	未裂	6.5
生产泥浆	25min20s	3.5

5.4.2.3 烧成弯曲的调整

产品的尺寸与变形量的设计要以确定配方的烧成收缩和烧成弯曲的量为依据，如果烧成收缩及弯曲发生变化，势必影响着坯体烧成后尺寸与形状。烧成变形量的调整主要通过调整配方中硅铝氧化物的比例以及硅铝氧化物总和与碱金属、碱土金属氧化物总和的比例，调整碱金属氧化物与碱土金属的比例等手段来实现。一般来说，氧化硅对氧化铝的比例越高，越容易变形，硅铝总和越低越容易变形，碱金属含量越高越容易变形，氧化钠比氧化钾含量越高越容易变形。举例，某厂坯料配方见表 5-45。

表 5-45 某厂坯料配方

序号	名称	配比/%	SiO₂含量/%	Al₂O₃含量/%	Fe₂O₃含量/%	TiO₂含量/%	CaO含量/%	MgO含量/%	K₂O含量/%	Na₂O含量/%	烧失量/%
1	南安土	10	71.22	19.84	0.83	0.18	0.01	0.07	0.55	0.01	7.29
2	永春土	9.5	74.62	15.84	1.19	0.13	0.23	0.22	4.06	0.16	6.16
3	厦门土	9	47.69	36.62	1.12	0.09	0.00	0.05	0.58	0.34	13.46
4	漳州土	8	50.12	34.40	0.95	0.01	0.09	0.09	0.57	0.01	12.70
5	德化瓷土	6	66.40	21.50	1.70	0.18	0.02	0.10	4.10	0.03	5.80
6	大田瓷土	12.6	66.32	21.58	0.91	0.01	0.22	0.13	5.23	0.25	5.30
7	浙江瓷石	6.3	77.45	15.68	0.36	0.10	0.01	0.10	1.03	0.22	4.88
8	星子土	6.5	49.17	34.11	1.27	0.17	0.04	0.18	2.62	0.09	11.43
9	黑泥	9.1	46.58	34.84	1.47	0.66	0.05	0.25	0.96	0.29	14.97
10	德化长石	6.5	66.70	18.68	0.24	0.02	0.16	0.04	8.49	5.07	0.61
11	龙岩长石	7.5	67.55	17.44	0.14	0.01	0.14	0.06	11.28	2.79	0.78
12	安徽瓷石	7	69.78	21.03	0.27	0.62	0.48	0.01	0.09	0.00	7.79
13	白云石	2	1.00	0.00	0.09	0.00	31.11	21.72	0.00	0.00	46.08
14	合计	100					—				

如这个配方的吸水率正常，但烧成变形大，可进行以下调整：

① 降低 SiO₂ 比例，升高 Al₂O₃ 比例（调整相应原料含量不同的增减）；

② 调整 Ca、Mg、K、Na 总量（调整白云石与长石类原料）；

③ 用含氧化钾高的原料部分取代氧化钠含量高的原料；

④ 用 Ca、Mg 含量高的原料取代等物质的量之比的含 K、Na 高的原料。

调整后配方见表 5-46。

表 5-46 调整后配方

序号	名称	配比 /%	SiO₂ 含量/%	Al₂O₃ 含量/%	Fe₂O₃ 含量/%	TiO₂ 含量/%	CaO 含量/%	MgO 含量/%	K₂O 含量/%	Na₂O 含量/%	烧失量 /%
1	南安土	10.0	71.22	19.84	0.83	0.18	0.01	0.07	0.55	0.01	7.29
2	永春土	9.0	74.62	15.84	1.19	0.13	0.23	0.22	4.06	0.16	6.16
3	厦门土	9.3	47.69	36.62	1.12	0.09	0.00	0.05	0.58	0.34	13.46
4	漳州土	9.1	50.12	34.40	0.95	0.01	0.09	0.09	0.57	0.01	12.70
5	德化瓷土	6.0	66.40	21.50	1.70	0.18	0.02	0.10	4.10	0.03	5.80
6	大田瓷土	12.6	66.32	21.58	0.91	0.01	0.22	0.13	5.23	0.25	5.30
7	浙江瓷石	6.3	77.45	15.68	0.36	0.10	0.01	0.10	1.03	0.22	4.88
8	星子土	6.5	49.17	34.11	1.27	0.17	0.04	0.18	2.62	0.09	11.43
9	黑泥	9.1	46.58	34.84	1.47	0.66	0.05	0.25	0.96	0.29	14.97
10	德化长石	6.5	66.70	18.68	0.24	0.02	0.16	0.04	8.49	5.07	0.61
11	龙岩长石	6.7	67.55	17.44	0.14	0.01	0.14	0.06	11.28	2.79	0.78
12	安徽瓷石	7.0	69.78	21.03	0.27	0.62	0.48	0.01	0.09	0.00	7.79
13	白云石	1.9	1.00	0.00	0.09	0.00	31.11	21.72	0.00	0.00	46.08
14	合计	100	—								

5.4.2.4 热稳定性的调整

产品的热稳定性十分重要，对产品在寒冷地区使用时的影响更大。热稳定性和烧成工艺、产品造型密切相关，在配方上要尽量提供一个较宽热稳定性范围。

提高配方中的 Al_2O_3 的配比，会提高瓷体的热稳定性，还有一些方法可提高产品热稳定性，如加入煅烧高岭土，加入废瓷粉，引入含锂氧化物的原料，调整碱金属与碱土金属的比例，调整钾钠之间的比例等。这些方法的最终目的是增加瓷体中莫来石的含量，调整坯釉结合性能，从而增大瓷坯的韧性。

在日常配方维护中，要定期检测坯体的热膨胀系数和化学成分，波动大时，进行必要的配方调整。

配方调整后相关试验及检测需要在同一条件下（烧成位置、时间等）进行，避免环境因素造成的对结果的误判。

5.4.2.5 屈服值的调整

生产管理中，水玻璃类添加剂的变化、泥浆浓度的变化、泥浆颗粒度的变化、泥浆温度的变化、球磨时间及配料精度的变化，甚至配方使用的水质的变化，都有可能带来泥浆流动性变化，在调整、稳定 v_{30} 的基础上，泥浆屈服值就会出现数值上的波动，一般有经验的技术人员可以在加工过程中予以控制。而由于原料性能变化带来的泥浆屈服值的波动，就需要管理配方的技术人员从配方上予以调整。

首先从原料入厂检验的数据上发现出现变化的原料，可采用以下方法调整。

① 进行对比试验，在生产配方中对比现用批次原料，确认该变化的真实性以及产生的影响。

② 确定配料时水玻璃类添加剂的调整用量。

③ 使用库存原料或购进新批次原料，减少该批次原料的使用量。

④ 如还不能解决问题，利用基本调和试验的数据，找出可以中和该原料屈服值波动的方案，试验调整配方。一般而言，使用高岭土与球土之间的变化组合，配合水玻璃类添加剂的调整，可以最终解决屈服值的波动问题。

5.4.2.6 釉面质量的调整

产品釉面质量的改变往往与坯体有很大关系，为此在配方设计，尤其是配方维护中要着重考虑。在配方设计时，选择原料要有讲究，每种设计入配方的原料，要试验其砖面效果，即将单种料磨细，注砖，施釉，烧成，观察单双面釉表面是否合格。

在日常维护时，这种釉面质量测试是入厂试验中不可或缺的重点项目。当单种原料的釉面质量下降时，需及时对其配方占比进行调整，避免其对成瓷釉面带来不良影响，对原料供方进行查核确认，确认问题发生原因，及时改进。

5.4.2.7 吸浆速率的调整

根据成形工艺的要求，根据产品的特点，选择合适的吸浆速率。一般来说，要提高吸浆速率，在配方中可提高瘠性原料的加入量。日常工作中，稳定吸浆速率要严格控制入厂原料品质，做好单品种料入厂试验的管理工作。发现原料品质波动及时与供应方沟通，并适当调整配方。在配方维护性调整时，一般采取同类原料（软质类、半软质类、硬质类）之间比例调整的方法。

利用基本调和试验数据，稳定其他性能条件，可以动态调整吸浆速率，其基本方法如下。

① 在同类原料中，找到吸浆速率差异明显的两种或几种原料，在不影响其他性能的前提下，按吸浆速率添加不同的原料进行调整，如：高岭土 A 与高岭土 B 的同比例调整。

② 不同类原料之间，找到高吸浆速率原料配合高可塑性原料组合替代半塑性原料的配方调整方法，可以较大幅度调整吸浆速率。

使用上述第一种方法，经过多次生产验证后，可以确定吸浆速率高低的两种配方，以备调整吸浆速率时使用。生产中，根据泥浆性能数据的推移图，针对连续几日出现的吸浆速率偏高的情况，直接投产低吸浆速率配方，相反，可以投产高吸浆速率配方，实现配方在吸浆速率上的日常调整。

5.4.3 季节变化的对策

季节的变化对泥浆的成形使用性能有较大的影响，在季节的交替过渡阶段可先通过泥浆性能的调整满足成型的要求，同时在配方上进行微调来满足成形性能。一般情况下，从春季转夏季及秋季转冬季的时候会对泥浆配方进行适应性调整。春季转夏季，现场环境低温高湿逐步向高温低湿环境转变，同配方的性能会出现较大差异，生产现场的吸浆速率、坯体收水性都会有相应的提升，这时可适当降低吸浆快的原料配比，增加吸浆速率慢且保水性能好的原料。

举例，某厂由春季转入夏季时的配方调整，其初始配方见表 5-47。

表 5-47 某厂初始配方

序号	名称	配比/%	序号	名称	配比/%
1	南安土	10	8	星子土	6.5
2	永春土	9.5	9	黑泥	8.6
3	厦门土	9.5	10	德化长石	6.5
4	漳州土	8	11	龙岩长石	7.5
5	永春瓷土	6	12	安徽瓷石	7
6	大田瓷土	12.6	13	白云石	2
7	浙江瓷石	6.3	14	合计	100

调整后配方见表 5-48。

表 5-48 调整后配方

序号	名称	配比/%	序号	名称	配比/%
1	南安土	10	8	星子土	6.5
2	永春土	9.5	9	黑泥	9.1
3	厦门土	9	10	德化长石	6.5
4	漳州土	8	11	龙岩长石	7.5
5	永春瓷土	6	12	安徽瓷石	7
6	大田瓷土	12.6	13	白云石	2
7	浙江瓷石	6.3	14	合计	100

该配方通过调整高岭土（厦门土）及黑泥的量来调整泥浆的吸浆速率及收水性，与季节性的变化相匹配，避免泥浆整体因吃浆快、收水快带来的一系列成形缺陷。

5.5 釉料配方的基本要求

当前，卫生陶瓷生产中几乎全部使用锆乳浊釉，因此本书主要介绍锆乳浊釉。

卫生陶瓷产品的表面一定要施釉。釉是熔着在坯体表面的一层类似玻璃体的薄膜，其物理、化学性能类同于玻璃。

施釉是卫生陶瓷产品使用功能的需要，也具有装饰效果，增强了卫生陶瓷产品的美观。对卫生陶瓷釉料配方的基本要求主要来自以下几个方面。

5.5.1 使用功能的要求

卫生陶瓷在使用中，几乎每天其釉面要接触人体排出的污物，还要经受刷洗工具和清洁剂的刷洗，有时还要受到热水的冲击。这就要求卫生陶瓷表面的这层釉不吸水，不透水；具有一定厚度，表面平滑，不易黏结污垢；具有一定硬度和耐磨性、耐化学腐蚀性、耐热冲击性能；釉面可以遮盖坯体的颜色，釉色均匀、莹润、美观；可以长期使用并保持良好状态，釉面不会开裂或剥落。

5.5.2 卫生陶瓷质量标准的要求

卫生陶瓷国家标准《卫生陶瓷》（GB 6952—2015）对卫生陶瓷釉的质量提出了以下的要求。

（1）釉面 除安装面（不包括炻陶质水箱）及下列所述外，所有裸露面和坐便器及蹲便器的排污管道内壁都应有釉层覆盖；釉面应与陶瓷坯体完美结合。

① 坐便器和蹲便器：瓷质便器水箱背部和底部、瓷质水箱盖底部和后部、瓷质水箱的内部、蹲便器安装后排污水道外隐蔽面部分。

② 洗面器：洗面器后边靠墙部分、溢流孔后部、台上盆底部、洗面器角位和立柱后部。

③ 净身器和洗手盆：正常位非可见区域及隐蔽面。

④ 其他用于防止产品烧成变形的位于非可见面区域的支撑部件。

（2）外观缺陷 国家标准对釉面的波纹有一定要求，对缩釉和缺釉要求很严，洗净面及可见面为不准许。

（3）色差 一件产品或配套产品之间应无明显色差。

（4）抗裂性 经抗裂试验应无釉裂无坯裂。

抗裂性实际上是要求坯釉结合性能好，能耐温度变化的冲击。

便器的排污管内部虽然目视看不到，但为了提高排污功能也要求排污管道内表面有釉。

此国家标准对产品表面的釉层的厚度没有规定，对釉的颜色的波动范围也没有规定，这两个要求很重要，应当在生产厂的"企业标准"中作出明确规定。

5.5.3 生产工艺的要求

釉料配方在生产中的工艺流程是：将原料按配方比例称重混合后放入球磨机中，加入一定数量的水和一定数量的电解质进行磨制，在细度达到要求后将釉浆从球磨机中放出，经过筛除铁后存放于釉浆容器中，对釉浆性能进行调制后送到施釉工序施釉，施釉是用喷枪将釉浆喷在干燥坯体的表面上，施釉后的坯体进入窑炉中烧成，即生坯和釉同时只进行一次烧成。生产工艺要求釉料配方具有一定的化学稳定性、良好的釉浆性能和烧成性能，从而保证生产出合格的釉面，同时保持稳定的生产性能和较高的生产合格率。

5.5.3.1 化学成分的要求

锆乳浊釉是一种白色乳浊釉（俗称乳白釉），组成中引入 $ZrSiO_4$（原料名称：硅酸锆、细磨锆英砂）作为乳浊相成分，同时引入锌等辅助乳浊成分，能使入射光发生散射，从而遮盖坯体原有色调，形成外观呈白色的有光釉。锆乳浊釉主要化学成分是：氧化硅、氧化铝、氧化钙、氧化镁、氧化钾、氧化钠、氧化锌、氧化锆，还有含量极少、以杂质带入的氧化铁和氧化钛。釉料配方中，这些化学成分由天然矿物和工业矿物产品带入，需要注意的是，由于釉料配方要加水制成釉浆使用，所以尽可能不使用水溶性的原料。

各化学成分在釉中的作用和所使用的矿物如下。

（1）氧化硅 在釉中的作用：

① 提高熔融温度或耐火度；

② 减少熔融物流动性，增大黏度；

③ 降低热膨胀系数；

④ 增大釉的硬度和强度。

常用矿物：石英、硅石、长石等。

（2）氧化铝 含有适量的氧化铝成分是卫生陶瓷釉区别于玻璃的最显著的标志。它在釉中可显著增加高温黏性。含量过多或过少，都会使釉面失去光泽。

常用矿物：工业氧化铝、高岭土、黏土、长石、蜡石等。

（3）氧化钙 氧化钙能增加釉硬度和加强耐磨性，增加釉抗风化、抗水化、抗化学腐蚀能力，比碱金属更能增大抗拉强度，降低热膨胀系数，防止釉裂发生。氧化钙含量过多时会析晶，使釉面失光。

常用矿物：方解石、石灰石、碳酸钙、磷酸钙、硅灰石、氟化钙、萤石、氯化钙。

（4）氧化镁 氧化镁在釉中对机械性能影响类似碱金属。但在低温釉中难熔，过多易出现无光，它能增大釉的表面张力。

常用矿物：白云石、滑石、碳酸镁。

（5）氧化钾 氧化钾与氧化钠性质相似，熔融范围要更宽，助熔能力略弱。在配方中，氧化钾占碱金属总量的比例不低于50%为好。

常用矿物：钾长石、碳酸钾、硝酸钾。

注意：用于釉料的碱金属类化合物，如氧化钠、氧化钾（有些有配方中有氧化锂），是强熔剂，能提高釉流动性，提高光亮度。但同时它们又影响釉的机械性能、抗水化性能，所以，用量要适度。

（6）氧化钠 氧化钠在碱金属中膨胀系数最大，能起到降低抗折强度和弹性模数的作用。在卫生瓷釉中，折合成 Na_2O 量，其在碱金属中物质的量百分数不高于30%为好。

常用矿物：钠长石、玻璃粉、硼砂、碳酸钠、硝酸钠、冰晶石。

（7）氧化锌 氧化锌具有助熔作用，可使釉面光亮，有乳浊性，增加釉高温黏性，使釉易于展开。它与其他碱性化合物相比，可增大釉弹性模数，降低热膨胀系数、增大釉强度、增大抗水化、抗化学腐蚀能力。过量时，会析晶、无光。

常用矿物：工业氧化锌，使用前必须煅烧，减少釉收缩，减少釉秃和针孔的缺陷。

（8）氧化锆 氧化锆生成白色乳浊釉，大大提高釉面白度；不仅有很好的乳浊遮盖能力，同时还能增大釉面抗龟裂能力，提高釉的硬度和耐磨性。

常用矿物：硅酸锆（也称细磨锆英砂）。

（9）其他 其他可供选用的氧化物还有以下两种。

① 氧化锂：它与氧化钾、氧化钠有相似作用。但同样质量分数的情况下，能降低釉的热膨胀率，降低高温黏性，降低烧成温度，增强风化能力。

常用矿物：锂云母、锂辉石、透锂长石、氟化锂等。

② 磷的化合物：它在釉中可降低高温黏度，有一定的乳浊作用，过多则易发生釉秃、针孔、无光的缺陷。

常用矿物：骨灰、磷灰石。

可以看出，许多矿物同时含有两种或三种氧化物。

5.5.3.2 釉浆性能的要求

卫生陶瓷生产工艺对釉浆性能比较特殊的要求是浓度、流动性、悬浮性、抗折强度、保水性、防腐性。

卫生陶瓷生产中一般采用喷釉工艺进行施釉，喷釉工艺是利用压缩空气将釉浆通过喷枪或喷釉机喷成雾状，使之黏附于坯体上。喷釉的釉浆要求釉浆浓度比较高，以减少施釉时带入坯体的水分，同时具有较好的流动性，以适应喷釉工艺的要求，因此，釉料配方中要加入适量的解胶剂，同时选择原料时要避免使用易絮凝或不易解胶的材料及工艺，如过量的膨润土，过量的纤维素，以及过量的超细原料等。

生产中要求釉浆的具有良好的悬浮性，使得釉浆在存放一定时间后不会产生沉淀现象。由于釉料配方中瘠性原料占的比重很大，因此，釉料配方中要加入适量的悬浮剂，常使用水洗高岭土或羟甲基纤维素（简称CMC）。

由于卫生陶瓷坯体表面积大，凹凸多，施釉后的生釉层厚度较大，因此它在存放时容易发生开裂和剥离，所以，釉料配方中要加入提高生釉层抗折强度，以及提高与坯体表面黏接强度的黏合剂，常使用羟甲基纤维素（CMC）。

喷釉操作时，一般要喷2至3遍，这就要求喷完第一遍后，喷在坯体上的釉浆中的水分渗入坯体中的速率不要太快，当下次喷上釉时，可以很好地结合，即不会因水分过少形成夹层，使得最后的施釉面比较平整。当然，釉浆中的水分渗入坯体中的速率也不能太慢，防止流釉。釉浆中的水分渗入坯体中的性能称为保水性，一般釉浆的保水性都较差，常用羟甲基纤维素（CMC）作为保水剂提高保水性。

卫生陶瓷釉浆在使用前存放量较大，存放时间较长，在环境温度较高的条件下，尤其是夏季，容易出现发酵的现象，因此，卫生陶瓷釉浆往往需要加入防腐剂。

可以看出，羟甲基纤维素（CMC）同时具有悬浮剂、黏合剂、保水剂的作用，它还具有一定的稀释性能。

5.5.3.3　烧成性能的要求

由于卫生陶瓷的生釉和生坯同时一起烧成，烧成时，釉层覆盖于坯体表面，其熔融过程和熔体的性质会影响坯体的成瓷过程，通常要求釉具有较高的始熔温度，以保证坯体内的残余气体能顺利排出，从而避免釉层中产生釉泡和针孔的缺陷。此外，还要求釉的成熟温度范围与坯体的烧成温度匹配，使釉在坯体烧结温度下能够很好地铺展于坯体表面。

坯和釉的线性膨胀系数要相适应，一般要求釉的线性膨胀系数略小于坯体的线性系数，使烧成后的产品的釉层处于受压的状态，釉层不易开裂。

通常要求釉的弹性及抗张强度高一些，利于坯釉结合。

5.5.4　选择原料、辅料的要求

（1）质量优先的原则　生产中，与坯用原料相比，釉用原料所用的原料用量较少，大约相当于坯用原料的8%，但对产品的最终质量起着至关重要的作用，因此，在选择釉用原料、辅料时，需将质量放在第一位，优先考虑釉用原料品质及稳定性。

（2）使用标准化原料　自20世纪90年代开始，釉用原料逐步实现了原料的标准化，除了硅酸锆、工业氧化锌、工业氧化铝之外，天然原料也通过精选、破碎、细磨等加工，化学成分能够稳定，细度达到直接入球的要求。当前，釉用原料完全可以使用标准化原料。

（3）原料品种简洁化　由于釉用原料完全使用标准化原料，化学成分、细度等十分稳定，釉浆配方可以做到原料品种简洁化，原料品种不要过多，每种原料选一个进料来源，从而减少了原料方面的工作量。

（4）经济性的要求　虽然有质量优先的原则，也要考虑尽量降低釉用原料的成本。在原料价格相同的情况下，可以比较其有效成分的含量，比较相同添加量的情况下效果的差别，从而择优选用；尽量减少价格高的原料的添加量；尽量降低运输费用；有些釉用原料、辅料每个月的用量不大，加大一次采购量的数量，可以降低成本。

（5）安全环保的要求　注意不使用对人体有伤害、对环境产生污染的原料、辅料。

5.6　釉料配方的确定

卫生陶瓷釉配方的基本特点：以氧化硅、氧化铝、氧化钙、氧化镁、氧化钾、氧化钠、氧化锌为主要成分，以氧化锆为乳浊剂；釉料为生料釉，要制成釉浆，施与干燥后的坯体表面，然后进行烧成（即生坯和釉同时进行一次烧），如在隧道窑中烧成，最高烧成温度大约为1200℃（测温环温度），为氧化气氛，烧成时间一般不少于14h。

5.6.1　釉料配方的发展情况

（1）一般釉料配方的发展情况　我国的卫生陶瓷釉料配方自20世纪50年代到70年代为透明釉；60年代至70年代之间，出现过为生产出口产品使用的白色锡乳浊釉；80年代开始，出现了以硅酸锆为乳浊剂的白色乳浊釉，当时，由于硅酸锆粒度较粗，烧成后釉面平整度不好，又在配方中加入了磷的成分，釉面得到了改善，称为磷锆釉，从此，磷锆釉取代了透明釉和锡乳浊釉；以后，硅酸锆的粒度达到了要求，釉面平整度得到明显改善，就不再加入磷的成分了；90年代以后，锆乳浊釉逐步走向成熟。卫生陶瓷的釉料始终为生料釉；90年代中期开始，有的生产厂在釉料配方釉料中使用了少量的熔块，以改善釉面质量，以后这种做法得到了推广。

也有人做过在配方中用氧化钛部分或全部替代硅酸锆的试验工作，始终没有实现在生产中的应用。

（2）颜色釉的发展情况　20世纪70年代也出现了颜色釉，主要有黄色、蓝色、绿色，但生产量很少；90年代，由于引进生产线和合资企业的影响，除白色乳浊釉以外，大量生产了骨色、黄色、蓝色、绿色、粉红色、黑色等颜色釉，受到了市场的欢迎。到90年代末颜色釉逐渐退出市场，骨色釉的退出比其他颜色釉晚一些；到21世纪初，颜色釉基本停产，卫生陶瓷的釉色又回归到了白色；至今，一直是白色釉一统天下。

（3）透明釉简介　以石灰釉为主，其特征是烧成范围宽、弹性好、有刚硬感、透光性强、基本透明、不能遮盖坯体的颜色；所用原料价格低。

透明釉配方举例如下：

① 透明釉1：长石42%，石英27%，石灰石18%，苏州土5%，唐山碱石8%。

② 透明釉2：长石55%，石英19%，石灰石16%，苏州土6%，烧滑石4%。

透明釉的基本釉式为：

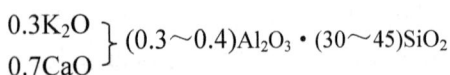

$$\left.\begin{array}{l} 0.3K_2O \\ 0.7CaO \end{array}\right\} (0.3\sim0.4)Al_2O_3 \cdot (30\sim45)SiO_2$$

（4）锡乳浊釉配方　锡乳浊釉配方举例如下：

① 配方1：长石46%，石英16%，石灰石15%，苏州土5%，烧苏州土5%，烧氧化锌3%，烧滑石6%，氧化锡7%。

② 配方2：长石35.7%，石英24.7%，石灰石14.7%，白云石5.1%，苏州土4.6%，氧化锌5%，碱石2.8%，氧化锡7.4%。

（5）磷锆釉（磷锆乳浊釉）配方　磷锆釉配方是在锆乳浊釉配方的基础上外加约5%的磷酸钙。90年代中期之后，逐步形成了行业中比较固定的锆乳浊釉配方体系，普遍的配方使用的原料为：石英、长石、方解石、白云石、滑石（烧）、氧化铝、氧化锌（烧）、高岭土、硅酸锆，有时加入少量熔块。

5.6.2　原料、辅料的准备

制定配方时首先要确定备选原料、辅料。原料、辅料可分为天然原料、工业矿物产品、熔块、添加剂（电解质）、天然衬石或高铝衬石（球磨内衬用）、天然球石或高铝球石（球磨内的研磨介质）、水（磨制釉浆用水）。其中水的供应比较简单，只要经过适当过滤的水都可以使用，要求掌握其成分，卫生陶瓷生产厂中的二次水不能用作磨制釉浆用水。

对选定的原料、辅料要制定试行的质量标准，经过较长时间使用后，可以制定正式的质量标准，这种质量标准要定期进行确认，根据需要进行调整。

由于釉用天然原料、工业矿物产品、熔块大多是标准化原料，因此，釉用原料的选用工作量比坯料的要小。

5.6.2.1　开发流程

要收集、开发可供选择的原料、辅料，其中有的是他人使用过的，有的是新发现的，可统称为原料、辅料的开发工作。开发工作要由近及远，从本地区做起，重点是把握其化学成分、物理化学性能、质量稳定性、价格、储量（产量）、运输条件等，再从中筛选最终可供使用的原料、辅料，每种原料、辅料要有两个产地，其中一个选为使用的产地，另一个作为备用。

原料、辅料资源的开发工作实际上是通过自身的努力完成去伪存真、去粗取精、由表及里地认识客观存在的原辅料本质的过程，通过判断决定取舍，这个工作可分为开发的前期工作和生产应用两个阶段。前期工作的流程同5.3.2.1中所示的坯体原料开发流程。

5.6.2.2　主要原料、辅料的选择

（1）常用原料的种类　由于行业中的坯料配方的化学成分、矿物含量、烧成温度的差别不大，因此，行业中的釉料配方形成了比较固定的配方体系（这部分将在5.6.3中叙述），原料选用也形成了比较固定的范围。普遍使用的原料为：石英、长石、方解石、白云石、滑石（烧）、硅灰石、工业氧化铝、工业氧化锌（烧）、高岭土等，乳浊剂为硅酸锆，有时加入少量熔块。

对原料的普遍要求有四点，一是有效成分越多越好；二是杂质越少越好，尤其是烧成后显现杂色的铁氧化物越少越好，含铁氧化物的量作为一项重要质量指标，可提出以下要求：石英 $Fe_2O_3 \leqslant 0.1\%$，长石 $Fe_2O_3 \leqslant 0.2\%$，高岭土 $Fe_2O_3 \leqslant 0.5\%$；三是对粒度（细度）的要求，

一般加工料要求细度在 200 目以上，石英、硅酸锆、工业氧化铝的细度直接影响釉面白度及平整度，因此要求入磨前更细，细度在 325 目以上为宜；四是对水分的要求，一般要求水分的含量尽可能少，且保持稳定。石英、长石等原料用湿法加工，除去水分比较费事，也可以使用非干燥料。具体的要求举例说明如下。

主要釉料原料的要求如下。

① 釉用长石。基本同坯用长石，在纯度及杂质的控制上要求更高，若矿山条件较好，且采矿管理控制能力强的话，坯、釉长石可以共用。在许多配方中，首选钾长石，由于其一般含有一定数量的氧化钠，当氧化钠含量不够时，再补充一小部分钠长石。南方一些生产厂的配方中只用钠长石。

举例，化学成分要求见表 5-49。

表 5-49　釉用长石化学成分的要求

项目	烧失量	SiO_2 含量	Al_2O_3 含量	K_2O 含量与 Na_2O 含量之和
釉用长石	0~1%	63%~66%	18%~22%	12%~15%

② 釉用石英。釉用的石英通常选用纯度较高的石英岩（脉石英）加工而成，除了在选矿时要剔除杂质外，还要防止在加工、运输过程中混入其他各种杂质，必要时可水洗处理石英矿物。釉用石英化学成分要求举例见表 5-50。

表 5-50　釉用石英化学成分要求举例

项目	SiO_2 含量	Fe_2O_3 含量	TiO_2 含量
釉用石英	≥98%	≤0.3%	≤0.2%

③ 方解石。方解石通常选用高纯的矿石加工而成，从外观看结晶程度及解理面的状况即可判断方解石矿的纯度高低。方解石化学成分要求举例见表 5-51。

表 5-51　方解石化学成分要求举例

项目	烧失量	CaO 含量	Fe_2O_3 含量	TiO_2 含量
方解石	42%~44%	52%~56%	≤0.3%	≤0.2%

④ 白云石。白云石通常选用高纯的矿石加工而成，选矿时要剔除矿床表层等杂质。白云石化学成分要求举例见表 5-52。

表 5-52　白云石化学成分要求举例

项目	烧失量	CaO 含量	MgO 含量
白云石	44%~47%	>29%	>20%

⑤ 氧化铝。通常选用工业煅烧氧化铝，粒度小于 $10\mu m$ 的部分应在 80% 以上，Al_2O_3 的含量应在 98% 以上。

⑥ 氧化锌。一般选用煅烧过的工业氧化锌，ZnO 纯度在 99% 以上，酸不溶物要求在 0.1%

以下，若酸不溶物过多，会造成釉面针孔的缺陷；如氧化锌未经过煅烧，生产使用前要煅烧，在 1100℃以上保温 2h 左右即可。

⑦ 滑石（烧）。由于滑石中有结构水，在高温时会影响釉面，所以，一定要经 1200℃高温预烧。SiO_2 含量在 45%以上，MgO 含量在 29.5%以上，CaO 与 MgO 含量之和大于 32%，铁、钛微量。由于是天然原料，成分不够稳定，已不多用。

⑧ 硅灰石。同样，由于硅灰石也是天然原料，成分不够稳定，一般不采用。若用，最好用前经过 1200℃高温煅烧。化学成分：SiO_2 大于 50%，CaO 与 MgO 含量之和大于 44%，烧失量小于 3.5%，铁、钛微量。

⑨ 高岭土。高岭土可作为悬浮剂使用。高岭土选择 pH 值在 6.5～8.8 之间，SiO_2 含量 45%～47%，Al_2O_3 含量 39%～41%的水洗产品。确保在釉浆中起到的悬浮性能，不宜使用煅烧高岭土。

⑩ 硅酸锆。硅酸锆作为乳浊剂被大量使用在浅色釉料中，可提供釉面较强的遮盖能力，通常要求 ZrO_2 的含量大于 64%，加工后小于 1μm 的颗粒含量在 65%以上，对产品的容重及铁、钛量进行监测控制，保证这些参数的稳定。同时还要求各批次呈色稳定，色差小，相同条件下 ΔE 值的差要小于 1.0。

⑪ 熔块。根据釉料配方的不同，各厂家会选择不同的熔块，一般就高档卫生陶瓷来说，除要求熔块有稳定的熔融性能，有调节釉面光泽及坯釉结合性的作用外，不宜含有 Pb、Ba 等对人体、环境有害的成分。

⑫ 色料。在乳白釉中，为了调节釉的颜色，一般选用蓝色，黄色两种色料，要耐 1230℃高温的高温色料。加入量控制在 0～0.1%之间。

技术要求如下。

① 呈色稳定，烧成范围宽；

② 各批次的呈色稳定，色差小，相同条件下，ΔE 值的差要小于 1.5，更严格时要求 ΔL、Δa、Δb 值的差分别要小于 0.5；

③ 多次重烧的色值变化要小。

生产管理的注意事项如下。

① 针对卫生陶瓷的实际生产工艺，最好要考察多次重烧后色料呈色的变化情况，呈色要控制在一定的范围内；

② 生产管理中，要分别对各种色料选定标准物样，设定 ΔL、Δa、Δb 的管理范围，进行过程控制，并记录每批次色料的使用情况。

（2）添加剂的选择

① 碳酸钠。作为解胶剂，与原料一并入磨。

② CMC。可提升釉浆的悬浮性，避免釉浆沉淀，同时 CMC 还起到保水剂和黏合剂的作用，可提高釉浆保水性和釉面强度，减少白坯釉面剥落及开裂现象。CMC 应有稳定的黏性，加水易调成溶胶，无残渣，可直接投入釉浆中搅拌使用。生产厂可根据各自的生产工艺特点，选用合适的 CMC。

③ 防腐剂。可选用食品用防腐剂，主要为维持釉浆性能稳定，抑制釉浆中微生物的生长繁殖，避免微生物对 CMC 的破坏而导致釉浆性能波动。

举例，某厂对部分添加剂质量的要求见表 5-53。

表 5-53 某厂对部分添加剂质量的要求

类别	质量控制要求
CMC	有防潮内包装，1%溶液黏性≥400Pa·s（旋转黏度计 3 号转子检测），同时与生产样对比其黏性值在生产样的 1±0.2 倍以内
防腐剂	桶装，有防污染措施，按 0.02%加入 1%浓度的 CMC 溶液中，连续检测三天，每天 CMC 溶液黏性衰减量≤15%

（3）研磨介质的选择　釉料的研磨设备与坯料研磨的相同，都是使用球磨机，但釉料粒度要求更细，同时釉浆质量要求更高，尽量避免球磨时掺入过多杂质，这就要求最好采用刚玉质或高铝质磨衬或瓷球。釉浆装载量是球磨机有效容积的 25%～35%。

5.6.2.3　原料的包装与运输

釉用原料的质量要求高，应采用袋装并确保防潮性能，工业氧化锌、工业氧化铝因粒度很细，选择包装材料时更要注意。原料入厂后，要采用封闭式储存，防止带入杂质，尤其是着色异物。

5.6.2.4　原料入厂检测及标准

原料入厂后需要进行入厂检测，来判定原料的质量是否正常，釉用原料比坯用原料的质量要求更为严格，原料经过检测合格后再投入生产使用，避免因原料质量波动而带来生产波动及产生大量的产品质量缺陷。

（1）釉用原料的一般检测项目为：水分、外观、烧成白度、釉面呈色、釉面烧成状态、熔长、化学成分。

① 水分。检测釉用原料水分，不超过 2%，更高要求不超过 1%，水分过大，称量时与检测值波动就会大，不容易精确把握配方。同时，釉料价格较高，最好使用干燥原料。水分检测方法可使用水分仪，也可使用干燥法检测。

② 外观。通过对原料外观白度进行检测，判定原料原矿矿位及质量是否出现波动。

③ 烧成白度。烧成白度反映原料的纯净度，同时影响着釉面的呈色效果。

④ 釉面呈色。对釉面色差进行检测，大多企业的控制标准为对比标准料其色差值 $\Delta E \leqslant 1$。

⑤ 釉面烧成状态。釉面烧成状态为对釉面煮肌、梨肌、波肌及光泽进行判定，首先需建立不同等级的釉面煮肌、梨肌、波肌及光泽标准砖，再对照判定新原料对应的等级是否在标准范围内。

⑥ 熔长。熔长反映的是原料对釉料高温流动性的影响，其标准一般控制在标准料±5mm以内。

⑦ 化学成分。化学成分为对原料的各类主要元素进行检测，其配比后影响整体化学成分配比，影响着最终的烧成状态。

（2）特殊检测项目

① 熔块。外观颜色、透明度以及异物判定，观察有无生料或熔制不均匀等现象；烧成呈色的判定，生产窑炉烧成后，比对烧后熔块的颜色、透明度；烧成后的试验釉在坯体表面

展开的判定，展开情况要适中，符合原始封样要求；试验釉的熔块的长宽比例要和样品相似。各数值要求稳定，数值各厂家自行设定。

② 硅酸锆。除常用检测项目外，还要增加比重计粒度检测，因为有时其超细颗粒会出现重聚现象，粒度仪测得的数据会失准；要用容重法（即单位容积内粉的质量）检测硅酸锆粉，确定其符合原始封样标准，以保证其物理性能；使用状态确认，用入厂料按配方制成釉，施釉于标准砖上烧成后釉面不能有煮肌（猪毛孔，较大）和梨肌（牛毛孔，较小）出现。

③ 氧化锌（煅烧）。煅烧程度确认，在生产窑炉中煅烧，与未烧的样品对比体积收缩程度，确认煅烧程度；酸不溶物检测，用一定量的盐酸溶解样品，酸不溶物应在 0.1% 以下。

（3）球石和衬石

① 球石。通过外观、相对密度、烧成呈色、抗冲击性能、磨耗来判定其质量。

② 衬石。通过外观、相对密度、烧成呈色、抗冲击性能、形状规准性、薄厚均匀性，通过球磨磨耗，判定其质量。

5.6.3 釉料配方的设计

釉料配方的制定与坯料配方的制定要考虑的着眼点不同，它主要考虑与坯体的适应性、外观美观性、耐磨性能及抗腐蚀性等功能。

5.6.3.1 掌握基础知识和基本情况

设计配方时，首先要掌握以下基础知识和基本情况。

① 要掌握卫生陶瓷生产的基础知识与相关的计算方法，了解国家标准的相关要求，如果有企业标准或其他规定，也要了解其特殊的要求。

② 收集国内、特别是本地区配方的资料，包括化学成分、矿物组成、泥浆性能的要求等，这具有重要的参考价值。

③ 了解使用釉料配方的生产工艺、设备及生产的产品（如产品品种、型号等）。

④ 生产中，釉料配方有许多方面要服从或配合坯料配方的工艺要求，所以必须了解坯料配方的化学成分、烧成制度、烧成收缩等数据。

5.6.3.2 设计釉料初始配方时可利用和参考的数据和经验

（1）确定前提条件 釉料配方设计初始配方时要确定一些前提条件，包括已经确定或基本确定了坯料配方，能够获得釉料配方试验所需的坯料泥浆；坯料的烧成制度，如烧成温度、烧成时间等；坯料的有关技术数据，如烧成范围、烧成收缩等。

（2）配方体系 由于行业中的坯料配方的化学成分、矿物含量、烧成温度、烧成时间的差别不大，因此，行业中的釉料配方形成了比较固定的配方体系。

① 锆乳浊釉配方化学成分大致范围如下。

化学成分的摩尔分数：RO_2，61%～65%；R_2O_3，5%～6%；$RO+R_2O$，30%～33%。

② 釉料配方化学成分组成。举例如表 5-54 所示。

表 5-54 釉料配方化学成分举例

项目	1号配方 质量分数/%	2号配方 质量分数/%
烧失量	13.36	7.50
SiO_2 含量	46.30	59.50
Al_2O_3 含量	7.05	8.00
Fe_2O_3 含量	0.05	0.15
TiO_2 含量	0.03	0.00
CaO 含量	15.10	11.00
MgO 含量	1.13	0.50
K_2O 含量	3.95	2.50
Na_2O 含量	0.86	1.00
ZnO 含量	5.07	3.00
ZrO_2 含量	7.10	6.50
合计	100.00	96.95

（3）一些经验、数据可供参考

① 使用一些原料、辅料的经验。

a. 使用硅灰石的釉，烧成时不容易产生脱釉缺陷。

b. 含熔块的釉，可以通过增减熔块的加入量快速调整釉的熔融性能。

c. 在一般釉厚（0.35~0.65mm）的情况下，坯体的颜色越深，硅酸锆的添加量应当越多，但在添加量过高时，易出现脱釉的缺陷。

d. 用白云石替代部分方解石时，釉在缓慢冷却时釉中会析出少量针状莫来石，可提高釉的热稳定性及防止吸污的缺陷。

e. 坯体差热分析及釉始熔点的关系：坯体原料排放气体的氧化阶段要求釉面尚未开始熔融，釉面处于多气孔开放状态，研究掌握坯体差热分析以及釉始熔点的具体数据，可以减少釉面出现气孔的缺陷。

f. 瓷石与高岭石对坯釉膨胀系数的调节作用：卫生陶瓷产品耐急冷性能出现问题，调节坯体原料中瓷石与高岭石的比率，可以达到较好的实际改善的效果。

g. 球衬石更换：品质优良的天然衬石、球石日趋减少，使用高铝质的衬石、球石的越来越多，衬石、球石的材质在配方设计时要优先确定，相应调整石英或氧化铝的配比是必要的一个步骤。

h. 熔块选用：一般生产厂对熔块成分不易测定，但对始熔点应有充分了解。试验配方时可以单独试验，确定 3%~5% 的一个外加配比，使用双面釉砖判定高低始熔点熔块对坯体的釉面气孔的影响，确定适宜的熔块。近年来发展起来的智洁釉类是使用熔块的典型釉配方实例，它将一些可以改善弹性模量、提高表面张力、调整始熔温度、高温黏性的氧化物预先加工成熔块，可以较高比率地使用在特殊釉面效果的配方中，这也给设计配方的技术人员提供了一个拓展性思路。

i. 悬浮剂选用：加入高岭土，釉浆易于悬浮，在研磨储存时容易操作。

j. 有不使用用高岭土而单纯采用 CMC 调制釉浆的实例，这时除了有稳定高效的 CMC 辅料外，与生产厂的施釉技术水平及习惯也有一定关系，如果技术条件达不到，设计配方时建议采用添加部分高岭土，配合使用 CMC。

② 部分原料、辅料的使用范围。如：高岭土约 5%，工业氧化铝约 5%，工业氧化锌（烧）约 5%，乳浊剂为细磨硅酸锆 8%～15%；熔块一般不超过 5%，也有用到 8% 的实例；解胶剂 0.12%；悬浮性 0.1%；黏合剂 0.15%；保水剂 0.015%； 防腐剂 0.01%。

5.6.3.3　设定有关的必要工艺参数和釉浆的性能、烧成性能项目和指标

（1）必要的工艺参数

① 烧成温度、烧成时间、烧成范围。一次烧成工艺，这些工艺参数要求与坯料相同，若坯料烧成范围较宽，釉的烧成温度也要较宽。由于烧成时间比较长，釉在烧成过程中，物理化学反应比较完全。低温快烧节能要求以及柔性生产体制的要求，是配方设定的前提条件。

② 烧成后釉层厚度。尽量使釉层厚度在允许情况下降下来，总釉用量会降很多。尽可能多用乳浊剂增强釉乳浊性，减少釉厚。当然要考虑对其他性质的影响。

③ 坯釉的热膨胀系数。

（2）釉浆的性能、烧成性能项目和指标

① 要预先设定釉浆的性能、烧成性能项目和指标，当然，这些指标可以随时调整。举例从表 5-55 中可以看出，釉浆的某些性能指标在冬季和夏季略有差别。

表 5-55　釉浆性能举例

项目	单位	冬（10 月—次年 3 月）	夏（4 月—9 月）
浓度	g/200mL	359.5±2	359.5±2
黏性	s/200mL	100±10	110±10
干燥速率	min/5mL	23±3	25±3
浸釉厚	mm	0.6±0.1	0.6±0.1
屈服值	dyn	15±4	15±4
釉温	℃	22±3	24±3
粒度	%（<10μm）	60±2	60±2

烧成性能要求如下。

釉的烧成熔长：60～100mm。

釉面煮肌、梨肌、波肌及光泽等釉面质量：釉面质量状态的判定，一般采用比对标准样板砖，进行等级判定的方法。标准样板砖为通过制作质量等级不一致的砖进行分级封样，一般分为四个等级，一级为最好，四级为最差。

② 性能指标变化产生的影响

浓度：浓度过高，往往造成釉浆黏性过高，雾化效果不好；过低时，釉浆中的水分过大，釉层附着效率下降，容易流釉。

黏性：黏性过高时，会造成釉面不平，釉面过厚，干燥速率过快。

干燥速率：干燥速率过快时，釉坯表面易产生气孔及白坯中包裹气泡，成瓷釉面易产生三明治釉；过慢时，施釉后釉坯不易干，流釉，影响施釉效率。

屈服值：屈服值过高，施釉时，釉浆在坯体表面展开困难，会造成釉面不平。

釉温：釉浆储存温度高，釉浆黏度变小，釉浆容易变质，釉浆性能变化大；温度低，各种性能有较大变化，施釉的釉面雾化效果不好。

釉浆粒度：粒度过细时，釉浆干燥收缩大，釉坯易产生小裂纹，烧成后易产生釉凸缺陷；粒度过粗时，烧后釉面粗糙、抗污能力弱。

釉的烧成熔长：熔长反馈釉料在烧成时的流动性。熔长短时，釉高温流动性差，釉面烧后不易流平，釉面易产生波纹；熔长过长时，会出现釉薄缺陷，易造成烧成中的流釉、堆釉，造成黏裂，甚至黏连垫板，造成损失。

5.6.3.4　设计初始配方的要点

设计初始配方时有以下几个要点。

（1）配方稳定性的要求　由于釉用原料、辅料都成分变化很小，因此，在配方使用原料、辅料的种类上可以做到尽量简单，见表5-56，这一点同泥浆（坯料）配方相反。

表 5-56　釉料配方举例

原料 厂家	石英 含量/%	长石 含量/%	方解石 含量/%	白云石 含量/%	滑石 含量/%	硅灰石 含量/%	氧化铝 含量/%	氧化锌 含量/%	高岭土 含量/%	钙石 含量/%	硅酸锆 含量/%	合计 /%
A厂	32	27	15	4	2.5		2	4	2.5		11	100
B厂	28	28	14.5	4		6	2.5	3	2.5	0	11.5	100
C厂	28	27	10	5	2.5	5	2	4	2.5	3	11	100
D厂	30	28	11	4		5	2	3.5	2	2.5	12	100

另外需要注意的是，釉用原料、辅料一旦选定就要稳定使用，不要轻易更换供应厂家和种类。因为有些原料、辅料的缺陷，在小型试检测中很难表现出来，如发生原料、辅料的替代时，一定要循序渐进，由少到多，当然，这一点在坯料配方中也应注意。

（2）釉与坯结合的要求　釉是施于干燥的坯体表面的，它要和坯体在烧成后很好地结合为一体。

① 影响釉面质量的因素。熔化的釉料能否在坯体表面铺展成平滑的优质釉面，与釉熔体的黏度、润湿性和表面张力有关。在烧成温度下，釉的黏度过小，则流动性过大，容易造成流釉、堆釉缺陷；釉的黏度过大，则流动性差，易引起橘釉、针眼、釉面不光滑、光泽不好等缺陷。流动性适宜的釉料，不仅能填补坯体表面的一些凹坑，而且还有利于釉与坯体之间的相互作用，生成中间层。坯釉中间层可均衡坯釉间的热应力。发育良好的中间层可填满坯体表面的隙缝，减弱坯釉间的应力，增大制品的机械强度。

a. 釉熔体的黏度主要取决于其化学组成和烧成温度。碱金属氧化物对黏度降低的作用以Li_2O最大，其次是Na_2O，再次是K_2O；碱土金属氧化物CaO、MgO、BaO在高温下降低釉的黏度，而在低温中增加釉的黏度；Al_2O_3、SiO_2、ZrO_2都增加釉的黏度。结合坯体配方，合理调配熔剂氧化物的组合以及Al_2O_3、SiO_2之间的关系，对釉配方的确定有重要意义。

b. 釉的表面张力对釉的外观质量影响很大。表面张力过大，阻碍气体的排除和熔体的均化，在高温时对坯的湿润性不好，容易造成缩釉缺陷；表面张力过小，则易造成"流釉"（当釉的黏度也很小时，情况更严重），并使釉面小气孔破裂时形成针孔难以弥合，形成缺陷。当坯、釉与坯的热膨胀系数差别超出一定范围时，会造成釉层开裂或剥落的缺陷。

c. 具有较高弹性（即弹性模量较小）的釉能补偿坯、釉接触层中形变差别所产生的应力和机械作用所产生的应变，即使坯、釉热膨胀系数相差较大，釉层也不开裂、剥落。化学组成与热膨胀系数、弹性模量、抗张强度三者间的关系较复杂，难以同时满足这三方面的要求，应在考虑热膨胀系数的前提下使釉层抗张强度较高、弹性较好。

d. 另外，适宜的釉层厚有利于中间层形成，釉层过厚会相对减弱中间层的作用，易造成釉面开裂及其他缺陷，而釉层过薄易发生干釉现象。

② 检查和试验坯釉适应性的简易方法。

a. 用工具钢尖头锤轻击制品釉面，釉面破裂形成放射状裂纹，釉层中存在张应力，坯釉适应性不良；釉面裂纹呈同心圆状，则釉层处于压应力状态。

b. 用本坯泥浆成形坩埚，内装釉粉，随窑烧成。烧后坩埚内釉块层有裂纹，则该坯釉肯定不适应；釉块层不裂，则坯釉基本上匹配。

c. 用泥浆成形一开口环状坯体，在环状坯体内侧施釉，随窑烧成。烧成后环口闭合，坯釉不适应；环口外张、则坯釉基本适应。

以上方法仅供生产现场作坯釉适应性初步判断使用。检测坯釉适应性最好还是借助于仪器测定出坯釉应力、坯釉膨胀系数。

（3）坯和釉烧成温度的一致性　釉料的烧成温度要服从坯的烧成温度，设计釉料的配方时，首先要掌握它的烧成温度，不同烧成温度的釉料的配方举例见表5-57。

表 5-57　不同烧成温度的釉料的配方

原料\厂家	石英含量/%	长石含量/%	方解石含量/%	白云石含量/%	滑石含量/%	硅灰石含量/%	氧化铝含量/%	氧化锌含量/%	高岭土含量/%	钙石含量/%	硅酸锆含量/%	合计/%	烧成温度/℃
A厂	32	27	15	4	2.5		2		4	2.5	0	11	100	1195
B厂	28	28	14.5	4	0	6	2.5	3	2.5	0	11.5	100	1205
C厂	28	27	10	5	2.5	5	2	4	2.5	3	11	100	1198
D厂	30	28	11	4	0	5	2	3.5	2	2.5	12	100	1200

调整釉料配方烧成温度手段一般采用调整氧化物摩尔比方法，而不采取调整某个单种氧化物比例的方法。

调整酸性氧化物（RO_2）与碱性氧化物（$RO+R_2O$）的摩尔分数即可调整烧成温度。增大 $RO+R_2O$ 量会降低釉的烧成温度，减小 $RO+R_2O$ 量会提高釉的烧成温度。举例见表5-58。

表 5-58　调整烧成温度举例

原料\厂家	石英含量/%	长石含量/%	方解石含量/%	白云石含量/%	滑石含量/%	氧化铝含量/%	氧化锌含量/%	高岭土含量/%	硅酸锆含量/%	合计/%	熔长/mm	适宜温度/℃
调整前	32	27	15	4	2.5	2	4	2.5	11	100	70	1195
调整后	31	28	15	4	2.5	2	4.2	2.3	11	100	75	1190

有时也采用调整熔块加入量的方法调整釉料配方烧成温度（如引入硼熔块），举例见

表 5-59。

表 5-59 用调整熔块加入量的方法调整釉料配方烧成温度举例

原料\厂家	石英含量/%	长石含量/%	方解石含量/%	白云石含量/%	滑石含量/%	氧化铝含量/%	氧化锌含量/%	高岭土含量/%	硅酸锆含量/%	合计/%	外加熔块	熔长/（mm/4g）	适宜温度/℃
调整前	32	27	15	4	2.5	2	4	2.5	11	100	1.5	75	1195
调整后	32	27	15	4	2.5	2	4	2.5	11	100	1.0	70	1198

（4）釉的烧成范围（釉熔融温度范围）的要求　对于一个优良的配方，坯釉应具有较宽的烧成温度范围。釉的始熔温度是指釉的软化变形点，在高温显微镜下表现为试样棱角变圆时的温度。釉的全熔温度是指高温显微镜下试样变为半球状时的温度，此时釉充分熔化并且平铺在坯体表面，形成平整光滑的釉面，通常把釉的全熔温度作为生产中釉的烧成温度。

始熔温度至流动温度称为釉的熔融温度范围，始熔温度为釉的熔融温度下限，流动温度为熔融温度上限，卫生陶瓷釉的烧成温度范围应处于其熔融温度范围的前半段。

釉的熔融性质直接影响产品釉面质量。若始熔温度低，熔融范围过窄，则釉面容易出现气泡、针孔等缺陷，尤其是快速烧成制度下更容易出现这种现象，釉的熔融范围越宽，则釉的适应范围越宽。实际工作中，使用梯度炉直接观察釉面情况，对配方的确定更有意义。

釉的熔融温度范围主要与釉的化学组成、矿物组成、细度、混合均匀程度、烧成制度等有关。化学组成对釉熔融温度范围的影响主要取决于釉料中 SiO_2、Al_2O_3 和碱性组分的含量、配比及碱性组分的种类。其中熔剂的种类影响最大。熔剂性氧化物包括 Li_2O、Na_2O、K_2O、PbO、CaO、MgO、ZnO、BaO 等。助溶剂在瓷釉中的强弱顺序大致为：$Li_2O>Na_2O>K_2O>BaO>ZnO> CaO>MgO$。$SiO_2$ 含量越高，釉的始熔温度越高。Al_2O_3 的含量对釉的熔融温度和黏度影响很大，其含量增加将使釉的熔融温度和黏度增加。另外适当增加 K_2O 和 MgO 的含量可适当扩大釉的熔融温度范围。釉料细度与熔融温度也有关系，釉料颗粒越细其始熔温度越低。

（5）坯釉热膨胀系数互相匹配的要求　一般情况下，产品的釉层应处于受到坯体的压缩的状态，即釉的线热膨胀系数应小于坯膨胀系数。一般 $\alpha_坯-\alpha_釉=(10\pm2)\times10^{-7}/℃$ 为宜。否则容易出现剥釉、产品变形、龟裂、脱釉等缺陷。

釉的热膨胀系数与其组成密切相关。根据硅酸盐玻璃的通常特性，曾提出过多种根据釉的化学组成计算釉的热膨胀系数的计算公式及其各种氧化物对玻璃热膨胀贡献的因子系数。由于各种成分对釉的影响十分复杂，且釉与真正的玻璃在本质上有所不同，计算得出的热膨胀系数与实测值很难完全吻合。唯有通过热膨胀仪实际测定才能获得正确数值。

在条件相同情况下，采用同一公式、同一因子系数计算的热膨胀系数，可用来作为新拟定釉料热膨胀系数变化趋势的判断。几种釉的热膨胀系数实测值见表 5-60，表中某厂瓷坯平均线热膨胀系数与一般坯体的 a 相近[$a\approx(6\sim9)\times10^{-6}/℃$]，为了使产品有较好的耐急冷急热性，希望在相应的温度区间内釉的热膨胀系数略小于坯的热膨胀系数。显然表中透明釉和 19#釉热膨胀系数偏大。

表 5-60 几种釉的热膨胀系数

某厂卫生陶瓷坯		某厂透明釉		锆釉（19#）		锆釉（14#）	
温度区间/℃	$a/(\times10^{-6}/℃)$	温度区间/℃	$a/(\times10^{-6}/℃)$	温度区间/℃	$a/(\times10^{-6}/℃)$	温度区间/℃	$a/(\times10^{-6}/℃)$
16.5～100	4.33	17～100	5.43	17.5～100	5.27		
16.5～200	4.54	17～200	6.35	17.5～200	5.90		
16.5～300	5.34	17～300	7.28	17.5～300	6.22		
16.5～400	6.06	17～400	7.94	17.5～400	7.01		
16.5～500	6.87	17～500	8.71	17.5～500	7.55	15～500	5.38
16.5～600	9.09	17～600	10.55	17.5～600	8.80	15～600	5.92
16.5～700	8.24	17～700	9.99	17.5～700	8.54	15～700	5.94
16.5～800	7.43	17～800	9.46	17.5～800	8.58	15～800	6.25
16.5～900	6.75	17～900	9.04	17.5～900	7.95		

多采用调整化学成分方法对釉料的热膨胀系数进行调整。

① 调整 SiO_2 量。提高其含量会降低 $\alpha_{釉}$，反之会提高 $\alpha_{釉}$。

② 调整 Al_2O_3 量。提高其含量会提高 $\alpha_{釉}$，反之会降低 $\alpha_{釉}$。

③ 调整 B_2O_3 量。提高 B_2O_3 量会降低 $\alpha_{釉}$，反之会提高 $\alpha_{釉}$。

④ 调整碱性氧化物量。提高其含量会提高 $\alpha_{釉}$，反之会降低 $\alpha_{釉}$。

⑤ 调整釉的热膨胀性能和釉的弹性可以一起考虑，一般二者调整方向和手段相同。降低 $\alpha_{釉}$，釉的弹性会变小。另外，釉料烧成的程度对坯釉结合时釉所承受的压力也有很大的影响。

计算得出的热膨胀系数与实测值总有一定的差别，可以通过热膨胀仪实际测定获得准确的数值。

（6）釉的黏性与表面张力的要求　烧成过程中，釉面黏性、表面张力与湿润度（展开性）要适当，以获得扩展均匀、光滑、平整的良好釉面。避免出现波釉、针孔、橘釉、无光、釉泡、流釉、堆釉、牛毛孔、釉凹陷等缺陷。

釉料配方的化学组成和烧成温度、烧成气氛，对釉高温黏性与表面张力影响最大。釉料的化学组成与高温黏度之间关系很复杂，在生产中，常从以下几方面进行调整：

① 调整 K_2O、Na_2O 量，Na_2O 比 K_2O 容易降低釉黏性；

② 调整 $RO_2+R_2O_3$ 与 R_2O+RO 的整体摩尔分数比。

需注意的是，碱土金属氧化物与碱金属氧化物相比，可使釉烧范围变窄，但烧成制度控制得当，则釉张力变小，易于展开，从而获得光亮平整的釉面，波釉较少发生。

（7）防止釉面龟裂的要求　在釉料配方设计的工作中，出现釉面龟裂是常见的问题，防止釉面龟裂的措施如下。

① 釉料不变时，调整方法如下：

a．减少坯料中高岭土用量，增加可塑黏土用量；

b．减小坯料中可塑黏土，增加石英含量；

c．降低坯料中长石含量；

d．用极细的石英粉代替粗石英；

e．降低坯料的烧结温度。

② 坯体不变时，调整方法如下：

a. 提高釉中 SiO_2 含量，降低溶剂含量，必要时同时提高釉中 SiO_2 和 Al_2O_3 含量；

b. 熔剂成分中，以摩尔质量小的成分代替摩尔质量最大的成分；

c. 有条件时，可引入 B_2O_3 或代替部分 SiO_2。

（8）釉面硬度的要求　釉面应有一定硬度和耐磨性，以满足使用要求。釉面的莫氏硬度要大于 6。总体上说，熔融温度较高的釉、熔融长度较短的釉、乳浊度高的釉的硬度和耐磨性较好。耐磨性的检测方法和所用仪器有待统一和标准化。

（9）化学稳定性的要求　一般地说，烧成的温度越高，其化学稳定性越好。在化学组成上，氧化硼的加入（B_2O_3）取代部分碱金属氧化物，是常用的提高化学稳定性的手段之一，可在配方中加入少量硼熔块釉。

人们还常采用碱土金属氧化物取代部分碱金属氧化物或者用氧化钾取代部分氧化钠的方法，提高化学稳定性。

5.6.3.5　设计初始配方的方法

各工厂可以根据各自的要求、生产条件、管理能力等选择适合自己的配方。

一般通过计算设计初始配方。在坯料烧成制度、收缩等确定后，根据坯料化学组成，来确定釉的化学组成，根据坯体烧成性能要求得出釉的化学成分范围，进行配方计算。举例，坯料化学组成（摩尔分数）举例见表 5-61。

表 5-61　坯料化学组成（摩尔分数）举例

项目	烧失量	SiO_2 含量	Al_2O_3 含量	TiO_2 含量	Fe_2O_3 含量	CaO 含量	MgO 含量	K_2O 含量	Na_2O 含量	合计
质量分数/%	8.29	61.81	23.19	0.20	1.05	0.98	0.65	3.28	0.50	99.9
无烧失/%	0	67.398	25.28	0.214	1.14	1.07	0.70	3.58	0.55	99.9
摩尔分数/%	0	76.67	16.96	0.18	0.49	1.30	1.19	2.60	0.60	100.0

算出其最佳烧成温度为 1210℃，利用计算机算出釉料化学成分，逐项满足化学成分，最终形成配方。

也有一种从经验配方开始的设计初始配方的方法，在确定了已知坯料配方的基础上，收集与坯料配方相近的坯料配方所使用的釉料配方的实例，计算出其化学成分，然后以此化学成分为目标，按照自己选择的釉用原料计算出釉料配方，以它为初始配方进入配方的试验阶段，再不断地调整。

5.6.3.6　配方的试验

配方的设计与调整工作是一个设计与调整，试验，再设计与调整，再试验的过程。设计的配方性能与釉的实际性能经常出现较大的差别，充分利用各种测试设备，研究配方的始熔点、膨胀系数、高温流动性、表面张力等性能，在试验中不断调整，认真研究、分析，积累大量的数据，可以尽快地达到目标，也为配方在生产使用中的调整积累了经验。

配方的试验工作可分为三个阶段：试验室阶段的小型试验、试验室阶段的中型试验和生产性的大型试验。配方投入生产后，初期可称为试生产阶段。配方的试验工作之所以分为三个阶段是为了逐步、分层认识相关事物的本质，也是为了在较短的时间内，以较小的人力、物力取得最大成果。

如果是生产过程中对釉料配方进行较大的调整，可参考其内容进行试验工作。

釉料配方试验时要使用由已确定的坯料配方的泥浆注浆成的样片或产品（坯体），主要是鉴定釉料配方在坯体上施釉状态下的表现。

釉料配方试验的操作步骤、试验内容和坯料配方试验相似，试验所用的釉浆量大约是泥浆的十分之一。试验中所用的坯料由已确定的坯料配方制作。

（1）小型试验

试验地点：试验室。

参加人员：试验室人员。

釉浆制作使用量：1～10kg。

试验内容：按配方制作釉浆，调整釉浆性能，在砖的试样表面施釉，烧成。砖的试样上的试验合格后，在小型产品上施釉，烧成产品施釉数量为3至5件。小型试验可根据需要重复多次，在釉浆性能及试样、小件产品的釉面达到要求后，即告结束。

测试项目：釉浆性能，熔长、热膨胀系数、抗裂性、施釉砖质量判定，施釉小型产品质量判定。

试验目的：验证配方中选用的原料、辅料是否正确，设计各项性能指标是否合理。

试验报告内容：参考5.3.3.1中坯料配方小型试验试验报告的内容。

（2）中型试验

试验地点：试验室、生产现场。

参加人员：试验室人员、生产人员。

釉浆制作使用量：50～100kg。

试验内容：按配方制作釉浆，调整釉浆性能，在砖的试样表面施釉，烧成。砖的试样上的试验合格后，在大型产品上施釉、烧成，产品施釉数量为几十件。在釉浆性能及施釉产品的缺陷指标和合格率达到要求后，试验即告结束。

测试项目：釉浆性能、熔长、热膨胀系数、抗裂性、施釉砖质量判定，施釉大型产品质量判定，产品缺陷分析，合格率的统计。

试验目的：验证配方的各项性能指标，把握产品缺陷，了解施釉产品的合格率，初步确定相关生产工艺参数。

试验报告与评价：参考5.3.3.2中坯料配方中型试验试验报告与评价的内容。

（3）大型试验　是配方投产前的最后试验。

试验地点：生产现场。

参加人员：生产人员、试验室人员。试验由生产现场人员和试验人员合作进行，生产现场人员承担全部现场作业工作，试验人员承担相应辅助及测试工作。

釉浆制作使用量：2.5～10t。

试验内容：试验在生产现场进行，全部采用生产中的设备、设施，试验流程完全与设定的生产流程相同。使用生产设备按配方制作釉浆，调整釉浆性能，在各类产品上施釉、烧成，产品施釉数量为数百件。验证釉浆性能，烧成性能。在釉浆性能及施釉产品的缺陷指标和合格率达到要求后，试验即告结束。

测试项目：釉浆性能、熔长、热膨胀系数、抗裂性、施釉产品质量判定，产品缺陷分析，合格率的统计。验证和调整相关生产工艺参数。

试验目的：确定配方的各项性能指标，最终确定配方。把握产品缺陷，初步确定施釉产品的合格率，验证原料辅料质量的稳定性，验证制釉、施釉、釉坯烧成等生产工序的稳定性，确定相关生产工艺参数。

试验报告与评价：参考 5.3.3.3 中坯料配方大型试验试验报告与评价的内容。按评价意见确定下一步的工作。获得原则肯定，则安排下一阶段的配方投产工作。

5.6.4 配方参考实例

以下为配方举例。

① 简单型的配方举例见表 5-62。

表 5-62 简单型的配方举例

化学成分	长石含量/%	石英含量/%	氧化铝含量/%	方解石含量/%	白云石含量/%	氧化锌含量/%	硅酸锆含量/%	合计/%
1 号配方	39.45	21.30	0.00	28.21	5.60	5.89	12.00	112.50
2 号配方	35.08	18.94	0.00	25.09	4.98	5.24	10.67	100.00

② 含硅灰石的配方举例见表 5-63。

表 5-63 含硅灰石的配方举例

化学成分	长石含量/%	石英含量/%	氧化铝含量/%	方解石含量/%	白云石含量/%	氧化锌含量/%	硅灰石含量/%	硅酸锆含量/%	合计/%
1 号配方	34.45	21.30	0.00	15.00	5.60	5.89	5.80	12.00	100.00
2 号配方	34.44	21.29	0.00	14.99	5.60	5.89	5.80	12.00	100.00

③ 含高岭土的配方举例见表 5-64。

表 5-64 含高岭土的配方举例

化学成分	长石含量/%	石英含量/%	氧化铝含量/%	方解石含量/%	白云石含量/%	氧化锌含量/%	高岭土含量/%	硅酸锆含量/%	合计/%
1 号配方	32.50	21.30	2.20	15.50	5.60	5.89	5.00	12.00	100.00
2 号配方	32.50	21.30	2.20	15.50	5.60	5.89	5.00	12.00	100.00

④ 加熔块的配方举例见表 5-65。

表 5-65 加熔块的配方举例

化学成分	长石含量/%	石英含量/%	氧化铝含量/%	方解石含量/%	白云石含量/%	氧化锌含量/%	高岭土含量/%	硅酸锆含量/%	合计/%	熔块/%
1 号配方	39.45	21.30	0.00	28.21	5.60	5.89	2.50	12.73	115.70	1.50
2 号配方	34.10	18.41	0.00	24.39	4.84	5.09	2.16	11.00	100.00	1.50

⑤ 混合型的配方举例见表 5-66。

表 5-66 混合型的配方举例

化学成分	长石含量/%	石英含量/%	氧化铝含量/%	方解石含量/%	白云石含量/%	氧化锌含量/%	硅灰石含量/%	高岭土含量/%	硅酸锆含量/%	合计/%	熔块/%
配方	26.60	23.10	2.50	15.00	5.60	5.89	5.80	3.50	12.00	100.00	1.50

5.7 釉料配方的维护与升级换代

5.7.1 釉料配方的维护

釉料配方的质量的要点应当在配方的设计阶段解决，釉料配方在生产中不允许出现这些内容的问题，因为一旦出现，将给生产全局造成很大的损失，在确保不出现这一类问题的基础上，釉料配方在生产中的维护主要有以下内容。

（1）原料变化的调整

① 化学成分变化的调整。定期（每月，每周）对生产釉进行化学分析，出现变化就要调整。利用摩尔配比满足法，推导出需调整的料种的质量百分配比。

② 矿物种类变化的调整。例如，如石英料中混入了长石，就要减少长石的配比量。

③ 研磨前颗粒径变化的调整。例如，当石英颗粒入磨变粗时，长石、硅灰石、方解石、白云石等颗粒也要调粗，且根据硬度的变小，粒径调粗的幅度还要大，以满足颗粒级配的要求。

④ 料种硬度变化的调整。如正长石变成了斜长石，入磨粒度应变细，以满足颗粒级配的要求。

（2）制釉工艺变化的调整

① 入磨前矿石加工设备变化的调整。例如，3t 磨改用 5t 磨，要进行配方调整，以满足化学成分要求。

② 研磨体内衬石变化的调整。例如，硅石衬、球换成了高铝的衬、球时，需调整配方，以满足化学成分和颗粒级配。

（3）电解质、悬浮剂的调整

① 电解质的调整。出磨时如釉浆性能发生异常，要调整配方中电解质的加入量或种类。

② 悬浮剂的调整。有些工厂会在磨中加入少量高岭土、膨润土、CMC 等作为悬浮剂，如果出现出磨时泥浆性能难以调整的情况，就要调整配方中悬浮剂的种类或使用量。

（4）生坯与釉浆不匹配的调整　生坯与釉浆不匹配时可通过调整釉浆粒度及电解质来改善，使釉面平整与坯体结合牢固。釉料中可适当添加稀释剂、黏结剂、保水剂、解胶剂，有时为保证釉浆性能稳定性，会加入防腐剂及消泡剂，最常用的添加剂有羟甲基纤维素钠及解胶剂。

（5）釉色差的调整　釉出现色差，可以在釉中加入色料进行调整。色差调整是指白釉中出现的微小色差的调整，一般在配方中引入微量钴蓝或钒蓝，添加量约为 0.05%，通过调整其加入量，调整釉中出现的微小色差。

欧美系白釉一般带黄色调，日系白釉带蓝色调。

5.7.2 釉料配方的升级换代

釉料配方也在不断地升级换代，主要有以下表现。

（1）抗污釉　传统乳浊釉在高倍显微镜下可以看到釉面粗糙，凹凸不平，微小颗粒容易嵌入其中，导致产品使用一段时间后会出现结污、釉面发黄的现象。造成釉面不平整的原因主要是釉的表面存在大颗粒的残留石英颗粒及部分锆粒子。经过大量实验，发现通过加细的粒度，使 10μm 粒度以下达到 80%时，能够部分改善釉面结污现象；或者通过加细处理石英颗粒、硅酸锆也能部分改善釉面抗污。以智洁釉（行业惯称）为代表的抗污釉能够有效改善釉面吸污，它是在原有釉的基础上再施一层透明釉，釉面更加平整光滑，能够明显改善产品釉面抗污能力。

（2）抗菌性　随着生活水平的不断提高，人们对卫生洁具产品有了更高的要求，抗菌性能作为一项重要指标而受关注。传统抗菌剂有 Ti、Ag、Zn 等金属离子，抗菌釉按制作工艺分大致分为三类。

① 在普通釉配方中直接添加抗菌剂制成抗菌釉，该抗菌釉从外观上跟一般普通瓷釉无明显差别。但该釉防污效果差，污渍容易吸附；且抗菌剂加入普通釉中，加入量大，成本较高。

② 在陶瓷釉面上涂覆一层金属氧化物涂层制成抗菌釉，该釉层有杀菌防霉功能。但该釉面是后期涂覆涂层，釉面结合性较差，长期使用后杀菌性能降低。

③ 较为理想的是在普通釉层表面喷涂一层添加抗菌离子釉，该釉层既有抗菌功能，又能改善釉面吸污现象。由于该釉层与基础釉一样经过一次高温烧成，釉面结合性好，长期使用不易脱落，抗菌持久性较好。

（3）性能的提高

① 提高光洁性。提高釉面持久光洁能力，需要提高表面光滑度，使釉面更容易被水清洗。一般采用降低釉中的晶体含量、提高玻璃体含量的方法提高光洁性。

② 提高持久性。卫生陶瓷使用时要接触酸性、碱性的物质，要尽量提高釉的抗腐蚀和化学稳定性，可以考虑在釉中加入特殊加工处理的提高化学稳定性的材料。

③ 综合抗菌清洁技术。由于卫生陶瓷在长久使用后，釉面会出现肉眼不易观察到的水渍层，虽然产品的抗菌功能还在，但隔了一个水渍层，表面的细菌照样滋生繁殖，对于人体的健康不利，釉面也达不到清洁如新的效果。针对该釉面的缺陷，业内研究者在普通釉面上再喷涂一层高平滑釉面，解决了釉面微观结构上的凹凸缺陷，并继续使用银离子抗菌技术。这种釉面同时具有超亲水功能，在超平滑、超亲水、长效抗菌的三大技术共同作用下，釉面在长期使用中可以保持自清洁健康功能。

（4）艺术釉　卫生陶瓷釉的表面不断追求个性化、艺术化，一些日用瓷和艺术瓷上采用的釉的品种和装饰方法也被不断地借鉴，如各种单色釉、多色釉、贴花花色釉、金属釉、釉下彩绘釉、釉上彩绘釉，以及金、铂、钯、银等贵金属装饰的釉，还有结晶釉、沙金釉、裂纹釉、无光釉、照片装饰釉、流动釉等。

附　　录

附录1　我国陶瓷工业常用黏土的化学组成

产地名称	化学组成/%										
	SiO$_2$	Al$_2$O$_3$	Fe$_2$O$_3$	TiO$_2$	MnO	CaO	MgO	K$_2$O	Na$_2$O	烧失量	总量
高岭石类											
江西明砂高岭土(精泥)	47.69	36.01	0.99	0.04	0.14	0.40	0.25	2.51	0.95	11.12	100.10
江西马鞍山碱石	44.23	38.29	0.72	2.38	痕迹	痕迹	0.26	0.35	0.21	14.13	100.57
江西星子高岭土(精泥)	54.60	41.30	1.46	—	0.16	0.15	0.22	2.01	0.19	—	100.09
河北开滦	45.55	36.68	3.29	1.24	—	0.31	0.14	—	—	14.18	101.72
河北唐山碱干	43.50	40.09	0.63	0.30	—	0.47	—	0.49	0.22	14.28	99.98
河北唐山柴木节	46.15	32.58	1.32	1.32	—	1.27	0.43	0.70	0.74	16.16	
河北灵山土	44.66	34.28	0.58	0.30	—	0.22	0.52	0.25	0.40	17.78	98.99
河北上庄土	42.25	36.94	0.66	0.90	—	1.23		0.70	0.19	16.20	99.07
山西大同黏土	43.44	39.44	0.27	0.09	—	0.24	0.38	痕迹	痕迹	16.07	100.24
福建同安高岭土	52.73	33.93	0.02	—	—	0.68	0.59	5.60	0.44	9.95	
广东飞天燕土胆	46.58	36.47	0.46			1.03	0.11	4.96	0.38	9.54	99.53
广东高州高岭土	58.68	26.36	0.12			0.44	0.09	0.84		6.24	
湖南黄茅园高岭土	45.62	39.13	0.0			0.23	0.08	0.70		14.21	
湖南新宁高岭土	45.41	35.71	0.34			0.8		2.00	2.39	13.27	
陕西铜川上店土	46.08	37.62	1.08	1.36	—	0.36	0.15	0.06	0.23	13.46	
江苏苏州高岭土(阳西)	46.43	39.87	0.50	—		0.32	0.10	—	—	12.30	
江苏苏州高岭土(阳东)	46.01	39.82	1.51	—		0.15	0.14	—	—	12.11	
河南巩县钟岭	40.09	37.42	0.77	0.88	—	0.49	0.38	0.55	0.83	10.71	92.12
山东新汶碱石	47.68	35.55	0.48	0.49	—	0.48	0.58	0.10	0.15	14.17	99.68
山东博山焦宝石	44.39	38.70	0.89	1.60	—	0.23	—	痕迹	0.01	14.42	100.24

产地名称	化学组成/%										
	SiO$_2$	Al$_2$O$_3$	Fe$_2$O$_3$	TiO$_2$	MnO	CaO	MgO	K$_2$O	Na$_2$O	烧失量	总量
吉林舒兰七道河子	57.98	29.79	1.53	—	—	0.24	0.46	—	—	9.85	99.85
辽宁复州湾	45.37	36.94	2.30	—	—	0.28	0.48	—	—	14.09	100.06
理论组成	46.54	39.50	—	—	—	—	—	—	—	13.96	
一般组成范围	43.6~54.7	30.0~40.2	0.3~2.0	0~1.40	—	0.03~1.5	0~1.0	0~1.5	0~1.2	11~14.3	
多水高岭土											
四川叙永	44.56	38.80	0.30			0.82	0.20	0.11	0.13	15.40	100.32
江西贵溪上清乡	48.28	35.05	1.58	—		0.17	0.37	2.41	0.28	12.31	100.45
辽宁沈阳王家沟	61.28	24.25	2.35			1.14	2.15	—		21.58	97.97
江苏南京栖霞山土	40.31	35.65	1.12			0.49	0.12	0.35	0.40	13.80	100.02
贵州贵阳高坡	46.42	39.40	0.10	0.03	—	0.09	0.09	0.05	0.09	15.48	100.17
内蒙古清水河白蜡石	45.01	37.78	0.26	0.49		0.67	0.52	0.15	0.34	9.32	100.71
湖南界牌大牌高火泥	67.64	22.16	0.28			0.33	0.10	0.38		10.40	100.21
湖南界牌大牌岭桃红泥	63.18	24.47	0.54			0.21	0.12	0.34		13.76	99.26
湖南界牌马迹泥	50.52	33.62	0.31			0.32	0.16	1.34		6.96	100.03
湖南界牌马迹泥	72.80	17.47	0.40			0.28	0.20	1.58		19.60	99.69
理论组成	43.50	36.90	—	—		—	—	—	—	13.4~23.7	
一般组成范围	40.0~45.8	33.8~39.2	0.0~0.4	—		0.1~0.8	0.3	0.3	0.3		
膨润土类											
辽宁锦西	47.95	21.43	3.86	FeO 0.40	0.11	1.79	2.07	1.0	0.30	21.48	100.39
吉林九台	69.57	16.60	3.34	—	—	2.02	2.42	—	—	6.97	100.92
吉林华甸	73.99	14.82	1.27			1.49	1.62			6.69	99.84
黑龙江穆陵县	52.48	22.96	3.86			2.72	0.54	1.69	4.47	9.95	99.57
河北易县膨润土	70.06	14.54	0.16			2.36	3.75	0.14	0.23	7.76	
河北宣化	62.73	13.15	0.88	—	0.079	6.57	2.35	3.47	—	11.32	
浙江余杭	60.74	14.33	2.58			1.56	2.57	0.09		12.23	
福建连城	71.75	19.65	0.10			2.93	2.84	—		19.46	
四川达县	61.32	13.65	4.52	—		3.63	6.70	—		9.31	
江苏溧阳	63.54	16.06	1.15	—	—	2.00	2.49	2.50	0.45	12.18	100.37

产地名称	化学组成/%										
	SiO₂	Al₂O₃	Fe₂O₃	TiO₂	MnO	CaO	MgO	K₂O	Na₂O	烧失量	总量
理论组成	53.40	22.60	—	—	—	—	—	—	—	24.00	
一般组成范围	47.9~	20.0~	0.2~	—	—	1.0~	2.1~	0.2~	0.3~	17.1~	
	51.2	27.1	1.4			3.7	6.6	0.6	0.8	23.7	
叶蜡石类											
浙江温州叶蜡石	62.71	29.92	0.33	0.32	—	—	痕迹	0.185	0.17	6.17	99.77
浙江青田叶蜡石	67.46	27.40	0.20	—	—	0.03	0.08	0.12	—	5.03	100.32
理论组成	66.65	28.35	—	—	—	—	—	—	—	5.00	
瓷石和瓷土类											
安徽祁门瓷石（精泥）	69.93	17.65	0.66	0.07	0.01	2.11	0.40	4.61	0.54	4.31	100.29
江西屋柱槽釉果	74.43	14.64	0.62	0.06	0.02	1.97	0.16	2.90	2.38	2.85	100.03
江西南港瓷石	76.12	14.97	0.76	—	0.06	1.45	—	2.77	0.42	3.71	100.26
江西青树下釉果	74.85	14.66	1.30	—	0.14	1.52	0.21	3.11	3.39	2.28	100.46
江西三宝莲瓷石	73.70	15.34	0.70	—	0.04	0.70	0.16	4.13	3.79	1.13	99.69
江西余干瓷石	77.50	14.72	0.43	—	痕迹	0.37	0.18	2.65	0.24	3.72	99.81
湖南醴陵马颈坳瓷石	76.35	14.21	0.71			0.75	0.43	4.04	0.23	3.19	101.92
湖南醴陵千冲瓷土	73.19	17.34	1.05			0.22	0.21	3.89		4.35	101.14
福建小岭山瓷石	78.03	14.65	0.67	0.06	—	0.16	0.16	5.44	0.56	2.19	
福建观音岐瓷石	79.04	14.20	0.34	0.04	—	0.69	0.19	3.80	0.15	2.65	100.78
江苏吴县光福瓷石	79.90	19.58	1.48	—	—	0.26	0.43	4.09	0.24	2.36	99.28
浙江列泉宝溪瓷土	70.50	19.24	0.39	—	—	0.53	痕迹	5.35	0.25	4.25	100.51
云南玉门瓷土	70.26	19.61	0.30	—	—	0.36	0.14	0.37	5.24	4.00	
河北徐水县黏土	69.50	18.98	0.40	0.20	—		0.67	3.55	0.18	7.03	
江苏宜光茗岭瓷土	73.54	17.04	0.45			0.46	0.41	1.25	3.00	4.02	
江苏新沂瓷土	78.35	12.76	0.96			0.34	0.14	1.44	0.20	2.89	
伊利石类											
江西乐平桥头丘	64.93	21.38	1.02	0.80	P₂O₅ 0.2	0.62	—	1.55	0.20	8.73	99.48
青海鄂博梁地区	37.19	16.45	9.64	0.50	—	3.71	2.95	1.00	1.20	24.00	96.64
甘肃镇源	48.12	22.77	10.24	0.64	—	0.30	3.63	3.75	0.14		
河北邢台章村土	41.88	40.92	0.36	0.43	—	0.66	1.37	5.95	2.85	4.94	99.36

产地名称	化学组成/%										
	SiO$_2$	Al$_2$O$_3$	Fe$_2$O$_3$	TiO$_2$	MnO	CaO	MgO	K$_2$O	Na$_2$O	烧失量	总量
一般组成范围	50.1~ 51.7	21.7~ 32.8	0~ 6.2	0.5	—	0~ 0.6	2.0~ 4.5	4.1~ 6.9	0.1~ 0.5	6.4~ 7.0	
海泡石类①											
江西乐平	66.78	0.45	0.57	—	—	0.12	23.29	0.15	0.20	5.57	
湖南醴陵冷水坑	66.26	3.35	0.49			2.70	22.15	2.15		2.90	
绿泥石类②											
辽宁海城英落山	23.45	5.41	0.47	0.16	—	0.85	39.55		0.18	30.12	
山东栖霞	35.97	18.48	0.97	0.10	—	0.18	33.52		—	11.60	100.82
其他各地黏性土											
山东坊子黏土	56.52	30.05	0.69	—	—	0.28	0.35	1.37	0.09	10.68	
山西塑县土	55.70	27.48	0.90	—	—	0.98	—	2.81	2.43	9.77	
吉林水曲柳黏土	50.80	31.50	1.50	—	—	0.20	0.50	1.50	1.50	14.00	
吉林烟筒山黏土	52.40	30.10	2.40	—	—	1.50	1.50	2.50	2.50	9.90	
辽宁锦州紫木节	48.79	32.33	1.87	—	—	0.72	0.83	0.80	0.26	12.78	
广东东莞二顺泥	52.62	31.39	1.59	—	—	0.30	0.84	2.08	0.76	9.56	
广东佛山石湾黑泥	51.52	23.27	2.51	—	—	0.49	0.73	—	—	22.64	
广东潮安双白土	48.45	35.58	0.23	—	—	痕量	0.32	1.27		11.79	
台湾台北县北投耐火 黏土	49.80	34.83	1.47							13.63	
台湾台北县北投瓷土	73.34	17.96	0.44			0.26	0.55	1.75	2.34	4.95	
浙江龙泉宝溪紫金土	46.58	28.29	7.82	1.57	—	1.16	0.78	3.84	0.35	9.66	100.56
浙江宁海黏土	56.73	25.78	3.50	—	—	0.80	1.15	2.85	—	9.18	
浙江台州木节土	57.33	24.58	2.90	0.69	—	0.62	1.22	2.75	0.09	10.14	100.32
云南永胜跑楼黏土	75.46	15.80	0.25	—	—	0.33	0.40	3.49	0.32	1.78	
江苏无锡白泥	68.31	22.93	0.70	—	—	0.73	0.15	2.13	2.13	3.97	
江苏宜兴东山白泥	70.25	20.90	1.80	—	—	0.45	0.39	1.02	0.30	5.08	100.19
江苏宜兴西山面头	65.57	20.80	4.29	—	—	0.22	0.35	0.32	0.44	7.27	99.26
江苏宜东山甲泥	68.18	28.80	5.96	0.45	—	0.78	0.22	0.20	0.10	5.87	99.96
江苏宜兴本山紫泥	49.86		8.42	—	—	0.36	0.48	0.24	0.24	10.76	99.16

① 海泡石（sepiolote）是一种镁质耐火黏土，化学式为：4MgO·6SiO$_2$·2H$_2$O，景德镇用为制匣钵的原料。据彭瑞琪等著《中国黏土矿物研究》一书断定："江西乐平是迄今为止我国唯一已知的海泡石产地。"但湖南醴陵惯用的优质匣钵原料冷水坑镁质黏土，其成分极为相似，故一并列入。一般放为系一种天然水合硅酸镁。

② 绿泥石（chlorite）是富含镁质的黏土，化学式为：5MgO·Al$_2$O$_3$·3SiO$_2$·4H$_2$O，烧失量和 MgO 含量都很高，而 Al$_2$O$_3$ 和 SiO$_2$ 含量均低，可以认为是夹在滑石与菱镁矿之间产生的。现有人利用其为制造堇青石瓷的原料。

附录 2 国际标准组织推荐的筛网系列

（ISO/R 565—1972）

主要系列（R20/3）	辅助系列		主要系列（R20/3）	辅助系列	
	具有 2 个中间值（R20）	具有 1 个中间值（R40/µ3）		具有 2 个中间值（R20）	具有 1 个中间值（R40/µ3）
125mm	125mm 112mm 100mm	125mm 106mm	1.00mm	1.00mm 900µm 800µm	1.00mm 850µm
90mm	90.0mm 80.0mm 71.0mm	90.0mm 75.0mm	710µm	710µm 630µm 560µm	710µm 600µm
63.0mm	63.0mm 56.0mm 50.0mm	63.0mm 53.0mm	500µm	500µm 450µm 400µm	500µm 425µm
45.0mm	45.0mm 40.0mm 35.5mm	45.0mm 37.5mm	355µm	355µm 315µm 280µm	355µm 300µm
31.5mm	31.5mm 28.0mm 25.0mm	31.5mm 26.5mm	250µm	250µm 224µm 200µm	250µm 212µm
22.4mm	22.4mm 20.0mm 18.0mm	22.4mm 19.0mm	180µm	180µm 160µm 140µm	180µm 150µm
16.0mm	16.0mm 14.0mm 12.5mm	16.0mm 13.2mm	125µm	125µm 112µm 100µm	125µm 106µm
11.2mm	11.2mm 10.0mm 9.00mm	11.2mm 9.5mm	90µm	90µm 80µm 71µm	90µm 75µm
5.60mm	5.60mm 5.00mm 4.50mm	5.60mm 4.75mm	63µm	63µm 56µm 50µm	63µm 53µm
4.00mm	4.00mm 3.55mm 3.15mm	4.00mm 3.35mm	45µm	45µm 40µm 36µm	45µm 38µm
2.80mm	2.80mm 2.50mm 2.24mm	2.80mm 2.36mm		32µm 28µm 25µm	32µm 26µm
2.00mm	2.00mm 1.80mm 1.60mm	2.00mm 1.70mm		22µm 20µm	22µm
1.40mm	1.40mm 1.25mm 1.12mm	1.40mm 1.18mm			

附录3 各种筛网对照

筛孔净宽 名义尺寸/mm	每平方厘米 筛孔数	相当于"目"		相关于德国筛号 （每厘米筛孔数）
		每英寸筛孔数	筛孔净宽/mm	
2.0	2.3～2.7	—	—	—
4.0	3.2～4	5	3.962	—
3.3	4.4～5.8	6	3.327	—
2.8	6.2～7.8	7	2.794	—
2.3	8.4～11.0	8	2.362	—
2.0	11.0～13.8	9	1.981	—
1.7	14.4～19.4	10	1.651	4
1.4	20～26	12	1.397	5
1.2	28～35	14	1.168	6
1.0	40～48	16	0.991	—
0.85	50～64	20	0.833	8
0.70	76～90	24	0.701	—
0.60	100～124	28	0.589	10
0.50	140～177	32	0.495	12
0.42	194～244	35	0.417	14
0.355	250～325	42	0.351	16
0.30	372～476	48	0.295	20
0.25	540～660	60	0.246	24
0.21	735～920	65	0.208	30
0.18	990～1190	80	0.175	—
0.15	1370～1760	100	0.147	40
0.125	1980～2400	115	0.124	50
0.105	2640～3270	150	0.104	60
0.085	4070～5100	170	0.089	70
0.075	5500～6970	200	0.074	80
0.063	7200～9400	250	0.061	100
0.053	10200～12900	270	0.053	—
0.042	16900～19300	325	0.043	—

附录 4 测温锥的软化温度与锥号对照

标定软化温度 /℃	国内采用的编号	塞格尔锥号 （SK）	标定软化温度 /℃	国内采用的编号	塞格尔锥号 （SK）
600	60	022	1280	128	9
650	65	021	1300	130	10
670	67	020	1320	132	11
690	69	019	1350	135	12
710	71	018	1380	138	13
730	73	017	1410	141	14
750	75	016	1430	143	15
790	79	015	1460	146	16
815	81	014	1480	148	17
835	83	013	1500	150	18
855	85	012	1520	152	19
880	88	011	1530	153	20
900	90	010	1540	154	—
920	92	09	1580	158	26
940	94	08	1610	161	27
960	96	07	1630	163	28
980	98	06	1650	165	29
1000	100	05	1670	167	30
1020	102	04	1690	169	31
1040	104	03	1710	171	32
1060	106	02	1730	173	33
1080	108	01	1750	175	34
1100	110	1	1770	177	35
1110	—	2	1790	179	36
1120	112	—	1820	182	
1140	114	3	1830	183	37
1160	116	4	1850	185	38
1180	118	5	1880	188	39
1200	120	6	1920	192	40
1230	123	7	1960	196	41
1250	125	8	2000	200	42

注：21～25 的塞格尔三角锥已不再制造，因为它们的熔点太接近了。

附录5 卫生陶瓷常用国家和行业标准目录

序号　　　　　标准编号与名称

1. GB 6952—2015　卫生陶瓷
2. GB 9195—2011　陶瓷砖和卫生陶瓷分类及术语
3. GB/T 26742—2011　建筑卫生陶瓷用原料　粘土
4. GB 15341—2012　滑石
5. GB 15342—2012　滑石粉
6. GB/T 14848—93　地下水质量标准
7. GB/T 4734—1996　陶瓷材料及制品化学分析方法
8. GB/T 16399—1996　粘土化学分析方法
9. GB/T 14563—2008　高岭土及其试验方法
10. GB/T 3286.1～8—2012　石灰石及白云石化学分析方法
11. GB/T 15343—2012　滑石化学分析方法
12. GB/T 16537—1996　陶瓷熔块釉化学分析方法
13. GB/T 5484—2000　石膏化学分析方法
14. GB/T 16535—2008　精细陶瓷线热膨胀实验法　顶杆法
15. GB/T 6297—2002　陶瓷原料差热分析方法
16. GB/T 5950—2008　建筑材料与非金属矿产品白度测量方法
17. GB/T 17749—2008　白度的表示方法
18. GB/T 2997—2000　致密定型耐火材料体积密度　显气孔率和真气孔率试验方法
19. GB/T 2998—2001　定型隔热材料制品体积密度和真气孔率试验方法
20. GB/T 2999—2002　耐火材料颗粒体积密度试验方法
21. GB/T 7322—2007　耐火度试验方法
22. GB/T 5071—1997　耐火材料真密度试验方法
23. GB/T 5700—2008　照明测量方法
24. GB/T 6003.1—2012　试验筛　技术要求和检验　第1部分：金属丝编织网试验筛
25. GB/T 5330—2003　工业用金属丝编织方孔筛网
26. GB 25502—2017　坐便器水效限定值及水效等级
27. GB/T 25161.1—2011　包装袋尺寸允许偏差、纸袋
28. GB/T 25161.2—2010　包装袋尺寸允许偏差、热塑性软质薄膜袋
29. GB 26730—2011　卫生洁具　便器用重力式冲水装置及洁具机架
30. GB/T 23131—2008　电子坐便器
31. GB/T 4857.5—92　包装　运输包装件　跌落试验方法
32. GB 25464—2010　陶瓷工业污染物排放标准
33. GB 50560—2010　建筑卫生陶瓷工厂设计规范
34. JC/T 1097—2009　建筑卫生陶瓷用添加剂、解胶剂
35. JC/T 859—2000　长石
36. JC/T 929—2003　叶蜡石

37. JC/T 2098—2012 高岭土术语和定义

38. JC/T 1046·1—2007 建筑卫生瓷用色釉料 第1部分：建筑卫生陶瓷用釉料

39. JC/T 1046·2—2007 建筑卫生瓷用色釉料 第2部分：建筑卫生陶瓷用色料

40. JC/T 873—2000 长石化学分析方法

41. JC/T 764—2008 坐便器坐圈和盖

42. JC/T 931—2003 机械式便器冲洗阀

43. JC/T 932—2003 卫生洁具排水配件

44. QB/T 1635—2017 日用陶瓷用高岭土

45. QB/T 2264—2016 陶瓷用瓷石

46. QB/T 1641—92 陶瓷用石膏化学分析方法

47. QB/T 1642—2012 陶瓷坯体显气孔率、体积密度测试方法

48. QB/T 1010—2015 陶瓷材料、颜料真密度的测定

49. QB/T 1465—2012 颜料粒度分布测定方法

50. QB/T1640—2015 陶瓷模用石膏粉物理性能测试方法

51. QB/T 2434—2012 陶瓷原料含水率测定方法

52. QB/T 2435—2012 日用陶瓷原料筛余量测定方法

53. CJ/T 194—2014 非接触式给水器具

附录6 陶瓷工业常用烟煤组成（工业分析）举例

燃料产地	工业分析				
	WY/%	VY/%	AY/%	FCY/%	Q_{YD}低热值/（kcal/kg）[1]
淮　南	4.0	26.98	23.64	45.38	5340
大　同	1.08	29.29	11.28	58.41	6107
开　滦	0.48	25.43	26.92	47.17	5717
徐　州	2.69	30.11	22.90	44.30	6025
萍　乡		11.80	24.50	63.70	6030
铜　川	0.50	31.07	22.48	46.45	5311

① kcal/kg，热值单位，1kcal/kg=4.186J/g。

附录7 常用煤气的化学组成分析举例

煤气种类	CH_4含量/%	C_mH_n含量/%	H_2含量/%	CO含量/%	CO_2含量/%	O_2含量/%	H_2S含量/%	N_2含量/%	Q_d/（kcal/m³）[1]
发生炉煤气	2.6	0.4	15.5	25.5	7.0	0.2	0.1	48.7	1452
发生炉煤气	0.5	/	13.5	27.5	5.5	0.2	0.2	52.6	1230
焦炉煤气	22.3	2.7	57.0	6.8	2.3	0.8	0.4	7.7	4185
石油加工煤气	41.0	43.0	14.0	0.8	0.5	—	—	0.2	11332
天然煤气	44.2	41.1	—		0.3	—		0.4	12700
天然煤气	71.7	15.5	—		0.8			10.0	9529
天然煤气	97.9	0.1	—		0.2			5.6	8136

① kcal/m³，热值单位，1kcal/m³=4186J/m³。

附录8　国产轻柴油规格

序号	项　目	品质指标				
		10 号	0 号	−10 号	−20 号	−35 号
1	运动黏度（20℃）（×10^{-6}m^2/s）	3.0～8.0	3.0～8.0	3.0～8.0	2.5～8.0	2.5～7.0
2	10%蒸余物残炭不大于/%	0.4	0.4	0.3	0.3	0.3
3	灰分不大于/%	0.025	0.025	0.025	0.025	0.025
4	硫含量不大于/%	0.2	0.2	0.2	0.2	0.2
5	机械杂质	无	无	无	无	无
6	水分含量	痕迹	痕迹	痕迹	痕迹	痕迹
7	内点（闭口）不低于/℃	60	60	60	60	60
8	凝点不高于/℃	10	0	−10	−20	−35

注：由含硫 0.3%以上原油制得的轻柴油，硫含量许可不大于 0.5%；由含硫 0.5%以上原油制得的轻柴油，硫含量许可不大于 1%。

附录9　国产重柴油规格

序号	项　目	品质指标		
		RC3-10	RC3-20	RC3-30
1	运动黏度（50℃）不大于/10^{-5}m^2/s	13.5	20.5	36.5
2	残炭不大于/%	0.5	0.5	1.5
3	硫含量不大于/%	0.4	0.6	0.8
4	机械杂质不大于/%	0.5	0.5	1.5
5	水分不大于/%	0.5	1.0	1.5
6	闪点（闭口）不低于/℃	65	65	65
7	凝点不高于/℃	10	20	30

注：由含硫 0.5%以上原油制得的重柴油，硫含量许可不大于 2.0%，残炭许可不大于 3.0%。

附录10　我国部分天然气组成（体积分数）

单位：%

序号	产地	种类	CH$_4$	C$_2$H$_6$	C$_3$H$_8$	C$_4$H$_{10}$	C$_5$H$_{12}$	H$_2$S	其他
1	大庆油田	伴生气	79.75	1.9	7.6	5.62			3.31
2	胜利油田	伴生气	86.6	4.2	3.5	2.6	1.1		2.0
3	大港油田	伴生气	76.29	11.0	6.0	4.0			2.07
4	四川自流井气田	非伴生气	97.12	0.56	0.07			0.02	2.23
5	四川威运气田	非伴生气	86.8	0.11				0.88	12.88
6	四川卧龙河气田	非伴生气	95.97	0.55	0.10	0.03	0.04	1.52	1.80

附录 11　常用液化石油气组成（体积分数）

单位：%

序号	$Q/$（MJ/m³）	C_2H_6	C_2H_4	C_3H_8	C_3H_6	C_4H_{10}	C_5H_8	C_5H_{12}	其他
1	105.86	0.57		15.37	34.06	40.23	9.5	0.45	0.37
2	84.24	16.0	0.8	63.4	14.4	2.6	0.2	0.3	2.3
3	95.05			76.8	10.9	6.6	1.9	2.3	1.5
4	86.25			61.2	12.7	14.5			11.6
5	92.11			90.7	3.5	3.8	0.1	0.5	1.4

附录 12　液化石油气组分和性能数据

序号	项目	单位	CH_4	C_2H_6	C_2H_4	C_3H_8	C_3H_5	C_4H_{10}	$i\text{-}C_4H_{10}$	C_4H_8	$i\text{-}C_4H_8$
1	分子量		16.042	30.068	28.052	44.094	42.078	58.120	58.120	56.104	56.104
2	标态密度	kg/m³	0.7168	1.356	1.2604	2.020	1.915	2.958	2.527	2.503	2.368
3	液体密度（0℃）	kg/L				0.528	0.546	0.601	0.581	0.619	
4	沸点	℃	−161.5	−88.6	−103.7	−42.07	−47.70	−0.50	−11.73	−6.26	−6.90
5	蒸发潜热（在沸点）	kJ/kg	510.4	489.9	483.2	426.2	438.0	385.6	366.7	390.9	394.5
6	低位热值 Q_{net}	MJ/kg	50.05	47.52	47.20	46.39	45.81	45.75	45.61	45.33	45.03
7	低位热值 Q_{net}	MJ/m³	35.88	64.44	59.49	93.71	87.73	135.33	115.26	113.46	106.63
8	理论空气量	m³/m³	9.55	16.66	14.32	23.80	21.42	30.94	30.94	28.56	28.56
9	理论烟气量	m³/m³	10.55	18.16	15.31	25.80	22.92	33.44	33.44	30.56	30.56
10	发热温度	℃	2043	2097	2284	2110	2224	2118	2118	2203	2203
11	着火浓度范围										
	上限	体积分数/%	15.0	12.45	18.6	9.50	11.10	8.41	8.44	9.00	
	下限	体积分数/%	5.0	3.22	2.57	2.37	2.00	1.86	1.80	1.70	
12	最大火焰传播速度	m/s	0.67	0.855	1.65	0.81	1.01	0.825			

附录 13　陶瓷工业常用典型焦炉煤气基本数据

序号	干煤气组成（体积分数）/%							$Q_{net}/$（MJ/m³）
	H_2	CH_4	CO	C_mH_n	CO_2	O_2	N_2	
1	49.7	16.2	7.2	2.0	3.0	2.4	19.5	13.35
2	58.0	25.0	7.0	2.0	3.0	1.0	4.0	18.00
3	57.0	22.3	5.8	2.7	2.3	0.8	7.7	17.52
4	56.0	22.0	6.0	2.0	3.0	1.0	16.0	15.83

附录 14 陶瓷工业常用典型水煤气基本数据

序号	干煤气组成（体积分数）/%						Q_{net}/（MJ/m³）
	H_2	CO	CH_4	CO_2	O_2	N_2	
1	51.0	38.0	0.5	6.3	0.2	4.0	10.47
2	48.0	38.5	0.5	6.0	0.2	6.4	10.38

附录 15 我国部分无烟煤及焦炭典型气化数据

矿区	工业分析/%				煤炭热值 $Q_{net \cdot d}$/（MJ/kg）	干煤气热值 $Q_{net \cdot d}$/（MJ/m³）	气化强度/[kg/（m²·h）]
	M_{ad}	A_d	V_{def}	S_{tdaf}			
山西阳泉无烟煤	4.0	23.0	9.56	0.83	25.12	5.69	200
河南焦作无烟煤	4.05	32.62	11.94	0.45	21.34	4.88	194
云南富源无烟煤	2.15	13.50	9.51		30.72	4.91	180
贵州轿子山无烟煤	3.0	17.80	6.20	4.37	25.85	5.53	
焦炭	6.0	8.5	1.0		25.12	5.0	225

附录 16 部分适用于常压固定床煤气发生炉烟煤的基本数据

序号	矿区	煤种	工业分析/%				煤炭热值 $Q_{net \cdot d}$/（MJ/kg）	焦渣特征	煤灰软化温度/℃	干煤气热值 $Q_{net \cdot d}$/（MJ/m³）
			M_{ad}	A_d	V_{daf}	S_{tdaf}				
1	山西大同	弱黏	2.3~5.5	5~8	28~30	0.53	29.30	<3	>1350	6.45
2	陕西黄陵	弱黏	2.2	15.69	40.35	0.70	28.50	3~4	1310	6.22
3	陕西神木	弱黏	5.36	8.38	34.30	0.36	27.32	2	1130	6.03
4	陕西崔家沟	长焰	6.61	25.06	37.26	2.35	24.27	2	1190	6.15
5	内蒙古东胜	不黏	9.16	5.21	42.37	0.41		0		
6	宁夏石嘴山榆树沟	贫	1.72	8.76	12.11	0.59	31.79	2	1280	6.11
7	宁夏汝箕沟	贫	0.87	10.43	11.27	0.30	31.11	1	1170	5.95
8	河南义马	长焰	15.05	13.43	39.77	0.88	21.8	<3	1250	5.71
9	山东兖州兴隆庄	不黏	3.3	9.83	31.71	0.41	29.34	1	1290	
10	安徽淮南	气	4.6	19.1	28.00	1.37	25.54	<3	1500	5.73
11	辽宁抚顺	气	3.84	9.95	41.00	0.6	29.10	<3	1400	6.48
12	辽宁阜新	长焰	5~8	11~12	35~40	1.2	25.12	0	1190~1267	6.66
13	吉林辽	长焰	9~10	18~22	43	1.09	23.02			5.86
14	黑龙江鹤岗	气	2.79	18.9	35.00	0.15	25.36	1~2	1340	6.02
15	贵州水城	弱黏	1.77	20.64	37.02	1.03	27.53	4	1310	

附录17 陶瓷窑炉窑墙外表面与空气（静止）的传热系数

窑墙外表面温度 /℃	对流传热系数 /[kcal[①]/(m²·h·℃)]	辐射传热系数 /[kcal[①]/(m²·h·℃)]	综合传热系数 /[kcal[①]/(m²·h·℃)]
50	4.6	4.9	9.5
100	5.9	5.9	11.8
150	6.6	7.7	14.3
200	7.3	9.5	16.8
250	8.0	11.5	19.5
300	8.6	14.2	22.8
350	9.2	17.3	26.5
400	9.8	20.4	30.2
450	10.2	24.5	34.7
500	10.6	29.2	39.8

① kcal，能量单位，1kcal=4186J。

附录18 水玻璃的成分与密度的关系

SiO₂含量/%	Na₂O含量/%	相对密度	SiO₂含量/%	Na₂O含量/%	相对密度
（1）Na₂O-1.69 SiO₂			（2）Na₂O-2.06 SiO₂		
1.05	0.64	1.0161	2.96	1.48	—
3.13	1.90	1.0548	5.98	2.99	1.0820
6.35	4.04	1.1069	9.00	4.50	1.1328
9.90	6.02	1.1637	12.12	6.06	1.1789
13.34	8.10	—	15.32	7.66	
16.70	10.14	1.2970	16.86	8.43	1.2664
19.82	12.04	1.3705	18.76	9.38	1.3028
21.40	13.00	1.4037	21.06	10.53	1.3426
22.94	13.93	1.4444	22.24	11.12	1.3653
23.81	14.46	1.4646	23.10	11.55	1.3849
24.70	15.00	—	24.02	12.01	1.4023
24.69	15.60	—	24.86	12.43	1.4188
26.51	16.10	—	25.78	12.93	1.4428
28.23	17.14	—	26.60	13.30	
29.69	18.03	—	29.60	14.80	—
31.58	19.18	—	—	—	
32.58	19.78	—	—	—	
（3）Na₂O-2.44 SiO₂			（4）Na₂O-3.36 SiO₂		
1.21	0.52	1.014	1.80	0.55	1.0183
2.41	1.03	1.013	3.36	1.03	
7.06	3.02	1.0935	6.72	0.06	1.0733
11.66	4.99	1.1600	9.89	3.03	1.1137
16.68	7.04	—	13.15	4.03	1.1499
19.64	8.29	1.2866	16.58	5.08	1.1934

SiO₂含量/%	Na₂O含量/%	相对密度	SiO₂含量/%	Na₂O含量/%	相对密度
（3）Na₂O-2.44 SiO₂			（4）Na₂O-3.36SiO₂		
21.92	9.25	1.3266	19.49	5.97	1.2404
24.17	10.20	1.3783	21.18	6.49	1.2653
25.64	10.82	1.3969	22.46	6.88	1.2839
27.00	11.40	1.4230	24.38	7.47	1.3170
28.39	11.98	1.4529	26.24	8.04	1.3476
29.43	12.42	—	27.74	8.50	1.3692
30.64	12.93	—	29.76	9.12	1.4078
31.65	13.36	—			
32.890	13.88				

附录19　窑炉烧成火焰颜色与温度对照

火焰颜色	温度/℃	火焰颜色	温度/℃
最初赤色	475	橘黄至黄色	900～1090
最初赤至暗赤	475～650	黄色至浅黄色	1090～1320
暗赤至樱桃红	650～750	浅黄色至白色	1320～1540
樱桃红至鲜红	750～820	灰白色	1540 以上
鲜红至于橘红	820～900		

附录20　常用陶瓷泥浆固体含量与浓度、相对密度换算表（20℃）

浓度波美/（°Be）	泥浆相对密度（20℃）	固液比	泥浆中固体物质的含量/%	浓度波美/（°Be）	泥浆相对密度（20℃）	固液比	泥浆中固体物质的含量/%
5	1.035	1∶15.61	6	26	1.219	1∶2.45	29
6	1.042	1∶13.29	7	27	1.228	1∶2.33	30
7	1.050	1∶11.50	8	28	1.240	1∶2.23	31
8	1.058	1∶10.14	9	29	1.250	1∶2.03	33
9	1.068	1∶9.0	10	30	1.261	1∶1.94	34
10	1.074	1∶8.09	11	31	1.272	1∶1.86	35
11	1.082	1∶7.33	12	32	1.284	1∶1.78	36
12	1.090	1∶6.7	13	33	1.295	1∶1.70	37
13	1.098	1∶6.14	14	34	1.307	1∶1.63	38
14	1.106	1∶5.25	16	35	1.319	1∶1.56	39
15	1.115	1∶4.88	17	36	1.331	1∶1.50	40
16	1.124	1∶4.56	18	37	1.334	1∶1.38	42
17	1.133	1∶4.26	19	38	1.356	1∶1.33	43
18	1.142	1∶4.0	20	39	1.369	1∶1.27	44
19	1.151	1∶3.76	21	40	1.382	1∶1.22	45
20	1.160	1∶3.55	22	41	1.396	1∶1.17	46
21	1.169	1∶3.35	23	42	1.409	1∶1.13	47
22	1.179	1∶3.0	25	43	1.423	1∶1.08	48
23	1.189	1∶2.85	26	44	1.43.7	1∶1.04	49
24	1.198	1∶2.70	27	45	1.452	1∶1.00	50
25	1.208	1∶2.57	28	46	1.467	1∶0.97	51

注：附录中除附录6外，其余全部引用自中国硅酸盐学会陶瓷分会建筑卫生陶瓷专业委员会，中国建材咸阳陶瓷研究设计院编著的《现代建筑卫生陶瓷技术手册》（中国建材工业出版社，2010.04）。

参考文献

[1] 社团法人窑業協会编. 窑業工学ハンドブック. 昭和41年12月.

[2] 素木洋一著. 釉及色料. 刘可栋、刘光跃译. 北京：中国建筑工业出版社，1979.

[3] 杜海清，唐绍裴编著. 陶瓷原料与配方. 北京：轻工业出版社，1986.

[4] 李家驹. 日用陶瓷工艺学. 武汉：武汉工业大学出版社，1992.

[5] 杨雅秀，张乃娴等著. 中国粘土矿物. 北京：地质出版社，1994.

[6] 曹茂盛，蒋成禹，田永军等. 材料合成与制备方法. 哈尔滨：哈尔滨工业大学出版社，2001.

[7] 叶俊林等编. 地质学概论. 北京：地质出版社，2004.

[8] 冯绪胜，刘洪国，郝京诚等编著. 胶体化学. 北京：化学工业出版社，2005.

[9] 中华人民共和国国土资源部. 高岭土矿床地质勘探规范. 北京：地质出版社，2007.

[10] 薛春纪，祁思敬，隗合明等编著. 基础矿床学. 北京：地质出版社，2007.

[11] 肖渊甫，郑荣才，邓江红主编. 岩石学简明教程. 北京：地质出版社，2009.

[12] 杨言辰，叶松青，王建新，吴国学主编. 矿山地质学. 第2版. 北京：地质出版社，2017.

[13] 中国硅酸盐学会陶瓷分会建筑卫生陶瓷专业委员会，中国建材咸阳陶瓷研究设计院编著. 现代建筑卫生陶瓷技术手册. 北京：中国建材出版社，2010.

[14] 马铁成. 陶瓷工艺学. 第2版. 北京：中国轻工业出版社，2012.

[15] 李文旭，宋英编著. 陶瓷添加剂-配方·性能·应用. 北京：化学工业出版社，2012.

[16] 丁卫东主编，中国建筑卫生陶瓷协会编. 中国建筑卫生陶瓷史. 北京：中国建筑工业出版社，2016.